工程测量

主　编　魏　斌　赵金云

副主编　王　乐　齐　琳　孟凡成

参　编　王　坤　宋永娟　宁　武

　　　　夏洪亮　王　朋

主　审　陈立春

北京理工大学出版社
BEIJING INSTITUTE OF TECHNOLOGY PRESS

内 容 提 要

本书共分为7个模块，主要内容包括工程测量基础知识、高程控制测量、平面控制测量、地形图测绘与应用、施工测量的基本工作、道路工程测量、桥梁工程施工测量。书中每个模块内容后面配有丰富的思考题与习题，有助于对所学内容进行巩固和理解掌握。

本书可作为高等院校交通土建、道路与桥梁等相关专业的教材，也可作为公路工程测量技术人员技能培训、成人教育及工程技术人员的参考书。

图书在版编目（CIP）数据

工程测量 / 魏斌，赵金云主编.—北京：北京理工大学出版社，2020.9
ISBN 978-7-5682-9037-1

Ⅰ.①工… Ⅱ.①魏… ②赵… Ⅲ.①工程测量－高等学校－教材 Ⅳ.①TB22

中国版本图书馆CIP数据核字（2020）第173487号

出版发行 / 北京理工大学出版社有限责任公司

社　　址 / 北京市海淀区中关村南大街5号

邮　　编 / 100081

电　　话 / （010）68914775（总编室）

　　　　　（010）82562903（教材售后服务热线）

　　　　　（010）68948351（其他图书服务热线）

网　　址 / http://www.bitpress.com.cn

经　　销 / 全国各地新华书店

印　　刷 / 北京紫瑞利印刷有限公司

开　　本 / 787毫米×1092毫米　1/16

印　　张 / 15.5　　　　　　　　　　　　　　　责任编辑 / 多海鹏

字　　数 / 367千字　　　　　　　　　　　　　文案编辑 / 多海鹏

版　　次 / 2020年9月第1版　2020年9月第1次印刷　　责任校对 / 周瑞红

定　　价 / 65.00元　　　　　　　　　　　　　责任印制 / 边心超

前　言

PREFACE

工程测量是交通土建工程相关专业的核心专业基础课。在工程建设的勘测设计、施工、竣工、运营养护和管理等各阶段都离不开测量的严格把关和技术保障。随着科技的发展，新型测量仪器设备及新的测量方法在工程建设中不断推广运用，原有的一些传统设备逐渐退出使用。因此，需对工程测量的基本知识重新进行合理架构，以满足现在工程测量生产的实际运用需求。

本书是编者根据高等院校交通土建类相关专业对工程测量课程的要求，本着以能力培养为主线、以理论知识"必需、够用"为度的原则，在注重公式、定理、定论的实践应用，综合考虑各行业对工程测量技术人才培养要求的特殊性，引入企业测量一线技术人员的实践经验，总结团队多年教学经验的基础上编写而成。

本书具有以下特点：

1. 本书内容突出高等教育教学的特色，以培养精测量、懂施工、会管理的一线技术应用型人才为目标。

2. 考虑到高等院校学生的特点，本书在每章都注明学习目标和技能目标，各部分内容紧扣培养目标，做到理论与实践相结合，有利于学生实践能力的培养。

3. 将Excel编辑公式和计算器编程纳入工程测量基本计算方法，从而拓宽内业计算的思路和方法。

4. 利用现代二维码技术，将教学团队老师的慕课视频资源插入教材，对应各知识点内容详细讲解，方便学生在课前预习、课后复习期间随时随地自如地学习，便于巩固和加深理解。

5. 为加强知识的掌握和运用，每个模块都配有多种形式的习题。

本书由吉林交通职业技术学院魏斌、赵金云担任主编并统稿，由吉林交通职业技术学院王乐、齐琳、孟凡成担任副主编，参与编写人员有吉林交通职业技术学院王坤、宋永娟，吉林省大秦建筑安装有限公司宁武，吉林省同盈工程设计有限公司夏洪亮，长春恒远至清建设工程有限责任公司王朋。具体编写分工如下：模块1由宋永娟编写；模块2由王乐编写；模块3的3.1、3.2、3.5、3.6、3.7、3.8，模块4的4.2由魏斌编写；模块3的3.3、3.4，模块4的4.1、4.3由齐琳编写；模块5，模块6的6.1、6.2、6.7由赵金云编写；模块6的6.3、6.4、6.5、6.6由王坤编写；模块7由孟凡成编写；宁武、夏洪亮、王朋参与本书案例和习题编写工作。

全书由吉林交通职业技术学院吉林省"长白山"技能名师陈立春教授主审。陈立春教授在教材大纲的拟订阶段及审阅本书的过程中都提出了许多宝贵的修改建议，并提供了许多实用的工程案例，在此深表谢意！

本书虽然经过全面审查和反复修改，但其中仍难免存在不足之处，诚挚希望广大读者在使用过程中给予批评指正，以便进一步补充、修改和完善。

编　者

CONTENTS
目 录

模块 1　工程测量基础知识

• 学习目标 •

(1)了解测量学任务及其分类、工程测量学研究的内容;

(2)掌握测量基准面分类及含义;

(3)掌握地面点位的坐标系统分类及含义;

(4)掌握地面点位高程系统的表示方式。

1.1　工程测量研究的内容及分类

1.1.1　测量学及其任务

测量学是一门研究如何确定地球表面上点的位置,如何将地球表面的地貌、地物、行政和权属界线测绘成图,如何确定地球的形状和大小,以及将规划设计的点和线在实地上定位的学科。其任务包括测绘和测设两部分。

(1)测绘是指用测量仪器和工具,通过实地测量和计算得到一系列测量信息,通过将地球表面的地形绘制成地形图或编制成数据资料,供经济建设、规划设计、科学研究和国防建设使用。

(2)测设是指将图纸上规划设计好的建筑物、构筑物的位置在地面上用特定的方式标定出来,作为施工的依据。测设又称为施工放样。

1.1.2　测量学的分类

根据不同的任务和对象,现代测量学已划分为以下几门专业性的学科。

1. 大地测量学

大地测量学是研究和确定地球形状、大小、重力场、整体与局部运动和地面点的几何位置,以及它们变化的理论和技术的学科。其基本任务是建立国家大地控制网,测定地球的形状、大小和重力场,为地形测图和各种工程测量提供基础起算数据;为空间科学、军事科学及研究地壳变形、地震预报等提供重要资料。按照测量手段的不同，大地测量学又可分为常规大地测量学、卫星大地测量学及物理大地测量学等。

2. 摄影测量与遥感学

摄影测量与遥感学是研究利用电磁波传感器获取目标物的影像数据，从中提取语义和非语义的信息，并利用图形、图像和数字形式表达目标物空间分布及相互关系的学科。现代航天技术和计算机技术的发展，在摄影测量中引入遥感技术，而且与卫星定位技术和地理信息技术相集成，成为地球空间信息的科学与技术。其基本任务是通过对摄影相片或遥感图像进行处理、量测、解译，以测定物体的形状、大小和位置进而制作成图。根据获得影像的方式及遥感距离的不同，本学科又可分为地面摄影测量、航空摄影测量、水下摄影测量和航天遥感测量等。

3. 工程测量学

工程测量学是指在工程建设的规划设计、施工兴建和运营管理阶段所进行的各种测量工作的理论、方法和技术研究的学科。其主要包括工程控制网的建立、地形测绘、施工放样、设备安装、竣工测量、变形观测和维修养护等。

4. 海洋测量学

海洋测量学是以海水体和海底为测绘对象，研究测量及海图编制的理论和方法的学科。与陆地测绘相比，海洋测绘具有独有的特点，主要包括测量内容综合性强，要同时完成多种观测项目，需要多种仪器配合施测；测区条件复杂，大多为动态作业；肉眼不能通视水域底部，精确测量难度较大等。因此，海洋测绘的基本理论、技术方法和测量仪器设备有许多不同于陆地测量之处。

5. 地图制图学

地图制图学是一门研究地图制图的基础理论、设计、编绘、复制的技术方法的学科。其主要包括以下几个方面：

(1)地图投影——依据数学原理将地球椭球面上的经、纬度线网投影在平面上的理论和方法。

(2)地图编制——研究制作地图的理论和技术。

(3)地图整饰——研究地图的表现形式，包括地图符号和色彩设计、地貌立体表示、出版原图绘制及地图集装帧设计等。

(4)地图制印——研究地图复制的理论和技术，包括地图复照、翻版、分涂、制版、打样、印刷、装帧等工艺技术。

随着计算机技术引入地图制图中，出现了计算机地图制图技术。此时，地图是以数字的形式存储在计算机中，称为数字地图；将数字地图在屏幕上按需要的各种方式显示，称为电子地图。计算机地图制图的实现，改变了地图的传统生产方式，节约了人力，缩短了成图周期，提高了生产效率和地图制作质量，并方便了对地图的使用。

1.1.3 工程测量的研究对象和内容

1. 研究对象

工程测量是测绘科学与技术在国民经济和国防建设中的直接应用。其主要研究在工程、工业和城市建设及资源开发各个阶段所进行的地形与有关信息的采集和处理，施工放样、设备安装、变形监测分析和预报等的理论、方法和技术，以及研究对与测量和工程有关的信息进行管理与使用的学科。其服务和应用范围包括城建、地质、铁路、交通、房地产管理、水利电力、能源、航天和国防等各种工程建设部门。

2. 研究内容

按照工程建设的进行程序，工程测量可以分为规划设计阶段的测量、施工兴建阶段的测量和竣工后运营管理阶段的测量。

（1）规划设计阶段的测量主要工作内容是提供地形资料。取得地形资料的方法是在所建立的控制测量基础上进行地面测图或航空摄影测量。

（2）施工兴建阶段的测量主要工作内容是按照设计要求在实地准确地标定建筑物各部分的平面位置和高程，作为施工与安装的依据。一般要求先建立施工控制网，然后根据工程的要求进行各种测量工作。

（3）竣工后运营管理阶段测量的主要工作内容是竣工测量，以及为监视工程安全状况的变形观测与维修养护等测量工作。

1.1.4　工程测量学的发展现状及展望

1. 工程测量仪器的发展现状

工程测量仪器可分为通用仪器和专用仪器。

（1）通用仪器。通用仪器中常规的光学经纬仪、光学水准仪和电磁波测距仪逐渐被全站仪、电子水准仪所替代。计算机型全站仪配合丰富的软件，向全能型和智能化方向发展。

带电动机驱动和程序控制的全站仪结合激光、通信及 CCD 技术，可以实现测量的全自动化，被称为测量机器人。测量机器人可自动寻找并精确照准目标，在 1 s 内完成一目标点的观测，像机器人一样对成百上千个目标做持续和重复观测，可广泛用于变形观测和施工测量。

GPS 接收机已逐渐成为一种通用的定位仪器，并在工程测量中得到广泛应用。将 GPS 接收机与电子全站仪或测量机器人连接在一起，称为超全站仪或超测量机器人。它将 GPS 的实时动态定位技术与全站仪灵活的三维极坐标测量技术完美结合，可以实现无控制网的各种工程测量。

（2）专用仪器。专用仪器是工程测量学仪器中发展最活跃的，主要应用在精密工程测量领域。其包括机械式、光电式及光机电（子）结合式的仪器或测量系统。其主要特点是高精度、自动化、遥测和持续观测。

用于建立水平的或竖直的基准线或基准面，测量目标点相对于基准线（或基准面）的偏距（垂距），称为基准线测量或准直测量。这方面的仪器有正、倒锤与垂线观测仪，金属丝引张线，各种激光准直仪、铅直仪（向下、向上）、自准直仪，以及尼龙丝或金属丝准直测量系统等。

在距离测量方面包括中长距离（数十米至数千米）、短距离（数米至数十米）和微距离（毫米至数米）及其变化量的精密测量。以 ME5000 为代表的精密激光测距仪和 TERRAME-TER LDM2 双频激光测距仪，中长距离测量精度可达亚毫米级；许多短距离、微距离测量都实现了测量数据采集的自动化，其中最典型的代表是铟瓦线尺测距仪 DISTINVAR、应变仪 DISTERMETER ISETH、石英伸缩仪、各种光学应变计、位移与振动激光快速遥测仪等。采用多普勒效应的双频激光干涉仪，能在数十米范围内达到 $0.01~\mu m$ 的计量精度，成为重要的长度检校和精密测量设备。采用 CCD 线列传感器测量微距离可达到百分之几微米的精度，它们使距离测量精度从毫米、微米级进入纳米级世界。

高程测量方面，最显著的发展应是液体静力水准测量系统。这种系统通过各种类型的传感器测量容器的液面高度，可同时获取数十个乃至数百个监测点的高程，具有高精度、遥测、自动化、可移动和持续测量等特点。两容器之间的距离可达数十千米，如用于跨河与跨海峡的水准测量；通过一种压力传感器，允许两容器之间的高差从过去的数厘米达到数米。

与高程测量有关的是倾斜测量（又称挠度曲线测量），即确定被测对象（如桥、塔）在竖直平面内相对于水平或铅直基准线的挠度曲线。各种机械式测斜（倾）仪、电子测倾仪都向着数字显示、自动记录和灵活移动等方向发展，其精度达微米级。

具有多种功能的混合测量系统是工程测量专用仪器发展的显著特点，采用多传感器的高速铁路轨道测量系统，用测量机器人自动跟踪沿铁路轨道前进的测量车，测量车上装有棱镜、倾斜传感器、长度传感器和微机，可用于测量轨道的三维坐标、轨道的宽度和倾角。液体静力水准测量与金属丝准直集成的混合测量系统在数百米长的基准线上可精确测量测点的高程和偏距。

综上所述，工程测量专用仪器具有高精度（亚毫米、微米乃至纳米）、快速、遥测、无接触、可移动、连续、自动记录、微机控制等特点，可做精密定位和准直测量，可测量倾斜度、厚度、表面粗糙度和平直度，还可测振动频率及物体的动态行为。

2. 工程测量学的发展展望

展望 21 世纪，工程测量学在以下几个方面将得到显著发展：

（1）测量机器人将作为多传感器集成系统在人工智能方面得到进一步发展，其应用范围将进一步扩大，影像、图形和数据处理方面的能力将进一步增强。

（2）在变形观测数据处理和大型工程建设中，将发展基于知识的信息系统，并进一步与大地测量、地球物理、工程与水文地质及土木建筑等学科相结合，解决工程建设中与运行期间的安全监测、灾害防治和环境保护的各种问题。

（3）工程测量将从土木工程测量、三维工业测量扩展到人体科学测量，如人体各器官或部位的显微测量和显微图像处理。

（4）多传感器的混合测量系统将得到迅速发展和广泛应用，如 GPS 接收机与电子全站仪或测量机器人集成，可在大区域乃至国家范围内进行无控制网的各种测量工作。

（5）GPS、GIS 技术将紧密结合工程项目，在勘测、设计、施工管理一体化方面发挥重要的作用。

（6）大型和复杂结构建筑、设备的三维测量、几何重构及质量控制将是工程测量学发展的一个特点。

（7）数据处理中数学物理模型的建立、分析和辨识将成为工程测量学专业教育的重要内容。

综上所述，工程测量学的发展主要表现在从一维、二维到三维、四维，从点信息到面信息获取，从静态到动态，从后处理到实时处理，从人眼观测操作到机器人自动寻标观测，从大型特种工程到人体测量工程，从高空到地面、地下及水下，从人工量测到无接触遥测，从周期观测到持续测量。测量精度从毫米级到微米乃至纳米级。工程测量学的上述发展将直接对改善人们的生活环境、提高人们的生活质量起重要的作用。

1.2 地面点位的确定

1.2.1 测量的基准面

1. 大地水准面

测量基准面

尽管地球的表面高低不平，很不规则，甚至高低相差很大，如最高的珠穆朗玛峰高出海平面达 8 844.43 m，最低的太平洋西部的马里亚纳海沟低于海平面达 11 022 m。但是这样的高低起伏，相对于半径近似为 6 371 km 的地球来说还是很小的。又由于海洋面积约占整个地球表面的 71%，陆地面积只占 29%，因此，可以将海水面延伸至陆地所包围的地球形体看作地球的形状。设想有一个静止的海水面，向陆地延伸而形成一个闭合曲面，这个曲面称为水准面。水准面作为流体的水面是受地球重力影响而形成的重力等势面，也是一个处处与重力方向垂直的连续曲面。由于海水有潮汐，海水面时高时低，因此，水准面有无数个，将其中一个与平均海水面相吻合的水准面称为大地水准面，如图 1-2-1(a)所示，其是高程的起算面。大地水准面所包围的地球形体称为大地体。

由于海水面是个动态的曲面，平均静止的海水面是不存在的。为此，我国在青岛设立验潮站，长期观察和记录黄海海水面的高低变化，取其平均值作为我国的大地水准面的位置(其高程为零)，并在青岛建立了水准原点。

2. 地球椭球面

由于地球内部质量分布不均匀，引起局部重力异常，导致铅垂线的方向产生不规则的变化，使得大地水准面上也有微小的起伏，成为一个复杂的曲面，如图 1-2-1(a)所示。因此，无法在这一复杂的曲面上进行测量数据的处理。为了测量计算工作的方便，通常用一个非常接近大地水准面，并可用数学式表示的几何形体来建立一个投影基准面。这一几何形体是以地球自转轴 NS 为短轴，以赤道直径 WE 为长轴的椭圆绕 NS 旋转而成的椭球体，作为地球的理论形体，称为旋转椭球体[图 1-2-1(b)]。这样，测量工作的基准面为大地水准面，而测量计算工作的基准面为旋转椭球面。

地球椭球体形状和大小的参数取决于椭球的长半轴 a 和短半轴 b，以及另一个参数——扁率 f：

$$f = \frac{a-b}{a}$$

随着科学技术的进步，可以越来越精确地确定这些参数。到目前为止，已知其精确值为长半轴：$a = 6\ 378.137$ km；短半轴：$b = 6\ 356.752$ km；扁率：$f = \frac{a-b}{a} \approx \frac{1}{298.257}$。

由于旋转椭球的扁率很小，因此当测区范围不大时，可近似地将旋转椭球作为圆球，其半径近似值为

$$R = \frac{1}{3}(2a+b) \approx 6\ 371\ \text{km}$$

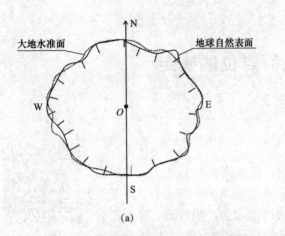
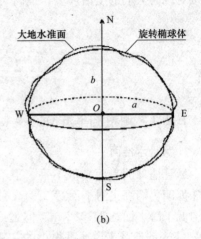

(a)   (b)

图 1-2-1   地球的自然表面、大地水准面和旋转椭球体

(a)大地水准面；(b)旋转椭球体

1.2.2   地面点位的坐标系统

1. 空间三维直角坐标系

取旋转椭球体中心为坐标原点 O，X、Y 轴在地球赤道平面内，首子午面与赤道平面的交线为 X 轴，Z 轴与地球自转轴相重合，如图 1-2-2 所示。地面点 A 的空间位置用三维直角坐标 X_A、Y_A 和 Z_A 表示。

测量坐标系

2. 大地坐标系

用大地经度 L 和大地纬度 B 表示地面点投影到旋转椭球面上位置的坐标，称为大地坐标系，也称为大地地理坐标系。该坐标系以参考椭球面和法线作为基准面和基准线。

如图 1-2-3 所示，地面点 A 沿法线投影到旋转椭球体表面上，投影点为 A'，这段法线距离 AA' 称为大地高 H。

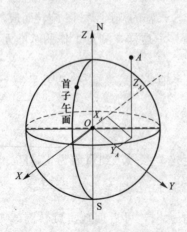
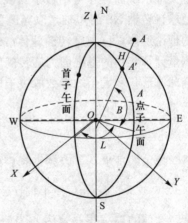

图 1-2-2   空间三维直角坐标   **图 1-2-3   大地地理坐标**

过点 A 与地轴 NS 所组成的平面称为该点的子午面。子午面与球面的交线称为子午线或经线。国际公认通过英国格林尼治(Greenwich)天文台的子午面，称为首子午面，其是计算经度的起算面。过 A 点的子午面与首子午面所组成的两面角，称为 A 点的大地经度 L。大地经度自首子午线 $0°$ 起，分别向东或向西算至 $180°$。在首子午线以东者称为东经，可写成 $0°\sim180°E$；以西者为西经，可写成 $0°\sim180°W$。

垂直于地轴 NS 的平面与地球球面的交线称为纬线；通过球心 O 并垂直于地轴的平面，称为赤道平面。赤道平面与球面相交的纬线称为赤道。过 A 点的法线(与旋转椭球垂直的线)与赤道平面的夹角，称为 A 点的大地纬度 B。在赤道以北者为北纬，可写成 $0°\sim90°N$；在赤道以南者为南纬，可写成 $0°\sim90°S$。

例如，我国首都北京位于北纬 $40°$、东经 $116°$，也可以写成 $B=40°N$、$L=116°E$。

用大地坐标表示的地面点，统称为大地点。一般来说，大地坐标是由大地经度 L、大地纬度 B 和大地高 H 三个量组成的，用以表示地面点的空间位置。

中华人民共和国成立初期，我国采用大地坐标系为"1954 年北京坐标系"，也称"北京—54 坐标系"(简称 P_{54})，如图 1-2-4 所示。该坐标系采用了苏联的克拉索夫斯基椭球体，其参数是：长半轴 $a=6\,378.245$ km，扁率 $\alpha=1/298.3$；大地原点位于苏联的普尔科沃；椭球中心 o 与地心 O 不重合；定向不明确。坐标系为参心坐标系。

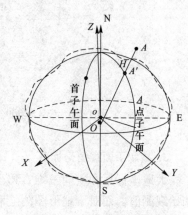

图 1-2-4　北京—54 坐标系

我国也曾采用"1980 年国家大地坐标系"，也称"西安—80 坐标系"(简称 C_{80})，如图 1-2-5 所示。椭球参数采用 1975 年国际大地测量与地球物理联合会推荐值：椭球长半轴 $a=6\,378.140$ km，扁率 $\alpha=1/298.257$；椭球中心 o 与地心 O 不重合；Z 轴与地球的旋转轴平行。大地原点设置在我国中西部的陕西省泾阳县永乐镇。椭球面与我国大地水准面密切配合。坐标系为参心坐标系。

由于全球卫星定位系统(特别是美国 GPS 系统)在全球测量定位中的广泛应用，常规大地测量技术正在被卫星大地测量技术所取代。现在利用全球卫星定位系统进行的测量定位、航天、航空、航海、地面导航，客观上都需要以地心坐标系为参照系。我国于 2008 年 7 月 1

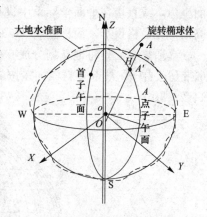

图 1-2-5　西安—80 坐标系

日正式启用 2000 国家大地坐标系。该坐标系为地心坐标系，英文名称是 China Geodetic Coordinate System，简称 CGCS2000，如图 1-2-6 所示。其椭球长半轴 $a=6\,378.137$ km；原点是包括海洋和大气的整个地球的质量中心 O；Z 轴为国际地球旋转局参考极方向；X 轴为参考子午面与赤道面的交线。椭球体的体积与大地体的体积相等，椭球面与大地水准面之间的偏离值(大地水准面差距)的平方和为最小，所以这个椭球是国际椭球。

美国 GPS 定位系统采用的 WGS-84 坐标系，如图 1-2-7 所示。其椭球长半轴 $a=6\,378.137$ km；原点是地球的质量中心 O，Z 轴指向 BIH1984 年定义的协议地球极；X 轴指向 BIH1984 年定义的零子午面。

所以，同一个点，在不同的坐标系里有不同的椭球投影面，就有不同的坐标值。坐标值转换参数的计算可由软件来完成。

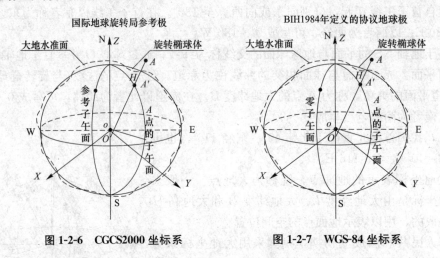

图 1-2-6　CGCS2000 坐标系　　　　图 1-2-7　WGS-84 坐标系

3. 高斯平面直角坐标系

大地坐标系和空间三维直角坐标系一般适用于少数高级控制点的定位，或作为点位的初始观测值，而对于地形图测绘和工程测量中确定大量地面点位来说，是不直观和不方便的。这就需要采用地图投影的方法，将空间坐标变换为球面坐标，再将球面坐标变换为平面坐标，或直接在平面坐标系中进行测量。由椭球面变换为平面的地图投影方法一般采用高斯—克吕格投影，简称高斯(Gauss)投影。

高斯投影法是将地球划分成 6°带或 3°带，然后将每带投影到平面上。如图 1-2-8 所示，6°带是从首子午线起，自西向东按 6°经差进行划分，将整个地球划分成 60 带，依次编号为 1、2、3、…、60。

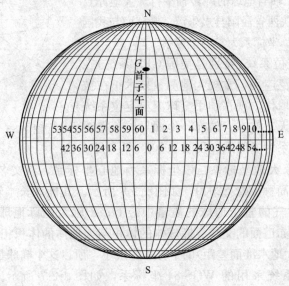

图 1-2-8　高斯投影分带

位于各带中央的子午线称为该带的中央子午线，也称为轴子午线。任意带的中央子午线经度 L_0 均可按下式计算：

$$L_0 = 6n - 3 \tag{1-2-1}$$

式中 n——投影带的带号。

按上述方法划分投影带后，即可进行高斯投影，如图 1-2-9 所示。设想将一个椭圆柱表面横着套在旋转椭球外面，使椭圆柱的中心轴线位于赤道面内并通过球心，且使旋转椭球上某 6°带的中央子午线与椭圆柱面相切。在椭球面上的图形与椭球柱面上的图形保持等角的情况下，将整个 6°带投影到椭球柱面上，然后将椭球柱沿着通过南北极的母线切开并展成平面，便得到 6°带在平面上的影像。

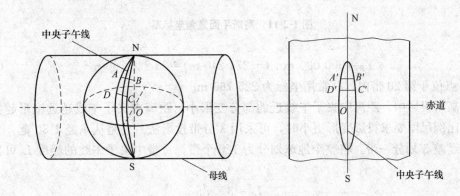

图 1-2-9　高斯投影

将投影后的 6°带一个个拼接起来，便得到图 1-2-10 所示的图形。

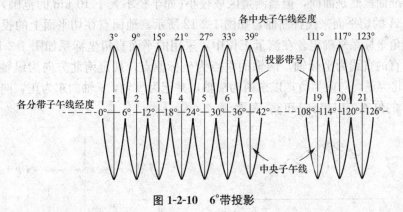

图 1-2-10　6°带投影

各带的中央子午线和赤道经投影展开后是直线，中央子午线指向南北，以此直线作为纵轴 X 轴，向北为正；赤道与中央子午线相垂直，指向东西，将它作为横轴 Y 轴，向东为正；两直线的交点作为坐标原点，则组成了一个个高斯投影平面直角坐标系。

我国位于北半球，所有点的 X 坐标均为正值，而 Y 坐标有正有负。为避免横坐标 Y 出现负值，我国规定将各带坐标纵轴向西平移 500 km，如图 1-2-11(b)所示。为了表明该点位于哪一个 6°带内，还规定在横坐标值前冠以带号。

例如，B 点的自然坐标为 $-274\ 240$ m，则

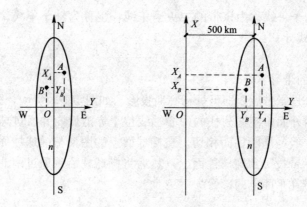

图 1-2-11 高斯平面直角坐标系

$$Y_B=500\ 000\ \text{m}+(-274\ 240\ \text{m})=20\ 225\ 760\ \text{m} \qquad (1\text{-}2\text{-}2)$$

表示 B 点位于第 20 带内,其常用坐标为 225 760 m。

在高斯投影中,距离中央子午线近的部分变形小,距离中央子午线越远变形越大。当测绘大比例尺图要求投影变形更小时,可采用 3°分带投影法。它是从东经 1°30′起,自西向东每隔经差 3°划分一带,将整个地球划分为 120 个带,每带中央子午线的经度 L_0' 可按下式计算:

$$L_0'=3\times n' \qquad (1\text{-}2\text{-}3)$$

式中 n'——3°带的带号。

4. 独立平面直角坐标系

大地水准面虽然是曲面,但当测量区域较小(如半径不大于 10 km 的范围)时,可以用测区中心点 A 的切平面来代替曲面,如图 1-2-12 所示。地面点在切平面上的投影位置就可以用平面直角坐标系来确定。在测量工作中,采用的平面直角坐标系如图 1-2-13 所示,以两条互相垂直的直线为坐标轴,两轴的垂点为坐标原点,规定南北方向为纵轴,并记为 x 轴,x 轴向北为正,向南为负;以东西为横轴,并记为 y 轴,y 轴向东为正,向西为负。地面上某点 P 的位置可以用 x_P 和 y_P 表示。

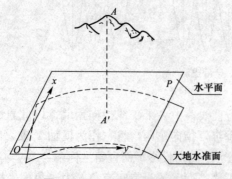

图 1-2-12 以切平面代替曲面

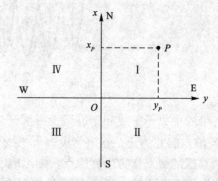

图 1-2-13 独立平面直角坐标系

在平面直角坐标系中象限按顺时针方向编号。x 轴与 y 轴和数学上规定的坐标轴互换,其目的是定向方便(测量上以北方向为角度—坐标方位角起始方向),且将数学上的公式直接照搬到测量的计算工作中，不需要任何变更。原点 O 一般选择在测区的西南角，如图 1-2-13 所示，使测区内各点的坐标均为正值。

1.2.3 地面点的高程系统

1. 高程

地面点到大地水准面的铅垂距离，称为该点的绝对高程或海拔，通常以 H_i 表示。如图 1-2-14 所示，H_A 和 H_B 即 A 点和 B 点的绝对高程。

当个别地区引用绝对高程有困难时，可采用假定高程系统，即采用任意假定的水准面作为高程起算的基准面。地面点到假定水准面的铅垂距离称为假定高程，如图 1-2-14 所示的 H'_A 和 H'_B。

高程系统

2. 高差

地面上两个点之间的高程差称为高差，通常用 h_{ij}（i、j 为地面两点）表示。如图 1-2-14 所示，地面上点 A 与点 B 之间的高差为

$$h_{AB} = H_B - H_A = H'_B - H'_A \tag{1-2-4}$$

由此可见，两点之间的高差与高程起算面无关。

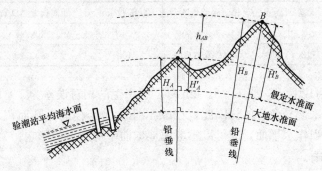

图 1-2-14 高程和高差

1.2.4 用水平面代替基准面的限度

由前述可知，测量工作的基准面是大地水准面。大地水准面是一个曲面。从理论上讲，将极小部分的水准面当作平面也是要产生变形的，但是由于测量和绘图都含有不可避免的误差，因此，如果将某一测区范围内的水准面当作平面，其产生的误差不超过测量和绘图的误差，那么这样做是可以的，而且是合理的。下面来讨论以水平面代替水准面时对距离和高程的影响，以便限制水平面作为基准面的范围。

1. 对距离的影响

如图 1-2-15 所示，如果用该区域中心点的切平面代替大地水准面，则地面点 A、B、C 在大地水准面上的投影点是 a、b、c，在水平面上的投影点是 A'、B'、C'。设 A、B 两点在大地水准面上的距离为 D，在水平面上的距离为 D'，则两者之差为 ΔD，即用水平面代替大地水准面所引起的距离差异。近似地将大地水准面视为半径为 R 的球面，则

$$\Delta D = D' - D = R(\tan\theta - \theta) \tag{1-2-5}$$

将 $\tan\theta$ 展开成级数：

$$\tan\theta=\theta+\frac{1}{3}\theta^3+\frac{1}{5}\theta^5+\cdots$$

由于 θ 角很小，因此可略去三次以上的高次项，只取其前两项代入式(1-2-5)，得

$$\Delta D=R\times\left(\theta+\frac{1}{3}\theta^3-\theta\right)\qquad(1\text{-}2\text{-}6)$$

又由于 $\theta=D/R$，故

$$\Delta D=\frac{D^3}{3R^2}\qquad(1\text{-}2\text{-}7)$$

或

$$\frac{\Delta D}{D}=\frac{D^2}{3R^2}\qquad(1\text{-}2\text{-}8)$$

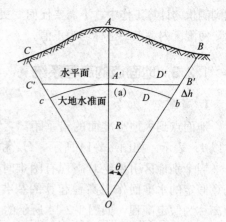

图 1-2-15　水平面代替水准面的影响

在式(1-2-7)和式(1-2-8)中，取地球半径 $R=6\ 371$ km，当距离 D 取不同的值时，则得到不同的 ΔD 和 $\Delta D/D$，其结果列入表 1-2-1。

表 1-2-1　用水平面代替水准面的距离误差和相对误差

距离 D/km	距离误差 ΔD/cm	相对误差 $\Delta D/D$	距离 D/km	距离误差 ΔD/cm	相对误差 $\Delta D/D$
10	0.8	1:1 250 000	50	102.6	1:49 000
25	12.8	1:200 000	100	821.2	1:12 000

从表 1-2-1 中可以看出，当 $D=10$ km 时，所产生的相对误差为 1:1 250 000，这样小的误差对精密量距来说是允许的。因此，在以 10 km 为半径的方圆面积之内进行距离测量时，可以将水准面当作水平面，即可以不考虑地球曲率对距离的影响。

2. 对高程的影响

在图 1-2-15 中，地面上点 B 到大地水准面的铅垂线距离 Bb 是 B 点的高程，到水平面的铅垂线距离为 BB'，两者之差为 Δh，即用水平面代替大地水准面对高程的影响。从图中可得

$$\Delta h=bB-B'B=OB'-Ob=R\sec\theta-R=R(\sec\theta-1)\qquad(1\text{-}2\text{-}9)$$

将 $\sec\theta$ 展开成级数：$\sec\theta=1+\frac{1}{2}\theta^2+\frac{5}{24}\theta^4+\cdots$；由于 θ 角很小，因此只取其前两项代入式(1-2-9)，又由于 $\theta=D/R$，则得

$$\Delta h=R\left(1+\frac{1}{2}\theta^2-1\right)=\frac{1}{2}\theta^2=\frac{D^2}{2R}\qquad(1\text{-}2\text{-}10)$$

近似地取 $R=6\ 371$ km，用不同的距离 D 代入式(1-2-10)，便得到表 1-2-2 中所列的结果。

表 1-2-2　用水平面代替水准面的高程误差

D/km	0.1	0.2	0.3	0.4	0.5	1.0	2.0	5.0	10
Δh/cm	0.08	0.31	0.71	1.26	1.96	7.85	31.39	196.20	784.81

从表 1-2-2 中可以看出，距离为 200 m 时就有 0.31 cm 的高程误差，在 500 m 时高程误

差达 1.962 cm，这在测量中是不能允许的。因此，就高程测量而言，即使距离很短，也应用水准面作为测量的基准面，即应考虑地球曲率对高程的影响。

1.3 测量工作的程序与原则

地球表面的各种形态(或简称为地形)可分为地物和地貌两大类。地面上所有人工或自然形成的固定性物体称为地物，如河流、湖泊、道路和房屋等；地面上高低起伏的形态称为地貌，如山岭、谷地和陡崖等。下面以地物和地貌测绘到图纸上为例，介绍测量工作的程序和原则。

测量工作的
程序与原则

图 1-3-1(a)所示为一幢房屋。其平面位置由房屋轮廓线的一些折线组成，如能确定 1~8 各点的平面位置，则这幢房屋的位置就确定了。图 1-3-1(b)所示为一条河流，其岸边线虽然很不规则，但从弯曲部分可以看出其由折线所组成，只要确定 9~16 各点的平面位置，这条河流的位置也就确定了。至于地貌的地势起伏虽然复杂，但仍可以看成由许多不同方向、不同坡度平面相交的几何体构成。相邻平面的交线就是方向变化线和坡度变化线，只要确定出这些方向变化线与坡度变化线转折点的平面位置和高程，地貌的形状和大小基本情况也就反映出来了。因此，无论是地形还是地貌，它们的形状和大小都是由一些特征点的位置所决定的，这些特征点也称为碎部点。

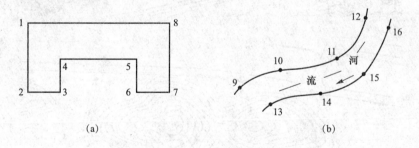

图 1-3-1 地物的轮廓线及碎部点
(a)房屋；(b)河流

测量时，主要就是测定这些碎部点的平面位置和高程。测定碎部点的位置，其程序通常可分为以下两步。

第一步为控制测量。如图 1-3-2 所示，先在测区内选择若干具有控制意义的点 A、B、C…，作为控制点。以精密的仪器和准确的方法测定各控制点之间的距离 D，各控制边之间的水平夹角为 β，如果某一条边(如图 1-3-2 中的 AB 边)的方位角 α 和其中某一点(如 A 点)的坐标已知，则可计算出其他控制点的高程。

第二步为碎部测量。即根据控制点测定碎部点的位置，例如，在控制点 A 上测定其周围碎部点 M、N…的平面位置和高程。这种"从整体到局部""先控制后碎部"的方法是组织测量工作应遵循的原则，其优点是可以减少误差累积，保证测图精度，而且可以分幅测绘，加快测图进度。

另外，从上述可知，当测定控制点的相对位置有错误时，以其为基础所测定的碎部点位也就有错误，而当碎部测量中有错误时，以此资料绘制的地形图也就有错误。由此看来，测量工作必须严格进行检核，前一步测量工作未做检核不能进行下一步测量工作，故"步步有检核"是组织测量工作应遵循的原则。其优点是可以防止错漏发生，以保证测量成果的正确性。

上述测量工作的程序和原则，不仅适用于测绘工作，也适用于测设工作。如图 1-3-2 所示，欲将图上设计好的建筑物 P、Q、R 等测设于实地，作为施工的依据，须先于实地进行控制测量，然后安置仪器于控制点 A 和 F 上，进行建筑物测设。在测设工作中也要严格进行检核，以防出错。

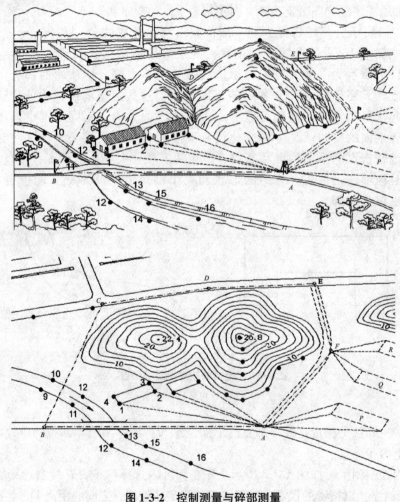

图 1-3-2　控制测量与碎部测量

另外，无论是控制测量、碎部测量还是施工测设，其实质都是确定地面点的位置，而地面点的位置往往又是通过测量水平角（方向）、距离和高差来确定的。因此，高程测量、水平角测量和距离测量是测量学的基本工作，水平角（方向）、距离和高差是确定地面点位的三个基本要素。

思考题与习题

1. 测量学的研究对象和任务是什么？

2. 什么是水准面？什么是大地水准面？测绘中的点位计算及绘图能否投影到大地水准面上进行？为什么？

3. 测量计算工作的基准面是什么？

4. 确定地球表面上点的位置常用哪几种坐标系？

5. 何谓绝对高程？何谓相对高程？

6. 某地假定水准面的绝对高程为 28.118 m，测得一地面点的相对高程为 221.628 m，试推算该点的绝对高程，并绘图加以说明。

7. 测量中的独立平面直角坐标系与数学中的平面直角坐标系有什么区别？为什么要这样规定？

8. 设某地面点的经度为东经 160°35′21″，问该点位于 6°投影带和 3°投影带时分别为第几带？其中央子午线的经度各为多少？

9. 确定地面点位的三个基本要素是什么？三项基本测量工作是什么？

10. 测量工作的基本原则是什么？

模块 2　高程控制测量

2.1　高程控制测量概述

确定控制点的高程工作称为高程控制测量。高程控制测量的任务就是在测区布设一批高程控制点,即水准点(Bench Mark,BM),用精确方法测定它们的高程。水准点有永久性和临时性两种。

(1)永久性水准点一般用混凝土制成标石,标石的顶部嵌有半球形的金属标志,其顶部标志着该点的高程。水准点标石的埋设处应选择在地质稳定牢固、便于长期保存、又便于观测的地方。标石的顶部一般露出地面,如图 2-1-1 所示。但等级较高的水准点的标石顶面埋于地表下,使用

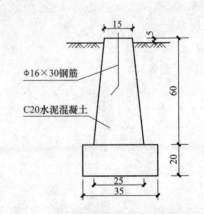

图 2-1-1　水准点标石及埋设(尺寸单位: cm)

时按指示标记挖开，用后再盖上，如图 2-1-2 所示。永久性水准点也可以用金属标志将其埋设在坚固稳定的永久性建筑物的基角上，称为墙上水准点，如图 2-1-3 所示。

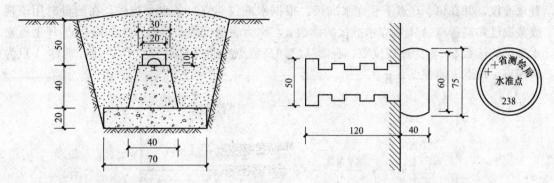

图 2-1-2　高等级水准点标石及埋设(尺寸单位：cm)　　　　图 2-1-3　墙上水准点(尺寸单位：mm)

（2）临时性水准点可以用大木桩打入地面下，桩顶钉入顶部为半球形的铁钉。也可以利用地面上凸出的坚硬岩石，或建筑物的棱角处、电线杆上、大枯树上，以及其他固定的、明显的、不易破坏的地物上，并用红油漆做出点的标志"$\oplus BM_i$"或"$\odot BM_i$"。

水准点标志后，还应在纪录簿上绘制"点之记"，即绘记水准点附近的草图或对点周围情形加以说明，并注明水准点编号 i，一般在编号前加 BM 作为水准点的代号，如 BM_i。

高程测量的方法按使用的仪器和施测的方法可分为水准测量、三角高程测量和 GPS 高程测量等。水准测量是高程测量中精度最高、应用最普遍的测量方法，主要适用于平坦地区；三角高程测量应用于地形起伏较大地区平面控制点的高程联测，精度低于水准测量；GPS 高程测量采用 GPS 测量技术直接测定地面点的大地高，或间接确定地面点正常高的方法，此法精度已达到厘米级，应用越来越广泛。

为了统一全国的高程系统，我国采用与黄海平均海水面相吻合的大地水准面作为全国高程系统的基准面，设该面上各点的绝对高程（海拔）为零。为确定这个基准面，在青岛设立验潮站和国家水准原点。根据青岛验潮站 1950—1956 年观测结果求得的黄海平均海水面作为高程的基准面，称为"1956 年黄海高程系"，并据此测得青岛观象山的国家水准原点的高程为 72.289 m。从 1989 年起，国家规定采用青岛验潮站 1952—1979 年的观测资料，计算得出的平均海水面作为新的高程基准面，称为"1985 年国家高程基准"。根据新的高程基准面，得出青岛水准原点的高程为 72.260 4 m。目前全国均应以此水准原点高程为准。

从水准原点出发，国家测绘部门分别用一、二、三、四等水准测量，在全国范围内测定一系列水准点。根据这些水准点的高程，为地形测量而进行的水准测量，称为图根水准测量；为某一工程而进行的水准测量，称为工程水准测量。

2.2　水准测量原理

水准测量原理

水准测量原理是利用水准仪提供的水平视线，通过竖立在两点上的水准尺读数，采用一定的计算方法，测定两点的高差，从而由一点的已知高程，推算另一点的高程。

如图 2-2-1 所示，设已知 A 点的高程为 H_A，求 B 点的高程 H_B。在 A、B 两点之间安置水准仪，并在 A、B 点上竖立水准尺，根据水准仪建立一条水平视线，在测量时用该视线截取已知高程点 A 上所立水准尺的读数 a，称为后视读数；再截取未知高程点 B 上所立水准尺的读数 b，称为前视读数。观测从已知高程点 A 向未知高程点 B 进行，则称 A 点为后视点，B 点为前视点。

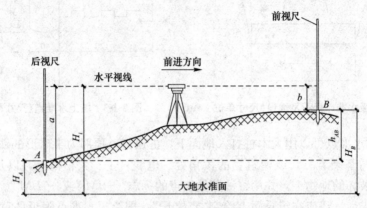

图 2-2-1　水准测量的原理

由图 2-2-1 可知，A、B 两点之间的高差 h_{AB} 为

$$h_{AB}=a-b \tag{2-2-1}$$

即两点之间的高差为"后视读数"减"前视读数"。从图中可以看出，当 $a>b$ 时，h_{AB} 为正，表示 B 点比 A 点高；当 $a<b$，h_{AB} 为负，表示 B 点比 A 点低。为了避免计算中发生正负符号的错误，在书写高差 h_{AB} 的符号时必须注意 h 的下标。例如，h_{AB} 是表示由已知高程的 A 点推算至未知高程的 B 点的高差。

根据 A 点已知高程 H_A 和测出的高差 h_{AB}，则 B 点的高程 H_B 为

$$H_B=H_A+h_{AB}=H_A+(a-b) \tag{2-2-2}$$

在图 2-2-1 中，也可以通过仪器的视线高 H_i 求得 B 点的高程 H_B：

$$H_i=H_A+a$$
$$H_B=H_i-b \tag{2-2-3}$$

式(2-2-2)是利用高差 h_{AB} 计算 B 点高程，称为高差法。

式(2-2-3)是通过仪器的视线高程 H_i 计算 B 点高程，称为仪高法，又称视高法。若在一个测站上要同时测算出许多点的高程，则用式(2-2-3)计算更方便。

2.3　自动安平水准仪的构造及其使用

水准测量使用的仪器为水准仪，使用的工具为水准尺和尺垫。水准仪按其精度可分为 $DS_{0.5}$、DS_1、DS_3、DS_{10} 等几种等级。其中，"D"和"S"分别为"大地"和"水准仪"首字汉语拼

音首字母，其下标是仪器的精度指标，即每千米水准测量的高差中误差（以 mm 为单位）。如果"DS"改为"DSZ"，则表示该仪器为自动安平水准仪。表 2-3-1 列出了各等级水准仪的主要技术参数和用途。

表 2-3-1　水准仪系列主要技术参数及用途

项目		水准仪等级			
		$DS_{0.5}$	DS_1	DS_3	DS_{10}
每千米水准测量高差中误差/mm		±0.5	±1.0	±3.0	±10
望远镜	物镜有效孔径不小于/mm	42	38	28	20
	放大倍数不小于/倍	55	47	38	28
水准管分划值		$10''$(2 mm)	$10''$(2 mm)	$20''$(2 mm)	$20''$(2 mm)
主要用途（供参考）		一等水准测量	二等水准测量	三、四等水准图根水准测量	工程水准测量

2.3.1　自动安平水准仪的构造

图 2-3-1 所示为 DSZ_3 型自动安平水准仪，其是一种操作比较方便，有利于提高观测速度的仪器。其主要由望远镜、圆水准器和基座等部分组成。

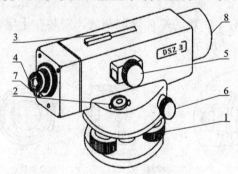

图 2-3-1　DSZ_3 型自动安平水准仪
1—脚螺旋；2—圆水准器；3—瞄准器；4—目镜对光螺旋；
5—物镜对光螺旋；6—水平微动螺旋；7—补偿器检查按钮；8—物镜

1. 望远镜

自动安平水准仪的望远镜是用来瞄准水准尺并读数的。其主要由物镜、目镜、对光螺旋、十字丝分划板和补偿器等组成。图 2-3-2 所示为 DSZ_3 自动安平水准仪结构剖面图。物镜的作用是使远处的目标在望远镜的焦距内形成一个倒立的、缩小的实像，当目标处在不同

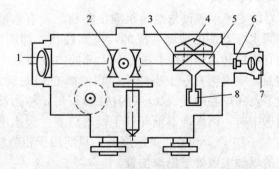

图 2-3-2　DSZ_3 自动安平水准仪结构剖面图
1—物镜；2—物镜对光螺旋；3—直角棱镜；4—屋脊棱镜；
5—直角镜；6—十字丝分划板；7—目镜；8—阻尼器

距离时，可调节对光螺旋，使成像始终落在十字丝分划板上，这时，十字丝和物像同时被目镜放大为虚像，以便观测者利用十字丝来瞄准目标。当十字丝的交点瞄准到目标上某一点时，该目标点即在十字丝交点与物镜光心的连线上，这条线称为视准轴，用 CC 表示，也称为视线。

当视准轴水平时在水准尺上读数为 a，如图 2-3-3(a) 所示；当视准轴倾斜了一个角度 α 时，如图 2-3-3(b) 所示，读数为 a'。为了使十字丝横丝的读数仍为视准轴水平时的读数 a，在物镜对光螺旋和十字丝分划板之间安装一个补偿器，通过望远镜光心的水平视线经过补偿器的光学元件后偏转一个 β 角，仍能成像于十字丝中心。这个补偿器是由固定在望远镜上的屋脊棱镜及用金属丝悬吊的两块直角棱镜组成的。当

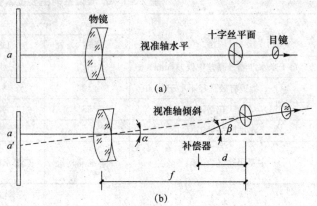

图 2-3-3　DSZ₃ 自动安平水准仪原理图
(a) 视准轴水平；(b) 视准轴倾斜补偿

望远镜倾斜时，直角棱镜在重力摆的作用下与望远镜相反偏转运动，由于阻尼器的作用，其很快会静止下来。

十字丝分划板是用刻有十字丝的平面玻璃制成，安装在十字丝环上，再用固定螺钉固定在望远镜筒内，如图 2-3-4 所示。

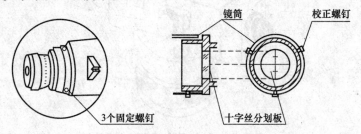

图 2-3-4　十字丝分划板装置

2. 圆水准器

自动安平水准仪与微倾水准仪相比，没有水准管只有圆水准器。圆水准器是由玻璃制成的，呈圆柱状，如图 2-3-5 所示，里面装有酒精和乙醚的混合液，其上部的内表面为一个半径为 R 的圆球面，中央刻有一个小圆圈，它的圆心 O 是圆水准器的零点，通过零点和球心的连线（O 点的法线）$L'L'$，称为圆水准器轴。当气泡居中时，圆水准器轴即处于铅垂位置。圆水准器的分划值一般为 $5'\sim10'/(2\,mm)$，灵敏度低，只能用于粗略整平仪器，使水准仪的纵轴大致处于铅垂位置。

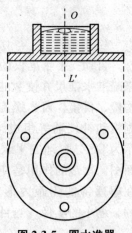

图 2-3-5　圆水准器

3. 基座

基座的作用是用来支撑仪器上部，并通过连接螺旋将仪器与三

脚架连接。基座有三个可以升降的脚螺旋，转动脚螺旋可以使圆水准器的气泡居中，将仪器粗略整平。

2.3.2 水准尺和尺垫

1. 水准尺

水准尺由干燥的优质木材、玻璃钢或铝合金等材料制成。常用的水准尺可分为双面尺和塔尺两种，如图 2-3-6 所示。

(1)双面尺如图 2-3-6(a)所示。其多用于三、四等水准测量，长度为 3 m，为不能伸缩和折叠的板尺，且两根尺为一对，尺的两面均有分划，尺的正面是黑色注记，反面为红色注记，故又称红、黑面尺。黑面的底部都从零开始，而红面的底部一般是一根为 4.687 m，另一根为 4.787 m。

(2)塔尺尺长可伸缩，便于携带[图 2-3-6(b)]。按尺的长度可分为 2 m 和 5 m 两种。尺面分划为 1 cm 和 0.5 cm，每分米处注有数字或以红黑点表示数，尺底为零。由于塔尺各段接头处的磨损易影响尺长的精度，故多用于普通水准测量。

2. 尺垫

尺垫由一个三角形的铸铁制成，上部中央有一凸起的半球体，如图 2-3-7 所示，为保证在水准测量过程中转点的高程不变，常将水准尺放在半球体的顶端。

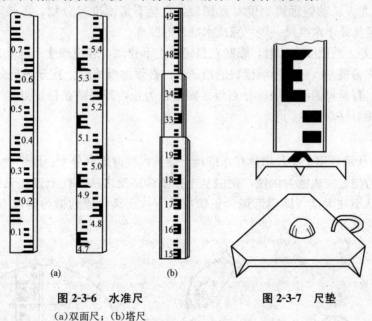

图 2-3-6　水准尺
(a)双面尺；(b)塔尺

图 2-3-7　尺垫

2.3.3 自动安平水准仪的使用

自动安平水准仪使用的基本程序为架设仪器、粗略整平、照准水准尺和读数。

1. 架设仪器

在架设仪器处，打开三脚架，使其高度适中(约在观测者的胸颈部)和架腿张角适中，架头大致水平。将仪器从箱中取出，用连接螺旋将水准仪固定在三脚架上。需要注意的是，若在较松软的泥土地面，为防止仪器因自重而下沉，还要把三脚架的两腿踩实。然后，根据圆水准器泡的位置，上、下推拉，左、右微转脚架的第三只腿，使圆水准器的气泡尽可能靠近圆圈中心的位置，在不改变架头高度的情况下放稳脚架的第三只腿。

2. 粗略整平

如图 2-3-8 所示，为使仪器的竖轴处于大致铅垂位置，转动基座上的三个脚螺旋，使圆水准器的气泡居中。气泡未居中，双手任选两个脚螺旋，按相反方向同时转动两个脚螺旋 1、2，使气泡移动到与圆水准器零点的连线垂直于 1、2 两个脚螺旋的连线处，也就是气泡、圆水准器零点、脚螺旋 3 三点共线。再转动另一个脚螺旋 3，使气泡居中。需要注意的是，在转动脚螺旋时，气泡移动的方向始终与左手大拇指（或右手食指）运动的方向一致。

3. 照准水准尺

仪器粗略整平后，即可用望远镜瞄准水准尺，基本操作步骤如下：

（1）目镜对光。将望远镜对向较明亮处，转动目镜对光螺旋，使十字丝调至最为清晰为止。

（2）初步照准。用光学粗瞄器粗略地瞄准目标，同时转动望远镜，使十字丝和目标重合。

（3）物镜对光。转动望远镜物镜对光螺旋，直至看清水准尺分划，再转动水平微动螺旋，使十字丝竖丝处于水准尺一侧，完成水准尺的照准。

（4）消除视差。当照准目标时，眼睛在目镜处上下移动，若发现十字丝和尺像有相对移动，这种现象称为视差。它将影响读数的精确性，必须加以消除。其方法是交替调节目镜、物镜对光螺旋，直至尺像与十字丝分划板平面重合为止，即眼睛在目镜处上下移动而十字丝和尺像没有相对移动为止。

4. 读数

如图 2-3-9 所示，用十字丝横丝在水准尺上读数，应读米、分米、厘米、毫米，其中毫米位为估读。若望远镜成像为倒像，则应从上往下读；反之从下往上读。无论何种成像方式，读数都应从小往大读，即望远镜为正像应从下往上读，望远镜为倒像应从上往下读，图中尺的读数为 0.859 m。

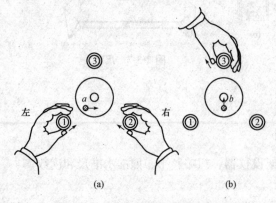

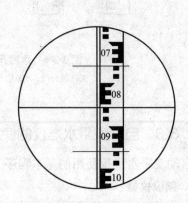

图 2-3-8　圆水准器气泡居中方法　　　　图 2-3-9　照准水准尺与读数

2.4　数字水准仪的构造及其使用

数字水准仪又称电子水准仪，是在水准仪的望远镜光路中增加分光棱镜和安装 CCD 线阵传感器的数字图像识别处理系统，配合使用条码水准尺，能够自动读取高差和距离，并自动进行数据记录。数字水准仪以其新颖的测量原理、可靠的观测精度、简单的观测方法，取得了广泛的关注和应用。

2.4.1　数字水准仪的构造

1. 仪器的构造

图 2-4-1 所示为 DL-202 型数字水准仪的外观。从外观上讲，其主要由望远镜、圆水准器、操作键盘、数据显示窗口、脚螺旋及底盘等部分构成。

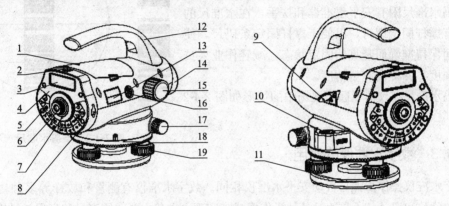

图 2-4-1　DL-202 型数字水准仪

1—电池；2—粗瞄器；3—液晶显示屏；4—面板；5—按键；6—目镜；7—目镜护罩；
8—数据输出接口；9—圆水准器反射镜；10—圆水准器；11—基座；12—提柄；13—型号标贴；14—电池盒；
15—物镜；16—调焦手轮；17—电源开关/测量键；18—水平微动手轮；19—脚螺旋

2. 操作键盘上各键的功能

DL-202 型数字水准仪键盘上各键的功能见表 2-4-1。

表 2-4-1　DL-202 型数字水准仪操作键盘功能

键符	键名	功能
POW/MEAS	电源开关/测量键	仪器开关机和用来进行测量
MENU	菜单键	在其他显示模式下，按此键可以回到主菜单
DIST	测距键	在测量状态下按此键测量并显示距离
↑ ↓	选择键	翻页菜单屏幕或数据显示屏幕
→ ←	数字移动键	查询数据时的左右翻页或输入状态时左右选择
ENT	确认键	用来确认模式参数或输入显示的数据
ESC	退出键	用来退出菜单模式或任一设置模式，也可作输入数据时的后退清除键
0~9	数字键	用来输入数字

键符	键名	功能
—	标尺倒置模式	用来进行倒置标尺输入，并应预先在测量参数下将倒置标尺模式设置为"使用"
☀	背光灯开关	打开或关闭背光灯
·	小数点键	数据输入时输入小数点

2.4.2 数字(条码)水准尺

条码水准尺是与数字水准仪配套使用的专用水准尺。其是由玻璃纤维塑料制成的，或用铟钢制成尺面镶嵌在尺基上形成。尺面上刻有宽度不同、黑白相间的码条称为条码，如图 2-4-2 所示。该条码相当于普通水准尺上的分划和注记。

条码水准尺附有安平水准器和扶手，在水准尺的顶端留有撑杆固定螺钉，以便于撑杆固定条码尺，使之长时间保持准确而竖直的固定状态，减轻作业人员的劳动强度，并提高测量精度。

条码水准尺在仪器望远镜视场中的情形如图 2-4-2 所示。

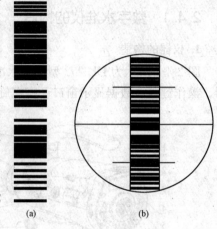

(a)　　　(b)

图 2-4-2　条码水准尺

2.4.3 数字水准仪的使用

数字水准仪操作步骤与自动安平水准仪相同。数字水准仪有测量和放样等多种功能，并可以自动读数和记录，通常通过各种操作模式来实现。本节主要介绍测量和高程放样模式。

1. 测量模式

测量模式只用来测量标尺读数和距离，而不进行高程计算。有关测量次数的选择可以在"设置模式"中进行。采用多次测量的平均值时可以提高测量的精度。其操作过程与界面显示见表 2-4-2。

表 2-4-2　测量模式

操作过程	操作	显示
1.［ENT］键	［ENT］	主菜单 ▶测量
2. 按［▲］或［▼］键选择标准测量并按［ENT］键	［ENT］	▶1. 标准测量 2. 放样测量
3. 当测量参数的存储模式设置为自动存储或手动存储时	［ENT］	是否记录数据？ 是：ENT 否：ESC

操作过程	操作	显示
4. 输入作业名，按[ENT]键确认	[1] [ENT]	作业名 =＞B1 _
5. 瞄准标尺并清晰，按[MEAS]键测量，多次测量则最后一次为平均值，连续测量按[ESC]退出	[MEAS]	标准测量模式 请按测量键
6. 按[▲]或[▼]键查阅点号；存储后点号会自动递增	[▲][▼]	标尺：0.805 0 m 视距：8.550 m
7. 按[ENT]键确认或[ESC]键退出	[ENT]继续测量 或任意键退出	点号：P1
8. 任何过程中连续按[ESC]键可退回主菜单	[ESC]退出	标准测量模式 请按测量键

2. 高程放样模式

高程放样模式下用户可以通过输入后视点和放样点的高程来进行放样。其操作过程与界面显示见表 2-4-3。

表 2-4-3 高程放样模式

操作过程	操作	显示
1. [ENT]键	[ENT]	主菜单 ▶测量
2. 按[▲]键或[▼]键选择标准测量并按[ENT]键	[ENT]	1. 标准测量 ▶2. 放样测量
3. 选择高程放样并按[ENT]键	[ENT]	▶1. 高程放样 2. 高差放样
4. 输入后视点高程并按[ENT]键	[数字键]	输入后视高程? =100 m
5. 输入放样点高程并按[ENT]键	[数字键]	输入放样高程? =101 m

操作过程	操作	显示
6. 瞄准标尺并清晰，按[MEAS]键	[MEAS]	测量后视点 请按测量键
7. 显示后视标尺和视距，可按[MEAS]键重复测量或按[ENT]键继续或按[ESC]键退出	[ENT]	B标尺：0.805 0 m B视距：8.550 m
8. 显示放样点标尺和视距及放样点的高程和需填挖值。负值表示"填"，正值表示"挖"	[MEAS]	测量放样点 请按测量键 S标尺：0.808 0 m S视距：8.550 m 高程：99.997 0 m 放样：−1.003 0 m
9. 按[ENT]键继续放样或按[ESC]键退出	[ENT]	ENT：继续 ESC：新的测量

2.5　自动安平水准仪的检验与校正

如图 2-5-1 所示，CC 为视准轴，$L'L'$ 为圆水准器轴，VV 为仪器竖轴。自动安平水准仪必须满足下列条件：

（1）圆水准器轴 $L'L'$ 平行于竖轴 VV；

（2）十字丝横丝垂直于竖轴；

（3）视准轴 CC 应与水平视线一致；

（4）水准仪在补偿范围内，应起到补偿作用；仪器在出厂前都经过严格检校，上述条件均能满足，但由于仪器在长期使用和运输过程中受到振动等因素，使上述各轴线之间的关系可能发生变化。为保证测量的质量，必须对水准仪进行检验校正。

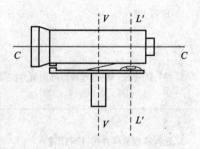

图 2-5-1　自动安平水准仪轴线

2.5.1　圆水准器的检验与校正

1. 目的

使圆水准器轴平行于仪器的竖轴（$L'L'//VV$）。

2. 检验方法

旋转脚螺旋，使圆水准器泡居中，如图 2-5-2(a)所示；然后将仪器绕竖轴旋转180°，如果气泡偏于一边，如图 2-5-2(b)所示，则说明 $L'L'$ 不平行于 VV，需要校正。

3. 校正方法

转动脚螺旋，使气泡向圆水准器中心移动偏距的一半，如图 2-5-2(c)所示，然后用校正针拨圆水准器底下的三个校正螺钉，使气泡居中，如图 2-5-2(d)所示。

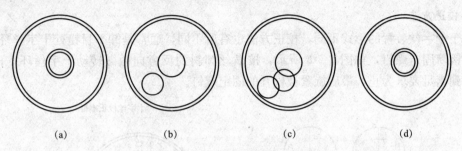

(a)　　　　　(b)　　　　　(c)　　　　　(d)

图 2-5-2　圆水准器的校验与校正

在圆水准器底下，除有三个校正螺钉外，中间还有一个固定螺钉，如图 2-5-3 所示。在拨动各个校正螺钉之前，应先旋松一下这个固定螺钉。校正完毕，再旋紧固定螺钉。

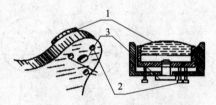

图 2-5-3　圆水准器校正螺钉
1—圆水准器；2—校正螺钉；3—固定螺钉

设圆水准器不平行于竖轴，两者的交角为 α。转动脚螺旋，圆水准器气泡居中，则圆水准轴位于铅垂方向，而竖轴倾斜了一个角 α［图 2-5-4(a)］。当仪器绕竖轴旋转 $180°$ 后，圆水准器已转到竖轴的另一边，而圆水准轴与竖轴的夹角 α 未变，故此时圆水准轴相对于铅垂线就倾斜了 2α 的角度［图 2-5-4(b)］，气泡偏离中心的距离相应于 2α 的倾角。因为仪器的纵轴相对于铅垂线仅倾斜了一个 α 角，所以旋转脚螺旋使气泡向中心移动偏距的一半，竖轴即处于铅垂位置［图 2-5-4(c)］，然后拨动圆水准器校正螺钉，使气泡居中，导致圆水准轴也处于铅垂位置，从而达到了使圆水准轴平行于竖轴的目的［图 2-5-4(d)］。

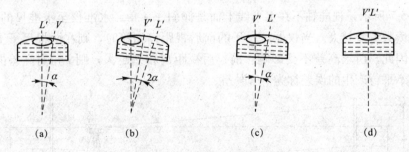

(a)　　　　　(b)　　　　　(c)　　　　　(d)

图 2-5-4　圆水准器校正原理

2.5.2　十字丝的检验与校正

1. 目的

当水准仪整平后，十字丝的横丝应该水平，即十字丝横丝应垂直于竖轴。

2. 检验方法

整平仪器后用十字丝横丝的一端对准一个清晰固定点 P，如图 2-5-5(a)所示，转动微动螺旋，使望远镜缓慢移动，如果 P 点始终不离开横丝，如图 2-5-5(b)所示，则说明条件满足；如果离开横丝，如图 2-5-5(c)、(d)所示，则需要校正。

3. 校正方法

由于十字丝装置的形式不同，校正方法也有所不同，通常是卸下目镜处十字丝环外罩，松开目镜筒固定螺钉，如图 2-5-6 所示，按横丝倾斜的反方向微微转动十字丝环，再做检验，直到满足要求为止，最后旋紧被松开的固定螺钉。

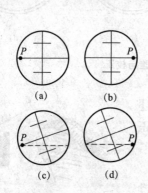

图 2-5-5　十字丝的检验

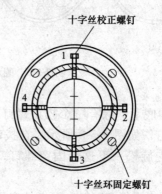

图 2-5-6　十字丝的校正

2.5.3　视线水平度(视准轴)的检验与校正

1. 目的

使水准仪视准轴 CC 与水平视线一致。

2. 检验方法

如图 2-5-7 所示，视准轴不在水平线上而是倾斜了 i 角，水准仪至水准尺的距离越远，由此引起的读数偏差越大。当仪器至尺子的前后视距离相等时，则在两根尺子上的读数偏差也相等，因此，所求高差不受影响。前、后视距离相差越大，则 i 角对高差的影响也越大。视准轴不平行产生的误差称为 i 角误差。

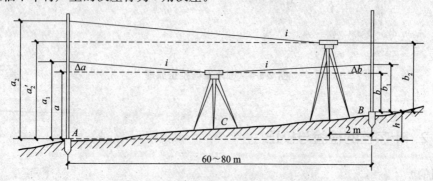

图 2-5-7　水准管轴平行于视准轴的检验

检验时，在平坦地面上选定相距 60～80 m 的 A、B 两点，打好木桩或安放尺垫，竖立水准尺。先将水准仪安置于 A、B 点的中间点 C 处，整平仪器后读取 A、B 点上水准尺的读数 a_1'、b_1'；改变水准仪高度 10 cm 以上，再重读两尺的读数 a_1''、b_1''。前、后两次分别计算高差，高差之差如果不大于 5 mm，则取其平均数，作为 A、B 两点之间不受 i 角影响的正确高差：

$$h_{AB}' = 1/2[(a_1' - b_1') + (a_1'' - b_1'')] \tag{2-5-1}$$

将水准仪搬到与 B 点相距约 2 m 处，分别读取 A、B 点水准尺读数 a_2、b_2，又测得高差 $h_{AB}'' = a_2 - b_2$。如果 $h_{AB}' = h_{AB}''$，则说明望远镜视准轴位于水平面内；若不相等，则说明存在 i 角误差，即

$$i = \frac{a_2 - a_2'}{D_{AB}} \rho'' (\rho'' = 206\,265'') \tag{2-5-2}$$

式中　D_{AB}——A、B 两点之间的距离，按规定用于一、二等水准测量的仪器 i 角≤15″，用于三、四等水准测量的仪器 i 角≤20″，否则应进行校正。

3. 校正方法

校正十字丝：拨十字丝的校正螺钉，使 A 点的读数从 a_2 改变到 a_2'。按下列公式计算 A 点在尺上的应有读数：

$$a_2' = b_2 + h_{AB}' \tag{2-5-3}$$

2.5.4　补偿器的检验与校正

1. 目的

当仪器竖轴有微小倾斜时，通过补偿器的补偿后仍能读取正确读数。

2. 检验方法

在较平坦的地方选择 A、B 两点，AB 长约为 100 m，在 A、B 点各钉入一木柱（或用尺垫代替），将水准仪置于 AB 连线的中点，并使两个脚螺旋中心的连线（为描述方便称为第 1、2 脚螺旋）与 AB 连线方向垂直。

首先用圆水准器将仪器置平，测出 A、B 两点之间的高差 h_{AB}，此值作为正确高差；升高第 3 个脚螺旋，使仪器向上（或向下）倾斜，测出 A、B 两点之间的高差 $h_{AB上}$；降低第 3 个脚螺旋，使仪器向下（或向上）倾斜，测出 A、B 两点之间的高差 $h_{AB下}$；升高第 3 个脚螺旋，使圆水准器气泡居中；升高第 1 个脚螺旋，使后视时望远镜向左（或向右）倾斜，测出 A、B 两点之间的高差 $h_{AB左}$；降低第 1 个脚螺旋，使后视时望远镜向右（或向左）倾斜，测出 A、B 两点之间的高差 $h_{AB右}$。

无论上、下、左、右倾斜，仪器的倾斜角度均由圆水准器气泡位置确定；四次倾斜的角度应相同，一般取补偿器所能补偿的最大角度。

将 $h_{AB上}$、$h_{AB下}$、$h_{AB左}$、$h_{AB右}$ 与 h_{AB} 相比较，视其差数确定补偿器的性能；对于普通水准测量，此差数一般应小于 5 mm。

3. 校正方法

调整有关重心调节器，使其满足条件。若经反复检验发现补偿器失灵，则应送工厂或检修车间修理。

2.6 水准测量误差分析

水准测量中产生的误差包括仪器误差、观测误差及外界条件影响的误差三个方面。在水准测量作业中应根据产生误差的原因采取措施，尽量减少或消除其影响。

1. 仪器误差

(1)视准轴不水平产生 i 角误差。仪器经过校正后，还会留有残余误差；仪器长期使用或受振动，也会使视准轴不水平。该误差的大小与仪器至水准尺的距离成正比。因此，只要在观测时将仪器安置在距离前、后两测点相等处，即可消除该项误差影响。

(2)水准尺误差。水准尺误差包括尺长误差、分划误差和零点误差。观测前，应对水准尺检验后方可使用，水准尺零点误差可以在每个测段中通过设偶数站的方法来消除。

2. 观测误差

(1)整平误差。观测者的自身条件，即由于观测者感官鉴别能力所限及技术熟练程度不同，在仪器整平方面产生误差。

(2)读数误差。由于存在视差和估读毫米数的误差，其与人眼的分辨力、望远镜的放大倍数及视线的长度有关，所以要求望远镜的放大倍率在 20 倍以上，视线长度一般不得超过 100 m。

(3)水准尺倾斜误差。水准尺必须扶直，当水准尺倾斜时，观测者不可能发觉，使其读数总比尺子竖直时的读数大，视线越高，水准尺倾斜引起的读数误差越大。在水准尺上安装圆水准器，立尺时，保持气泡居中，可以保证水准尺的竖直。如果尺上没有安装圆水准器，可以采用"摇尺法"读数。在读数时，扶尺者将尺子缓缓向前后俯、仰摇动，尺上的读数也会缓缓改变，观测者读取尺上最小读数，即尺子竖直时的读数。

3. 外界条件影响的误差

(1)仪器下沉。由于安置仪器处的地面土质松软，或三脚架未与地面踩实，使仪器在测站上随安置时间的增加而下沉。水准仪下沉使在水准尺上的读数偏小。减小这种误差可采用的办法：一是尽可能将仪器安置在坚硬的地面处，并将脚架踏实；二是加快观测速度，尽量缩短前、后视读数时间差；三是采用"后、前、前、后"的观测程序。

(2)尺垫下沉。仪器在搬站时，如果转点上的尺垫下沉，将使下一站的后视读数（转点上的水准尺）增大，因此，要注意尽量将转点选择在坚硬的地面上。采用往、返测取平均值的办法可以消除或减小这一误差。

(3)地球曲率和大气折光的影响。如图 2-6-1 所示，用水平视线代替大地水准面在尺上读数产生的误差为 Δh，此处用 C 代替 Δh，则

$$C = \Delta h = \frac{D^2}{2R} \tag{2-6-1}$$

式中　R——地球曲率半径，近似取 6 371 km；

　　　　D——两点之间的水平距离。

实际上，由于大气折光，视线并非是水平的，而是一条曲线，如图 2-6-1 所示。曲线的曲率半径约为地球半径的 7 倍，其折光量的大小对水准尺读数产生的影响为

$$\gamma = \frac{D^2}{2 \times 7R} \tag{2-6-2}$$

折光影响与地球曲率影响之和为

$$f=C-\gamma=\frac{D^2}{2R}-\frac{D^2}{14R}=0.43\frac{D^2}{R} \tag{2-6-3}$$

如果使前、后视距相等，由式(2-6-3)计算的 f 值则相等，地球曲率和大气折光的影响将得到消除或大大减弱。

(4)温度影响。当日光照射到水准仪时，由于仪器各部件受热不均匀引起不规则的膨胀，影响到仪器轴线的正确关系，使仪器产生误差。因此，要求较高的水准测量对水准仪应撑伞防晒。

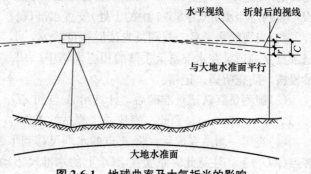

图 2-6-1　地球曲率及大气折光的影响

2.7　等外水准测量的实施

在进行水准测量时，由于国家等级水准点在地面上密度不够，为了满足各项工程建设及地形测量的需要，必须在国家等级水准点之间进行补充加密。这种水准测量因精度低于国家等级水准测量的精度，故称为等外水准测量或普通水准测量。

2.7.1　水准测量施测方法

在实际中，当欲测的高程点与已知的水准点之间距离较远、高差较大或遇障碍物视线受阻、不能安置一次水准仪完成观测任务时，应采用分段、连续设站的方法施测。如图 2-7-1 所示，已知 A 点的高程 H_A，现要求出 B 点的高程 H_B。若安置一次仪器无法测出 A 点与 B 点的高差 h_{AB}，此时可在两点之间加设若干个临时立尺点，称为转点(以符号 ZD 表示)，转点是指在水准测量中既有前视读数又有后视读数，只起传递高程作用的点。然后连续多次安置水准仪，测定两相邻点之间的高差，最后取各个高差的代数和，可得到 A、B 两点的高差。

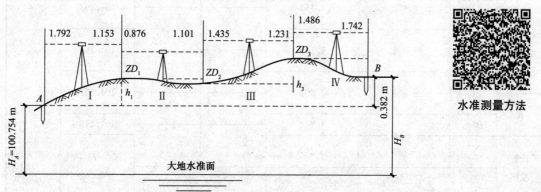

水准测量方法

图 2-7-1　水准测量的实施(高程单位：m)

观测步骤如下：

(1)在已知高程 $H_A = 100.754$ m 的 A 点前方适当的距离(根据水准测量的等级及地形情况而定)处选定一转点 ZD_1。两立尺员分别在 A、ZD_1 两点上立水准尺，观测员在距 A 点和 ZD_1 点约等距离处(图 2-7-1 中的 I 处)安置水准仪。

(2)当视线水平后，观测员先读后视读数 $a_1 = 1.792$，再读前视读数 $b_1 = 1.153$。同时，记录员立刻记录在水准测量手簿的相应表格中(表 2-7-1)，并边记录边复诵读数，以便观测员校核，防止听错、记错。

(3)观测员默认记录准确后，计算出 A 点和 ZD_1 点之间的高差：$h_1 = a_1 - b_1 = 1.792 - 1.153 = +0.639$(m)，到此，完成一个测站的工作。

(4)当第一测站完成后，将 A 点的水准尺移到 I(ZD_1)前方适当位置处重新选择第二个转点(ZD_2)上。注意此时原在 ZD_1 上的水准尺不动，只需要将尺面反转过来以便于仪器观测，仪器安置在距 ZD_1、ZD_2 约等距的 II 处，进行观测、记录、计算，得出 ZD_1 和 ZD_2 的高差 h_2，完成第二个测站的工作。

以此类推测到 B 点。

这样便测得每一测站的高差 h_i：

$$h_1 = a_1 - b_1$$
$$h_2 = a_2 - b_2$$
$$h_3 = a_3 - b_3$$
$$\vdots$$
$$h_n = a_n - b_n$$

由图 2-7-1 中可以看出，将各测站的高差相加，便得到 A 点至 B 点的高差 h_{AB}：

$$h_{AB} = h_1 + h_2 + h_3 + \cdots + h_n = \sum h_i = \sum a_i - \sum b_i \tag{2-7-1}$$

$$H_B = H_A + h_{AB} = H_A + \sum h_i = H_A + \left(\sum a_i - \sum b_i\right) \tag{2-7-2}$$

表 2-7-1　水准测量手簿

测站	测点	水准尺读数/m		高差/m		高程/m	备注
		后视读数 a	前视读数 b	+	−		
I	BM_A	1.792		0.639		100.754	
	ZD_1	0.876	1.153			101.393	
II					0.225		
	ZD_2	1.435	1.101			101.168	
III				0.204			
	ZD_3	1.486	1.231			101.372	
IV					0.256		
	BM_B		1.742			101.116	
计算检核	$\sum$	5.589	5.227	+0.843	−0.481	$H_B - H_A =$ +0.362	
		$\sum a_i - \sum b_i = +0.362$		$\sum h_i = +0.362$			

2.7.2 水准测量计算检核

1. 计算检核

由式(2-7-1)可知，后视读数总和与前视读数总和之差应等于高差的代数和，见表2-7-1。

$$\sum h_i = +0.362$$

$$\sum a_i - \sum b_i = +0.362$$

上述两式计算结果相等，说明高差计算无误。

最后，由 A 点的高程推算出 ZD_1 的高程 H_1；由 ZD_1 的高程推算出 ZD_2 的高程 H_2；以此类推，直至计算出 B 点的高程 H_B：

$$H_1 = H_A + h_1 = 100.754 + 0.639 = 101.393(\text{m})$$

$$H_2 = H_1 + h_2 = 101.393 - 0.225 = 101.168(\text{m})$$

$$\vdots$$

$$H_B = H_{n-1} + h_n = 101.372 - 0.256 = 101.116(\text{m})$$

而利用式(2-7-2)可不求转点的高程，直接得到 B 点的高程 H_B：

$$H_B = H_A + \left(\sum a_i - \sum b_i\right) = 100.754 + 0.362 = 101.116(\text{m})$$

高程计算是否有误可通过下式检核：

$$H_B - H_A = \sum h_i = h_{AB} \tag{2-7-3}$$

在表 2-7-1 中为 $101.116 - 100.754 = +0.362(\text{m})$。

上式计算结果与先前相等，说明高程计算无误。测点高程一般用式(2-7-2)直接求得。

2. 测站检核

在连续水准测量中，只进行计算检核，还无法保证每一个测站高差测量的正确性。例如，某测站高差由于某种原因（读错、听错、记错）而测错，则由此计算的待定点高程也不正确。因此，对每一站的高差，必须采取措施进行检核测量，这种检核称为测站检核。测站检核通常采用双仪器高法或双面尺法。

（1）双仪器高法。双仪器高法又称变动仪器高法，是在同一测站上用两次不同的仪器高度，测得两次高差进行检核。第一次仪器观测高差 $h' = a' - b'$。然后重新安置仪器，改变仪器高度，观测第二次高差 $h'' = a'' - b''$。当两次高差满足下列条件时：

$$h' - h'' = \Delta h \leqslant \pm 5 \text{ mm}$$

可取平均值 $h = (h' + h'')/2$，作为该测站高差，否则重测。当满足条件后才允许搬站。

（2）双面尺法。双面尺法是在同一测站用同一仪器高分别在红黑面水准尺读数，然后进行红黑面读数和高差的检核。若同一水准尺红面与黑面读数之差不超过 ± 3 mm，且两次高差之差未超过 ± 5 mm，则取其平均值作为该测站的观测高差；否则，需要检查原因，重新观测。

3. 成果检核

由于受到自然条件如温度、风力等影响，以及仪器本身误差等影响，成果精度必然降低。这些误差在一个测站上反映并不明显，随着测站数的增多使误差积累，有时也会超过规定的限差；也有可能发生转点尺垫被移动，造成高程传递的错误。因此必须进行成果检核，即进行高差闭合差的检核。

在水准测量中，由于测量误差的影响，使沿水准路线测得的起、终点的高差值与起、终点的实际应有高差值不相吻合，其两者差值称为高差闭合差，一般以 f_h 表示。高差闭合差的计算，因水准路线形式的不同而不同，主要包括以下三种：

(1)闭合水准路线。如图 2-7-2(a)所示，从一个已知水准点 BM_A 出发，经过若干个未知高程点 1、2、3…进行水准测量，最后又回到已知水准点 BM_A 上，这样的水准路线称为闭合水准路线。在闭合水准路线中，高差的总和理论上应等于零，即

$$\sum h_{理} = 0$$

若实测高差的总和不等于零，则高差闭合差：

$$f_h = \sum h_{测} \tag{2-7-4}$$

(2)附合水准路线。如图 2-7-2(b)所示，从一个已知水准点 BM_A 出发，经过 1、2、3…若干个未知高程点进行水准测量，最后附合到另一个高级水准点 BM_B 上，这样的水准路线称为附合水准路线。在附合水准路线中，理论上各段的高差总和应与 BM_A、BM_B 高程之差相等，如果不等，则其差值为高差闭合差 f_h：

$$f_h = \sum h_{测} - (H_B - H_A) \tag{2-7-5}$$

或写成

$$f_h = \sum h_{测} - (H_{终} - H_{始}) \tag{2-7-6}$$

(3)支水准路线(又称为往返水准路线)。如图 2-7-2(c)所示，从一个已知水准点 BM_A 出发，经过一个(或几个)未知高程点，最后既不附合到另一个已知水准点，也不闭合到原水准点上，这样的水准路线称为支水准路线。为了对测量成果进行检核，并提高成果的精度，支水准路线必须进行往、返测量。另外，应限制其路线的总长，一般地形测量中不能超过 4 km。若往、返测高差的代数和不等于零，即为高差闭合差 f_h，也称较差，即

$$f_h = \sum h_{往} + \sum h_{返} = \left| \sum h_{往} \right| - \left| \sum h_{返} \right| \tag{2-7-7}$$

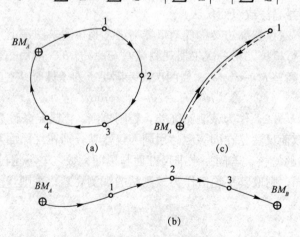

图 2-7-2　水准路线的形式

(a)闭合水准路线；(b)附合水准路线；(c)支水准路线

图 2-7-2 中，⊕为已知高程的点；⊙为待测定高程的点；→为进行方向。上述水准路线中，当高差闭合差在容许范围内时，即 $f_h \leqslant f_{h容}$（$f_{h容}$ 为容许高差闭合差），认为精度合格，成果可用。若超过容许值，应查明原因进行重测，直到符合要求为止。

水准测量的容许高差闭合差（$f_{h容}$）是在研究了误差产生的规律和总结实践经验的基础上提出来的，其值视水准测量的精度等级而定。例如，对于等外水准测量而言，容许高差闭合差规定为

$$f_{h容} = \pm 40\sqrt{L}\,(\text{mm})\,(\text{适用于平原微丘区}) \tag{2-7-8a}$$

$$f_{h容} = \pm 12\sqrt{n}\,(\text{mm})\,(\text{适用于山岭重丘区}) \tag{2-7-8b}$$

式中　L——水准路线长度（km）；

　　　n——整个水准路线所设的测站数。

应用上两式时，需要注意的是，对于往、返水准路线来说，式（2-7-8a）和式（2-7-8b）中路线长度 L 和测站数 n 均按单程计算。

2.8　高程控制测量的实施

高程控制测量的主要方法是水准测量方法，用水准测量方法建立的高程控制网称为水准网。布设的原则是从高级到低级、从整体到局部，逐步加密。

1. 国家高程控制网

国家高程控制网是用精密水准测量的方法建立起来的，所以又称为国家水准网。国家水准网可分为一、二、三、四共 4 个等级。如图 2-8-1 所示，一等水准网是沿平缓的交通路线布设成周长为 1 500 km 的环形路线。一等水准网是精度最高的高程控制网，它是国家高程控制的骨干，同时也是研究地壳和地面垂直运动及有关科学问题的主要依据，每隔 15～20 年沿相同的路线重复观测一次。二等水准网是布设在一等水准网内，形成周长为 500～750 km 的环线，其是国家高程控制网的全面基础。三、四等水准网直接为地形测图或工程建设提供高程控制点。

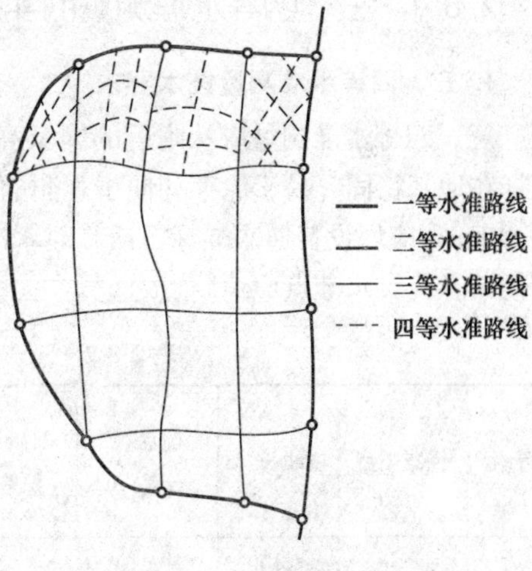

图 2-8-1　水准网的布设

—— 一等水准路线
—— 二等水准路线
—— 三等水准路线
--- 四等水准路线

2. 城市和图根高程控制网

对于城市或工矿企业等局部地区的高程控制，也是按照由高级到低级分级布设的原则。其等级可分为二、三、四、五等水准及图根水准。视测区的大小，各等级均可作为测区的首级高程控制，表 2-8-1 是城市和图根水准测量主要技术要求。首级网应布设成环形路线，加密时宜布设成附合路线或结点网。独立的首级网，应以不低于首级网的精度与国家水准点联测。水准点应有一定的密度，一般沿水准路线每 1～3 km 埋设一点，埋设后应绘制"点之记"。水准观测须待埋设的水准点稳定后方可进行，但一个测区及周围至少应有 3 个高程控制点。

表 2-8-1　水准测量主要技术要求

等级	每千米高差全中误差/mm	路线长度/km	水准仪型号	水准尺	观测次数		往返较差、附合或环线闭合差/mm	
					与已知点联测	附合或环线	平地	山地
二等	2	—	DS$_1$	铟瓦	往、返各一次	往、返各一次	$4\sqrt{L}$	—
三等	6	≤50	DS$_1$	铟瓦	往、返各一次	往一次	$12\sqrt{L}$	$4\sqrt{n}$
			DS$_3$	双面		往、返各一次		
四等	10	≤16	DS$_3$	双面	往、返各一次	往一次	$20\sqrt{L}$	$6\sqrt{n}$
五等	15	—	DS$_3$	单面	往、返各一次	往一次	$30\sqrt{L}$	
图根	20	≤5	DS$_{10}$	单面	往、返各一次	往一次	$40\sqrt{L}$	$12\sqrt{n}$

注：1. 结点之间或结点与高级点之间，路线的长度不应大于表中规定的70%。
　　2. L 为往返测段、附合或环线的水准路线长度(km)，n 为测站数。L_i 为检测测段长度(km)，小于 1 km 时，按 1 km 计算。
　　3. 数字水准测量和同等级的光学水准测量精度要求相同，作业方法在没有特指的情况下均称为水准测量。
　　4. DS$_1$ 级数字水准仪若与条码式玻璃钢水准尺配套，其精度相当于 DS$_3$ 级。

2.8.1　三、四等水准测量的实施

1. 三、四等水准测量技术要求

三、四等水准测量应从附近的国家高一级水准点引测高程。一般沿道路布设，水准点应选择在地基稳固、易于保存和便于观测的地点，水准点间距一般为2～4 km，在城市建筑区为1～2 km，应埋设普通水准标石或临时水准点标志，也可用埋石的平面控制点作为水准点。为了便于寻找，水准点应绘制点之记。三、四等水准测量观测技术要求见表2-8-2。

表 2-8-2　三、四等水准测量观测技术要求

等级	仪器类型	视线长/m	前后视较差/m	前后视累积差/m	视线离地面最低高度/m	基辅(黑红)面读数差/mm	基辅(黑红)面高差之差/mm
三等	DS$_1$	≤100	≤3	≤6	≥0.3	≤1.0	≤1.5
	DS$_3$	≤75				≤2.0	≤3.0
四等	DS$_3$	≤100	≤5	≤10	≥0.2	≤3.0	≤5.0

2. 三、四等水准测量施测方法

(1)观测方法。三、四等水准测量主要采用双面尺观测法，除各种限差有所区别外，观测方法大同小异。以三等水准测量观测方法为例，介绍其观测的程序及记录与计算，见表2-8-3。

1)照准后视尺黑面，分别读取上、下、中三丝读数，并记为(1)、(2)、(3)；

2)照准前视尺黑面，分别读取上、下、中三丝读数，并记为(4)、(5)、(6)；

3)照准前视尺红面，读取中丝读数，并记为(7)；

4)照准后视尺红面，读取中丝读数，并记为(8)。

上述四步观测，简称为"后→前→前→后(黑→黑→红→红)"，这样的观测步骤可消除或减弱仪器或尺垫下沉误差的影响。对于四等水准测量，规范允许采用"后→后→前→前(黑→红→黑→红)"的观测步骤，这种步骤比上述的步骤要简便一些。

(2)一个测站的计算与检核。

1)视距计算与检核：

后视距(9)＝[(1)－(2)]×100 m；

前视距(10)＝[(4)－(5)]×100 m，三等≤75 m，四等≤100 m；

前、后视距差(11)＝(9)－(10)，三等≤3 m，四等≤5 m；

前、后视距差累积(12)＝本站(11)＋上站(12)，三等≤6 m，四等≤10 m。

2)水准尺读数的检核：

同一根水准尺黑面与红面中丝读数之差：

前尺黑面与红面中丝读数之差(13)＝(6)＋K－(7)；

后尺黑面与红面中丝读数之差(14)＝(3)＋K－(8)，三等≤2.0 mm，四等≤3.0 mm。

(上式中的 K 为红面尺的起点数，一般为 4.687 m 或 4.787 m。)

3)高差的计算与检核：

黑面尺测得的高差(15)＝(3)－(6)；

红面尺测得的高差(16)＝(8)－(7)；

黑、红面高差之差(17)＝(15)－[(16)±0.100]或(17)＝(14)－(13)，三等≤3.0 mm，四等≤5.0 mm；

高差的平均值(18)＝[(15)＋(16)±0.100]/2。

由于 K 值不同，相差 0.1 m，则(15)与(16)也相差 0.1 m。在测站上，当后尺红面起点为 4.687 m、前尺红面起点为 4.787 m 时，取＋0.100；反之，取－0.100。

(3)每页计算校核。

1)高差部分：在每页上，后视红、黑面读数总和与前视红、黑面读数总和之差，应等于红、黑面高差之和。

①对于测站数为偶数的页：

$$\sum[(3)+(8)]-\sum[(6)+(7)]=\sum[(15)+(16)]=2\sum(18)$$

②对于测站数为奇数的页：

$$\sum[(3)+(8)]-\sum[(6)+(7)]=\sum[(15)+(16)]=2\sum(18)\pm0.100$$

2)视距部分：在每页上，后视距总和与前视距总和之差应等于本页末站视距差累积值与上页末站视距差累积值之差。校核无误后，可计算水准路线的总长度。

$$\sum(9)-\sum(10)=本页末站之(12)-上页末站之(12)$$

$$水准路线总长度=\sum(9)+\sum(10)$$

表 2-8-3　三、四等水准测量观测记录

测站编号	点号	后尺 上丝 / 下丝 / 后视距/m / 视距差 d/m	前尺 上丝 / 下丝 / 前视距/m / ∑d/m	方向及尺号	水准尺读数 /m 黑面	水准尺读数 /m 红面	黑+K-红 /mm	高差中数 /m	备注
填表示范		(1)	(4)	后	(3)	(8)	(14)	(18)	
		(2)	(5)	前	(6)	(7)	(13)		
		(9)	(10)	后一前	(15)	(16)	(17)		
		(11)	(12)						
1	BM_1 — ZD_1	1.301	1.243	后 106	1.291	6.076	2	0.067	
		1.073	1.000	前 107	1.223	5.910	0		
		22.8	24.3		0.068	0.166	2		
		−1.5	−1.5						
2	ZD_1 — ZD_2	1.360	1.853	后 107	1.262	5.950	−1	−0.500	
		1.052	1.563	前 106	1.761	6.550	−2		
		30.8	29.0		−0.499	−0.600	1		K 为尺常数，$K106=4.787$，$K107=4.687$；已知 BM_1 高程 $H_1=48.124$，BM_2 高程 $H_2=47.167$
		1.8	0.3						
3	ZD_2 — ZD_3	1.563	1.695	后 106	1.412	6.201	−2	−0.128	
		1.061	1.195	前 107	1.542	6.228	1		
		50.2	50.0		−0.130	−0.027	−3		
		0.2	0.5						
4	ZD_3 — BM_2	1.474	1.444	后 107	1.260	5.948	−1	−0.400	
		1.028	1.013	前 106	1.660	6.448	−1		
		44.6	43.1		−0.400	−0.500	0		
		1.5	2.0						
本页校核		$\sum[(3)+(8)]-\sum[(6)+(7)]=29.4-31.322=-1.922$ $\sum[(15)+(16)]=-1.922;\sum(18)=-0.961;2\sum(18)=-1.922$ 由此可见满足： $\sum[(3)+(8)]-\sum[(6)+(7)]=\sum[(15)+(16)]=2\sum(18)$ $\sum(9)-\sum(10)=148.4-146.4=2.0=$ 末站 (12) 总视距 $=\sum(9)+\sum(10)=294.8$（m）							

2.8.2　二等水准测量的实施

1. 二等水准测量技术要求

　　二等水准测量一般应用在大城市的高程控制、地面沉降及精密工程测量中。二等水准测量的主要技术要求见表 2-8-4。

表 2-8-4　二等水准测量技术要求

等级	仪器类型	视线长/m		前、后视较差/m		前、后视累积差/m		视线离地面最低高度/m		基辅分划所测高差之差/mm	数字水准仪重复测量次数
		光学	数字	光学	数字	光学	数字	光学	数字		
二等	DSZ₁、DS₁	≤50	≥3 且 ≤50	≤1	≤1.5	≤3.0	≤6.0	≥0.3	≤2.8 且 ≥0.55	≤0.6	≥2

2. 二等水准测量施测方法

二等水准测量采用往、返观测，往测奇数站观测顺序为"后—前—前—后"，偶数站观测顺序为"前—后—后—前"。返测时观测程序与往测时相反，即奇数站为"前—后—后—前"，偶数站为"后—前—前—后"。每一测段的测站数应为偶数，下面以数字水准仪观测为例介绍其记录与计算，见表 2-8-5。

表 2-8-5　二等水准测量观测记录

测站编号	后视距	前视距	方向及尺号	标尺读数		两次读数之差	备注
	视距差	累积视距差		第一次读数	第二次读数		
一	1	3	后	2	8	9	
			前	4	7	10	
	5	6	后—前	11	12	13	
			h	14			
BM_1—ZD_1	24.6	23.4	后	078 679	078 682	−3	
			前	177 256	177 254	2	
	1.2	1.2	后—前	−098 577	−098 572	−5	
			h	−0.985 745			
ZD_1—BM_2	36.6	37.4	后	239 752	239 751	1	
			前	097 857	097 854	3	
	−0.8	0.4	后—前	141 895	141 897	−2	
			h	1.418 960			

2.9　水准测量成果整理

当水准路线中的高差闭合差小于允许值时，满足了精度要求，就可以进行内业成果计算，即进行高差闭合差的分配、高差改正和高程的计算。对于闭合水准路线或附合水准路线，高差闭合差的调整可将高差闭合差反符号按测段长度(平原微丘区)或测站数(山岭重丘区）成正比的原则进行分配，以改正各水准点之间的测段高差，使各测段的高差总和满足理论值，然后按改正后的测段高差计算各待定水准点的高程。对于支水准路线，取往、返高差的平均值即可，平均高差的符号与往、测高差值的符号相同。

2.9.1 成果整理

如图 2-9-1 所示，进行等外水准测量 BM_A、BM_B 为两个已知高程的高级水准点，H_A＝204.286，H_B＝208.579 m，计算 1、2、3 点高程。附合水准路线成果计算见表 2-9-1。

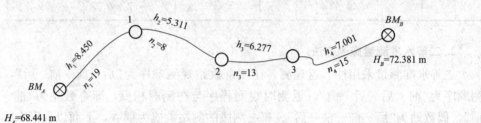

图 2-9-1 附合水准路线观测成果略图

表 2-9-1 水准测量成果整理

测段编号	点名	测站数 n	距离 L/km	实测高差/m	改正数 /m	改正后的 高差/m	高程/m	备注
1	2	3	4	5	6	7	8	9
1	BM_A	19		8.450	0.027	8.477	68.441	已知
	1						76.918	
2		8		−5.311	0.011	−5.300		
	2						71.618	
3		13		−6.277	0.018	−6.259		
	3						65.359	
4		15		7.001	0.021	7.022		
	BM_B						72.381	
$\sum$		55		3.863	0.077	3.940		与已知相等
辅助 计算	f_h＝−77 mm $f_{h容}$＝±12$\sqrt{n}$＝±88 mm							

首先将图 2-9-1 中已知数据和观测数据填入表中相应位置，计算过程如下。

1. 高差闭合差的计算

高差闭合差计算公式如下：

$$f_h = \sum h_{测} - (H_B - H_A) = 3.863 - (72.381 - 68.441) = -77(\text{mm})$$

高差闭合差容许值 $f_{h容} = \pm 12\sqrt{n} = \pm 88$ mm，$f_h \leqslant f_{h容}$，符合精度要求，可以进行调整。

2. 高差闭合差调整

高差闭合差的调整可将高差闭合差反符号按测段长度(平原微丘区)或测站数(山岭重丘区)成正比进行分配。设 v_i 为第 i 个测段的高差改正数，L_i 和 n_i 分别代表该测段长度和测站数，则

$$v_i = -\frac{f_h}{\sum L} \times L_i = v_{每千米} \times L_i$$

或

$$v_i = -\frac{f_h}{\sum n} \times n_i = v_{每站} \times n_i \tag{2-9-1}$$

得到各测段的改正数(表 2-9-1 中第 6 列)。各测段改正数总和应与高差闭合差大小相等、符号相反，否则说明计算有误或存在进位误差。如果是进位误差的原因，则须对测站数多或路线长的测段改正数加上或减去进位误差。

3. 改正后高差

改正后高差加上改正数(表 2-9-1 中第 5 列和第 6 列)，得到改正后高差(第 7 列)。改正后的高差代数和应与理论值($H_终 - H_始$)相等，否则说明计算有误。

4. 高程计算

从已知点 BM_A 的高程依次推算 1、2、3 各点高程，填入第 8 列，最后计算出 BM_B 点的高程，应与已知值相等，否则说明高程推算有误。

对于二、三、四等水准测量高差闭合差容许值见表 2-8-1，采用普通水准测量的闭合差的调整及高程计算方法，计算各水准点的高程。

2.9.2 Excel 软件计算水准路线近似平差

在实际工作中，应用 Excel 电子表格进行观测数据处理，大大提高了工作效率，且观测数据越多，优越性越显著。以图 2-9-1 为例，利用 Excel 软件计算水准路线近似平差。计算过程及结果见表 2-9-2，步骤如下。

1. 计算测站、高差累加和

分别在 B13 和 C13 单元格中输入公式"＝SUM(B3：B12)"和"＝SUM(C3：C12)"。

2. 高差闭合差及高差闭合差容许值计算

高差闭合差：在 C16 单元格中输入"＝C13－(F13－F3)"；其中 F3 为 BM_A 高程，F13 为 BM_B 高程；

高差闭合差容许值：在 E16 单元格中输入"＝INT(12 * SQRT(B13))"，满足精度要求。

3. 改正数

在 D4 单元格中输入"＝－ROUND($C$16/$B$13 * B4, 3)"，向下拖动鼠标分别求出各段改正数。

4. 改正后高差

在 E4 单元格中输入"＝C4＋D4"，向下拖动鼠标分别求出各点改正后高差。

5. 高程计算

在 F5 单元格中输入"＝F3＋E4"，然后向下拖动鼠标分别求出各点高程。

	A	B	C	D	E	F	G
	\multicolumn{7}{c}{**水准路线计算表**}						
	点号	测站	测段观测高差 / m	高差改正数 / m	改正后高差 / m	高程 /m	点号
3	BM_A					68.441	BM_A
4		19	8.45	0.027	8.477		
5	1					76.918	1
6		8	−5.311	0.011	−5.3		
7	2					71.618	2
8		13	−6.277	0.018	−6.259		
9	3					65.359	3
10		15	7.001	0.021	7.022		
11	BM_B					72.381	BM_B
13	Σ	55	3.863	0.077	3.940	72.381	终
16	高差闭合差（m）=	−0.077	<±	88	(mm)		

表 2-9-2　Excel 电子表格水准点高程计算

思考题与习题

1. 简述水准测量的原理，并绘图加以说明。

2. 若将水准仪位于 A、B 两点之间，在 A 点的水准尺上读数 $a=1.305$ m，在 B 点的水准尺上读数 $b=0.872$ m，请计算高差 h_{AB}，并说明 B 点与 A 点哪一点高。

3. 在水准测量时，为何要求前、后视距大致相等？

4. 水准路线布设形式有哪几种？

5. 简述自动安平水准仪主要组成部分及其操作步骤。

6. 什么是视差？其产生的原因是什么？如何消除视差？

7. 水准测量有哪些误差来源？

8. 水准仪各轴线之间应满足哪些几何条件？

9. 什么是水准测量中的高差闭合差？试写出各种水准路线的高差闭合差的一般表达式。

10. 转点在水准测量中起什么作用？特点是什么？

11. 在自动安平水准仪检校时，将仪器安置在 A、B 两点正中间情况下，A 尺读数 $a_1=1.320$ m，B 尺读数 $b_1=1.117$ m。将仪器搬至 B 尺附近，对 B 尺读数 $b_2=1.446$ m，A 尺读数 $a_2=1.695$ m。问视准轴是否水平？若不水行应如何校正？

12. 按表 2-1 的数据计算 B 点的高程，并进行计算检核。

表 2-1　水准测量记录表

测站	测点	水准尺读数/m		高差/m		高程 /m	备注
		后视读数 a	前视读数 b	＋	－		
Ⅰ	BM_A	1.486				123.446	已知
	ZD_1	0.835	0.989				
Ⅱ							
	ZD_2	1.202	0.738				
Ⅲ							
	ZD_3	1.314	1.118				
Ⅳ							
	BM_B		1.752				
计算 检核	$\sum$						
		$\sum a_i - \sum b_i =$		$\sum h_i =$		$H_B - H_A =$	

13. 图 2-1 所示为水准测量的观测成果，各测段的高差和长度如图所示。已知两个高程的高级水准点，$H_1 = 204.286$ m，$H_2 = 208.579$ m，请列表完成附合水准路线成果计算。

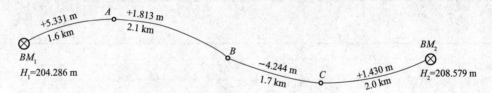

图 2-1　附合水准路线观测示意

14. 图 2-2 所示为闭合水准路线的观测结果，已知 BM_A 高程为 144.330 m，列表完成闭合水准路线成果计算，求出 1、2、3 各点的高程。

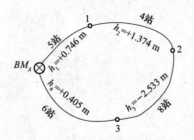

图 2-2　闭合水准路线观测示意

15. 完成表 2-2 四等水准测量的外业观测记录手簿的计算。

表 2-2 四等水准测量记录表

测站编号	点号	后尺 上丝 下丝	前尺 上丝 下丝	方向及尺号	水准尺读数 /m		黑＋K－红 /mm	高差中数 /m	备注
		后视距/m	前视距/m		黑面	红面			
		视距差 d/m	$\sum d$/m						
填表示范		(1)	(4)	后	(3)	(8)	(14)	(18)	
		(2)	(5)	前	(6)	(7)	(13)		
		(9)	(10)	后一前	(15)	(16)	(17)		
		(11)	(12)						
1	BM_1 — ZD_1	0.940 0.740	2.770 2.585	后 107 前 106	0.820 2.667	5.509 7.455			K 为尺常数，如：$K106=4.787$，$K107=4.687$；已知 BM_1 高程 $H_1=100.431$ m BM_2 高程 $H_2=98.0917$
2	ZD_1 — BM_2	1.086 0.689	1.079 0.688	后 106 前 107	0.880 0.885	5.667 5.572			
计算检核									

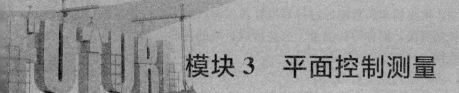

模块 3　平面控制测量

学习目标

1. 了解全站仪的构造、功能及使用；
2. 熟悉角度测量和距离测量的方法；
3. 掌握导线网、三角网及 GPS 网的布设方案及技术要求；
4. 掌握导线测量和三角测量的平差计算方法。

技能目标

1. 能够用全站仪进行角度测量、距离测量、坐标测量和坐标放样；
2. 能够用全站仪进行导线测量和三角测量的外业施测；
3. 能够用 GPS 进行控制网的施测和数据处理。

任何测量过程中均不可避免地存在着测量误差，为了限制测量误差的累积与传播，保证测图和施工的精度要求，使分区的测图能拼接成整体，或使整体的工程能分区施工放样，就必须遵循测量工作的基本原则，即"从整体到局部，先控制后碎部，由高级到低级"的原则。首先建立控制网，进行控制测量，然后以控制网为基础，分别从各个控制点进行碎部测量和施工放样。

控制测量是指在整个测区范围内，选择若干具有控制意义的点(称为控制点)，构成一定的几何图形(称为控制网)，用精密的仪器工具和精确的方法观测并计算出各控制点的坐标和高程的工作。控制测量可分为平面控制测量和高程控制测量。

3.1　平面控制测量概述

平面控制测量就是求得各控制点的平面坐标(x, y)。常规平面控制测量按照控制点之间组成几何图形的不同，主要有导线控制测量(导线测量)和三角控制测量(三角测量)。

如图 3-1-1 所示，将一系列控制点 1、2、3、4 依相邻次序连成折线图形，测量各折线边长和两相邻边的夹角，再根据起始数据通过计算推算各控制点的平面位置所进行的控制测量工作，称为导线控制测量，简称导线测量。这些形成折线的控制点称为导线点，以此建立的控制网称为导线网。

如图 3-1-2 所示，将一系列控制点 A、B、C、D、E、F 连接起来组成相互邻接的三角形，观测所有三角形的内角，并至少精密测量其中一条边的边长（AB 边），作为起算边，再根据起始数据通过计算推算各控制点的平面位置所进行的控制测量工作，称为三角控制测量，简称三角测量。这些构成三角形的控制点称为三角点，以此建立的控制网称为三角网。

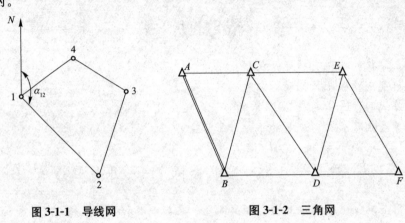

图 3-1-1　导线网　　　　　　　　　图 3-1-2　三角网

在全国范围内布设的平面控制网，称为国家平面控制网。国家平面控制网采用逐级控制、分级布设的原则，按其精度分成一、二、三、四等，精度由高级到低级逐步建立。如图 3-1-3 所示，一等三角网一般称为一等三角锁，它是在全国范围内沿经纬线方向布设的，形成间距约为 200 km 的格网，是国家平面控制网的骨干，除用于扩展低等级平面控制网的基础外，还为测量学科研究地球的形状和大小提供精确数据。二等三角网布设于一等三角锁环内，在格网中部用二等网全面填充，是国家平面控制网的全面基础。三、四等网是二等网的进一步加密，以满足测图和各项工程建设的需要。建立国家平面控制网主要采用三角测量的方法，但在某些局部地区，如果采用三角测量困难，则也可用同等级的导线测量代替。如图 3-1-4 所示，其中一、二等导线测量，又称为精密导线测量。表 3-1-1 是国家各等级三角网主要技术要求。

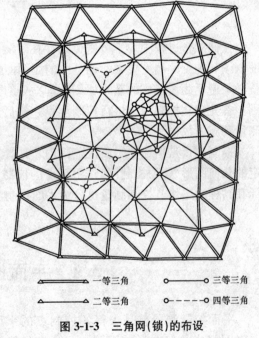

图 3-1-3　三角网（锁）的布设

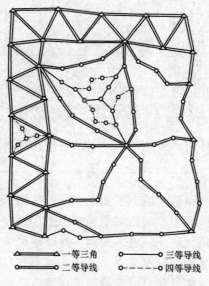

一等三角　　　　三等导线
二等导线　　　　四等导线

图 3-1-4　导线网的布设

表 3-1-1　国家各等级三角网主要技术要求

等级	平均边长/km	测角中误差/″	三角形最大闭合差/″	起始边相对中误差
一等	20~25	±0.7	±2.5	1/350 000
二等	9~13	±1.0	±3.5	1/250 000
三等	4~10	±1.8	±7.0	1/150 000
四等	1~6	±2.5	±9.0	1/100 000

随着全球导航卫星定位系统(GNSS)技术的应用和普及,我国从20世纪80年代开始,在利用原有大地控制网的基础上,逐步用GNSS网代替了国家等级的平面控制网和城市各级平面控制网。其构网形式基本上仍为三角形网或多边形格网(闭合环或附合线路)。

我国国家级的GNSS控制网按控制范围和精度可分为A、B、C、D、E5个等级。在全国范围内,已建立由20多个点组成的国家A级GNSS网,在其控制下又有由800多个点组成的国家B级GNSS网。表3-1-2是国家各等级GNSS控制网主要技术要求。

表 3-1-2　国家各等级GNSS控制网主要技术要求

项目	级别			
	B	C	D	E
相邻点间平均距离/km	50	20	5	3
卫星截止高度角/°	10	15	15	15
同时观测有效卫星数	≥4	≥4	≥4	≥4
有效观测卫星总数	≥20	≥6	≥4	≥4
观测时段数	≥3	≥2	≥1.6	≥1.6
时段长度	≥23 h	≥4 h	≥60 min	≥40 min

项目	级别			
	B	C	D	E
采样间隔/s	30	10～30	5～15	5～15

注：1. 计算有效观测卫星总数时，应将各时段的有效观测卫星数扣除其间的重复卫星数。
　　2. 观测时段数≥1.6，指采用网观测模式时，每站至少观测一时段，其中二次设站点数应不少于总点数的60%。
　　3. 采用基于卫星定位连续运行基准站点观测模式时，可连续观测，但观测时间应不低于表中规定的各时段观测时间的和。

城市地区建立的平面控制网称为城市平面控制网。它属于区域控制网，一般可在国家平面控制网的基础上根据测区大小、城市规划和城市工程建设的需要，布设不同等级的城市平面控制网，为城市大比例尺测图、城市规划、城市地籍管理、市政工程建设及城市管理等提供基本控制点。城市平面控制网建立的方法主要有三角测量、边角测量、导线测量和卫星定位测量。其中，导线测量和卫星定位测量是城市平面控制网建立的主要方法。三角网、GPS网和边角网的精度等级依次为二、三、四等和一、二级，导线网的精度等级依次为三、四等和一、二、三级。

为满足工程建设的需要而建立的平面控制网称为工程平面控制网。工程平面控制测量采用的方法、等级及主要技术指标与城市平面控制测量基本相同。工程平面控制网根据工程建设的需要可分为不同种类：因工程设计、规划用图需要而布设的测图控制网；在工程建设中，为工程建筑物施工测量而布设的施工平面控制网；工程建设阶段及运营期间，为工程建筑物进行变形监测而布设的变形控制网。用于工程的平面控制测量一般是建立小区域平面控制网。在面积为15 km² 以下的范围内，为大比例尺测图和工程建设而建立的平面控制网，称为小区域平面控制网。小区域平面控制网应尽可能与国家（或城市）的高级控制网联测，将国家（或城市）控制点的坐标作为小区域平面控制网的起算和校核数据，若测区内或附近无国家（或城市）控制点，则可以建立测区内的独立控制网。

用于测图而建立的平面控制网称为图根平面控制网。组成图根平面控制网的控制点称为图根点，测定图根点平面位置的工作称为图根平面控制测量。图根平面控制网的建立，可采用图根导线、极坐标法、交会定点和卫星定位测量等方法。

3.2　平面控制网的定位和定向

在布设各等级的平面控制网时，必须至少取得网中一个点的坐标和该点至另一点连线的方位角，或网中的两点坐标，作为平面控制网必要的起始数据，才能进行平面控制网的定位和定向。

3.2.1　直线定向

确定一条直线与基本方向之间水平夹角的工作称为直线定向。在工程测量工作中，通常是以子午线作为基本方向。子午线可分为真子午线、磁子午线、轴子午线三种。

1. 真子午线

通过地面上一点的真子午线的切线方向称为该点的真子午线方向。真子午线方向可以用天文测量的方法测定，也可以用陀螺经纬仪测定。

地球表面上任何一点都有它自己的真子午线方向，各点的真子午线方向都向两极收敛而相交于两极。地面上两点真子午线之间的夹角称为子午线收敛角，如图 3-2-1 中所示的 γ 角。收敛角的大小与两点所在的纬度及东西方向的距离有关。

2. 磁子午线

地面上某点当磁针静止时所指的方向线称为该点的磁子午线方向。磁子午线方向可用罗盘仪测定。

由于地球的磁南、北极与地球南、北极并不重合，因此地面上同一点的真子午线与磁子午线虽然相近但并不重合，其夹角称为磁偏角，用 δ 表示，如图 3-2-2 所示。当磁子午线在真子午线东侧时，称为东偏，δ 为正；磁子午线在真子午线西侧时，称为西偏，δ 为负。磁偏角 δ 随时间、地点不同而变化，所以，测量中一般采用真子午线作为基本方向线，由于确定磁子午线的方向比较方便，故只在施测困难、精度要求不高的地区中采用。

3. 轴子午线(坐标子午线)

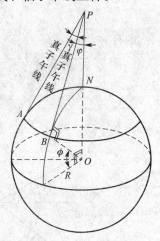

图 3-2-1 真子午线

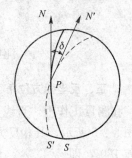

图 3-2-2 磁偏角

直角坐标系中的坐标纵轴所指的方向，称为轴子午线方向或坐标子午线方向。由于地面上各点真子午线都是指向地球的南、北极，所以不同点的真子午线方向不是互相平行的，这给计算工作带来不便。因此，在普通测量中一般均采用轴子午线方向作为基本方向。这样，测区内地面各点的基本方向都是互相平行的。

在中央子午线上，其真子午线方向与轴子午线方向一致，在其他地区，真子午线与轴子午线不重合，两者所夹的角即中央子午线与某地方子午线所夹的收敛角 γ。当轴子午线在真子午线以东时，γ 为正；反之，轴子午线在真子午线以西时，γ 为负。

3.2.2 方位角

如图 3-2-3 所示，直线方向一般用方位角来表示。由子午线北方向顺时针旋转至直线方向的水平夹角称为该直线的方位角，方位角的角值范围为 $0°\sim360°$。

以真子午线北端起算的方位角称为真方位角，用 A 表示；

以磁子午线北端起算的方位角称为磁方位角，用 A_{m} 表示；

由坐标子午线(坐标纵轴)起算的方位角，称为坐标方位角，用 α 表示。

如图 3-2-4 所示，根据真子午线方向、磁子午线方向、轴子午线方向三者的关系，三种方位角有以下关系：

$$A=A_{m}+\delta(\delta \text{东偏为正，西偏为负}) \tag{3-2-1}$$

$$A=\alpha+\gamma(\gamma \text{以东为正，以西为负}) \tag{3-2-2}$$

因此：

$$A_m + \delta = \alpha + \gamma \qquad (3\text{-}2\text{-}3)$$

则有

$$\alpha = A_m + \delta - \gamma \qquad (3\text{-}2\text{-}4)$$

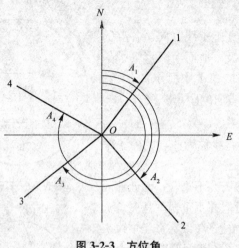

图 3-2-3　方位角

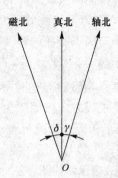

图 3-2-4　三北方向线

1. 正、反坐标方位角

在测量工作中，直线具有方向性。设直线 AB 前进方向的方位角 α_{AB} 为正坐标方位角，如图 3-2-5 所示，其相反方向的方位角 α_{BA} 则为反坐标方位角，同一直线正、反坐标方位角相差 180°，即

$$\alpha_{AB} = \alpha_{BA} + 180° \qquad (3\text{-}2\text{-}5)$$

或

$$\alpha_{正} = \alpha_{反} + 180° \qquad (3\text{-}2\text{-}6)$$

2. 坐标方位角的推算

在实际测量工作中，并不需要去测定每条边的坐标方位角，而是通过观测直线之间的水平夹角与已知坐标方位角的直线联测以后，利用统一平面直角坐标系内各点处坐标北方向均互相平行，推算出各直线的坐标方位角。

如图 3-2-6 所示，若 AB 边的坐标方位角 α_{AB} 已知，又测定了各点的水平角 β_1 和 β_2（称为转折角）。转折角 β 有左角和右角之分，一般规定观测的水平角在推算路线前进方向的左侧称为左角；反之，称为右角。

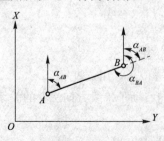

图 3-2-5　正、反方位角

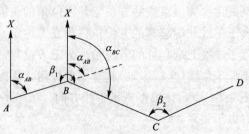

图 3-2-6　坐标方位角的推算

(1)相邻两边坐标方位角的推算。观测的转折角 β_1 和 β_2 为左角，根据 AB 边已知的坐标方位角 α_{AB}，一次推算其他各边的坐标方位角。由几何关系可得

$$\alpha_{BC}=\alpha_{AB}+\beta_1-180° \tag{3-2-7}$$

$$\alpha_{CD}=\alpha_{BC}+\beta_2-180° \tag{3-2-8}$$

$$\vdots$$

$$\alpha_{i(i+1)}=\alpha_{(i-1)i}+\beta_i-180° \tag{3-2-9}$$

由此，当观测转折角为左角时，两相邻边坐标方位角的推算公式为

$$\alpha_{前}=\alpha_{后}+\beta_{左}-180° \tag{3-2-10}$$

同理推得，当观测转折角为右角时，两相邻边坐标方位角的公式为

$$\alpha_{前}=\alpha_{后}-\beta_{右}+180° \tag{3-2-11}$$

计算时，如果计算出的方位角＞360°，则对其计算值减去 360°，如果计算出的方位角＜0°，则应加上 360°，使计算结果在 0°～360°的范围内。

(2)任意边坐标方位角的推算。

将式(3-2-7)～式(3-2-9)依次代入，可得

$$\alpha_{i(i+1)} = \alpha_{AB} + \sum\beta - n\times180° \tag{3-2-12}$$

式中　α_{AB}——推算路线起始边的方位角；

$\alpha_{i(i+1)}$——推算路线终边的方位角，也是推算路线中除起始边外的任意一边的方位角。

此时，观测的转折角 β 为左角，可得任意边坐标方位角的推算公式为

$$\alpha_{终} = \alpha_{始} + \sum\beta_{左} - n\times180° \tag{3-2-13}$$

同理，观测转折角 β 为右角时，可得任意边坐标方位角的推算公式为

$$\alpha_{终} = \alpha_{始} - \sum\beta_{右} + n\times180° \tag{3-2-14}$$

象限角

3.2.3　象限角

直线的方向还可以用象限角来表示。由坐标纵轴的北端或南端起沿顺时针或逆时针方向转至直线的锐角，称为该直线的象限角，用 R 表示，其角值范围为 0°～90°，如图 3-2-7 所示，根据象限角和坐标方位角的定义，可得到象限角与坐标方位角的关系，见表 3-2-1。

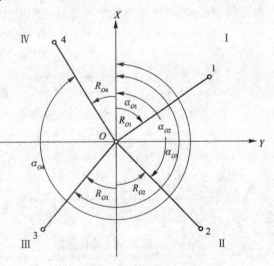

图 3-2-7　坐标方位角与象限角

表 3-2-1　象限角与坐标方位角的关系

象限	坐标增量 ΔX、ΔY 的符号	坐标方位角与象限角的关系
I	＋、＋	$\alpha_{O1}=R_{O1}$
II	－、＋	$\alpha_{O2}=180°-R_{O2}$
III	－、－	$\alpha_{O3}=180°+R_{O3}$
IV	＋、－	$\alpha_{O4}=360°-R_{O4}$

3.2.4 坐标正算与反算

在测量工作中，高斯平面直角坐标系是以投影带的中央子午线投影为坐标纵轴，用 X 表示，赤道线投影为坐标横轴，用 Y 表示，两轴交点为坐标原点。平面上两点的直角坐标值之差称为坐标增量。纵坐标增量用 ΔX_{ij} 表示，横坐标增量用 ΔY_{ij} 表示。

坐标正算与反算

1. 坐标正算

根据一个已知点的坐标 $A(X_A，Y_A)$，以及到另一点 B 的距离 D_{AB} 及其坐标方位角 α_{AB}，计算未知点 B 的坐标的工作，叫作坐标正算，由图 3-2-8 可知：

$$\left.\begin{array}{l} X_B = X_A + \Delta X_{AB} \\ Y_B = Y_A + \Delta Y_{AB} \end{array}\right\} \tag{3-2-15}$$

利用三角函数关系可得

$$\left.\begin{array}{l} \Delta X_{AB} = D_{AB} \cdot \cos\alpha_{AB} \\ \Delta Y_{AB} = D_{AB} \cdot \sin\alpha_{AB} \end{array}\right\} \tag{3-2-16}$$

则 B 点坐标：

$$\left.\begin{array}{l} X_B = X_A + \Delta X_{AB} = X_A + D_{AB} \cdot \cos\alpha_{AB} \\ Y_B = Y_A + \Delta Y_{AB} = Y_A + D_{AB} \cdot \sin\alpha_{AB} \end{array}\right\} \tag{3-2-17}$$

2. 坐标反算

根据两已知点 $A(X_A，Y_A)$、$B(X_B，Y_B)$ 的坐标，计算该两点之间的水平距离 D_{AB} 及坐标方位角 α_{AB} 的工作，叫作坐标反算，如图 3-2-9 所示，可得

$$\left.\begin{array}{l} \Delta X_{AB} = X_B - X_A \\ \Delta Y_{AB} = Y_B - Y_A \end{array}\right\} \tag{3-2-18}$$

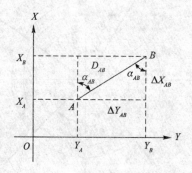

图 3-2-8　坐标正算

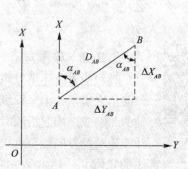

图 3-2-9　坐标反算

$$D_{AB} = \sqrt{\Delta X_{AB}^2 + \Delta Y_{AB}^2} \tag{3-2-19}$$

根据象限角的定义，象限角为锐角，故计算公式为

$$R_{AB} = \tan^{-1}\left|\frac{\Delta Y_{AB}}{\Delta X_{AB}}\right| \tag{3-2-20}$$

然后，根据坐标增量的正负，按图 3-2-7 确定 A、B 点坐标方位角所在的象限，再按表 3-2-1 将象限角换算为坐标方位角。

3.3 全站仪与角度测量

3.3.1 角度的概念及测量原理

在测量中为了确定地面点的位置，需要进行角度测量。角度可分为水平角和竖直角，一般在确定点的平面位置时需要测量水平角；在某些情况下，为了测定高差或将倾斜距离换算成水平距离时，需要测量竖直角。

角度测量原理

水平角是地面上从一点出发的两条直线之间的夹角在水平面上的投影所形成的夹角，通常以 β 表示。如图 3-3-1(a)所示，地面上有高低不同的 A、O、B 三点，O 为测站点，A、B 为两个目标点，OA、OB 两条方向线在水平面上的投影 O_1A_1、O_1B_1 的夹角 β 就是 OA、OB 两直线所组成的水平角。换而言之，水平角 β 就是过 OA、OB 方向的两个竖直平面所夹的二面角。水平角的取值范围是 $0°\sim360°$。

竖直角是在同一个竖直平面内倾斜视线与水平线之间的夹角，通常以 α 表示。倾斜视线在水平线的上方，称为仰角，用正号表示，如图 3-3-1(b)中所示的 α_A；倾斜视线在水平线的下方，称为俯角，用负号表示，如图 3-3-1(b)中所示的 α_B。竖直角的取值范围为 $0°\sim\pm90°$。

根据水平角和竖直角的概念，可以设想，为了测定水平角，须安置一个带有刻度的水平圆盘(称为水平度盘)。如图 3-3-1(a)所示，圆盘上有顺时针方向的 $0°\sim360°$刻线，圆盘中心位于角顶点 O 的铅垂线上，并在圆盘的中心位置上安置一个既能水平转动又能在竖直平面内做仰俯运动的照准设备，使之能在通过 OA、OB 的竖直平面内照准目标，并在水平度盘上读得照准目标时的相应读数 a、b，则两读数之差即水平角 β：

$$\beta=b-a \quad (\text{当} b>a \text{ 时})$$

或

$$\beta=b+360°-a(\text{当} b<a \text{ 时}) \tag{3-3-1}$$

同理，若再设置一个带有刻度的竖直圆盘(称为竖直度盘)，就可以测得竖直角 α。经纬仪正是根据这个基本原理而设计制造的。

经纬仪的种类很多，按读数系统的不同可分为光学经纬仪和电子经纬仪等。光学经纬仪是利用几何光学的放大、反射、折射等原理进行度盘读数；电子经纬仪则是利用物理光学、电子学和光电转换等原理，在显示屏上显示度盘读数。电子经纬仪后来又增加光电测距电子微处理器等器件，组成了能测角、测距和对观测数据进行初步处理的电子全站仪。

3.3.2 全站仪的构造和使用

全站仪是由光电测距仪、电子经纬仪和数据处理系统组合而成的测量仪器，能够在一个测站上完成采集水平角、竖直角和倾斜距离三种基本数据的功能，并由这三种基本数据，通过仪器内部的中央处理单元(CPU)计算出平距、高差、高程及坐标等数据。由于只要一次安置仪器便可以完成在该测站上所有的测量工作，故被称为全站型电子速测仪，简称"全站仪"。全站仪作为光电技术的最新产物、智能化的测量产品，是目前各工程单位进行工程测量的重要仪器，它的应用使测量技术人员从繁重的测量工作中解脱出来。电子全站仪是由光电测距仪、电子经纬仪和数据处理系统组合而成的测量仪器。

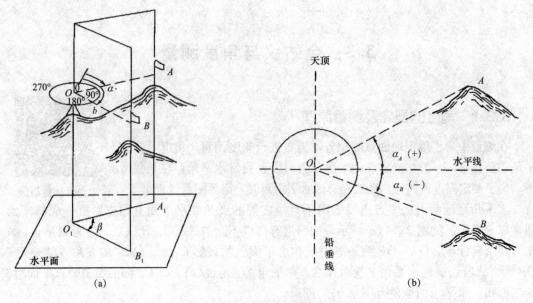

图 3-3-1　角度测量原理

(a)水平角；(b)竖直角

　　早期的全站仪是将电子经纬仪与光电测距仪装置在一起，并可以拆卸、分离成经纬仪和测距仪两个独立的部分，称为分体式全站仪。后来又改进为将光电测距仪的光波发射接收系统的光轴和经纬仪的视准轴组合为同轴的整体式全站仪，并且配置了电子计算机的中央处理单元、储存单元和输入输出设备(I/O)，能根据外业采集的基本数据实时计算并显示出所需要的测量成果。通过输入输出设备，可以与计算机交互通信，使测量数据直接输入计算机进行计算、编辑和绘图。测量作业所需要的已知数据也可以从计算机输入全站仪。这样，不仅使测量的外业工作高效化，而且可以实现整个测量作业的高度自动化。

　　电子全站仪主要由测量部分、中央处理单元、输入输出设备及电源等部分组成。其结构原理如图 3-3-2 所示。

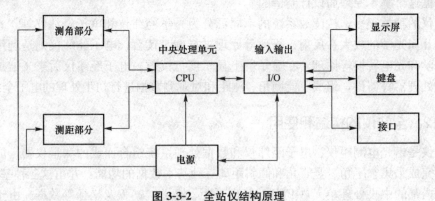

图 3-3-2　全站仪结构原理

　　(1)测角部分相当于电子经纬仪，可以测定水平角、竖直角和设置方位角。

　　(2)测距部分相当于光电测距仪，一般采用红外光源，测定仪器至目标点(设置反光棱镜或反光片)的斜距，并可归算为平距及高差。

（3）中央处理单元接受输入指令，分配各种观测作业，进行测量数据的运算，如多测回取平均值、观测值的各种改正、极坐标法或交会法的坐标计算，以及包括运算功能更为完备的各种软件，在全站仪的数字计算机中还提供有程序存储器。

（4）输入输出设备部分包括键盘、显示屏和接口。从键盘可以输入操作指令、数据和设置参数；显示屏可以显示出仪器当前的工作方式（Mode）、状态、观测数据和运算结果；接口使全站仪能与磁卡、磁盘、微机交互通信，传输数据。

（5）电源部分有可充电式电池，供给其他各部分电源，包括望远镜十字丝和显示屏的照明。

1. 全站仪的构造

目前，全站仪在工程中基本得到普及，世界上许多著名测绘仪器厂商均生产各种型号的全站仪。如日本索佳（SOKKIA）、尼康（Nikon）、拓普康（TOPCON）、宾得（PENTAX），瑞士徕卡（Leica），德国蔡司（Zeiss），美国天宝（Trimble），我国南方 NTS 系列、苏光 OTS 系列、RTS 系列等。各种不同品牌、型号的全站仪其外貌和结构各不相同，但其在使用功能上大同小异。现以南方 NTS-300B/R 系列全站仪为例进行必要的介绍。

南方全站仪
使用（构造）

如图 3-3-3 所示，全站仪由照准部、水平度盘和基座三部分组成。

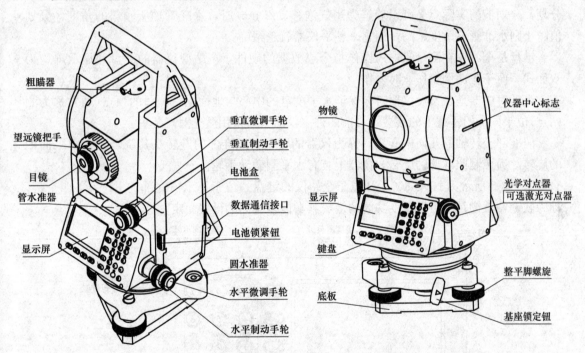

图 3-3-3　南方 NTS-300B/R 型全站仪的外部结构

（1）照准部。照准部位于水平度盘的上方，主要用于照准目标。照准部的构件最多，主要由望远镜、垂直制微动手轮、水平制微动手轮、键盘、显示屏幕、竖直度盘、支架、照准部水准管、照准部旋转轴、横轴和光学对中器等组成。

全站仪采用的是同轴望远镜，实现了视准轴、测距光波的发射、接收光轴同轴化。同轴化的基本原理是：在望远物镜与调焦透镜之间设置分光棱镜系统，通过该系统实现望远镜的多功能，即可瞄准目标，使之成像于十字丝分划板，进行角度测量。同时，其测距部分的外光路系统又能使测距部分的光敏二极管发射的调制红外光在经物镜射向反光棱镜后，经同一路径反射回来，再经分光棱镜作用使回光被光电二极管接收；为测距需要在仪器内部另设一内光路系统，通过分光棱镜系统中的光导纤维将由光敏二极管发射的调制红外光传送给光电二极管接收，进而由内、外光路调制光的相位差间接计算光的传播时间，计算实测距离。同轴性使得望远镜一次瞄准即可实现同时测定水平角、垂直角和斜距等全部基本测量要素的测定功能。加之全站仪强大、便捷的数据处理功能，使全站仪的使用极其方便。

为控制望远镜的转动以便快速准确地照准目标，照准部上配有垂直制微动手轮。

照准部水准管用来精确整平仪器。水准管是由玻璃管制成的，其上部内壁的纵向按一定半径磨成圆弧。如图 3-3-4 所示，管内注满酒精和乙醚的混合液，经过加热、封闭、冷却后，管内形成一个气泡。水准管内表面的中点 O 称为零点，通过零点作圆弧的纵向切线 LL 称为水准管轴。当气

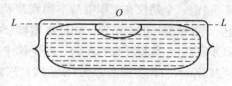

图 3-3-4　水准管

泡中点位于零点时，称为气泡居中，此时水准管轴水平。自零点向两侧每隔 2 mm 刻一个分划，分划值的实际意义可以理解为当气泡移动 2 mm 时，水准管轴所倾斜的角度，分划值越小则水准管灵敏度越高，用它来整平仪器就越精确。

键盘是全站仪在测量时输入操作指令或数据的硬件，全站型仪器的键盘和显示屏均为双面式，便于正、倒镜作业时操作。

光学对中器是在架设仪器时，保证水平度盘的中心与地面上待测角的顶点（通常称为测站点）位于同一铅垂线上的装置。目前的许多仪器大多采用激光对点装置。

照准部旋转轴的几何中心线，称为仪器的竖轴。照准部的旋转是其绕竖轴在水平面上的旋转。为控制照准部的旋转，仪器上装有水平制微动手轮。

图 3-3-5 所示为 NTS-300B/R 电子全站仪的键盘。位于显示窗底部的 F1～F4 四个键，称为软键，软键是指可以改变功能的键，其功能以不同的设置而定。

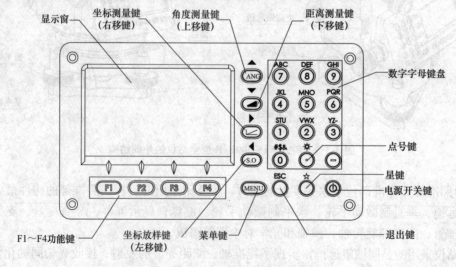

图 3-3-5　全站仪操作键盘

全站仪按键的主要功能见表 3-3-1。

表 3-3-1 全站仪按键主要功能

按键	名称	功能
ANG	角度测量键	进入角度测量模式（▲上移键）
◢	距离测量键	进入距离测量模式（▼下移键）
∠	坐标测量键	进入坐标测量模式（▶右移键）
S.O	坐标放样键	进入坐标放样模式（◀左移键）
MENU	菜单键	进入菜单模式
ESC	退出键	返回上一级状态或返回测量模式
POWER	电源开关键	电源开关
F1 ~ F4	软键(功能键)	对应于显示的软键信息
0 ~ 9	数字字母键盘	输入数字和字母、小数点、负号
★	星键	进入星键模式或直接开启背景光
.	点号键	开启或关闭激光指向功能

全站仪测量内容对应的显示符号见表 3-3-2。

表 3-3-2 测量内容对应的显示符号

显示符号	内容
V%	垂直角(坡度显示)
HR	水平角(右角)
HL	水平角(左角)
HD	水平距离
VD	高差
SD	斜距
N	北向坐标
E	东向坐标
Z	高程
*	EDM(电子测距)正在进行
m	以米为单位
PSM	棱镜常数(以 mm 为单位)
PPM	大气改正值
⊷▣	NTS-300R 系列全站仪合作目标为棱镜
→|	NTS-300R 系列全站仪合作目标为反射板
⇝	NTS-300R 系列全站仪无合作目标

（2）水平度盘。水平度盘用于全站仪水平角观测，常用的有光栅度盘和编码度盘。

1）光栅度盘测角原理。光栅就是具有刻制成许多宽度和间隔都相等的直线条纹的光学器件，即它是由许多等间隔的透光的缝隙和不透光的分划线所组成。角度测量的光栅是在度盘径向按等角距离刻制的辐射状的径向光栅。

2）编码度盘测角原理。编码度盘类似普通光学度盘的玻璃码盘，在此平面上分布着若干宽度相同的同心圆环。

（3）基座。基座部分主要由仪器的基座、脚螺旋、基座锁定钮、圆水准器和连接板组成。圆水准器用来粗略整平仪器，脚螺旋用以调节水准管气泡。

2. 全站仪的使用

全站仪的操作包括安置仪器及安装电池、对中、整平、照准和读数。其中，对中和整平是在测站点上安置全站仪的基本工作。

（1）安置仪器及安装电池。将仪器安置在三脚架上，在使用仪器测量前首先应检查内部电池充电情况，如电力不足要及时充电，并要用仪器自带的充电器进行充电。整平仪器前应装上电池，因为装上电池后仪器会发生微小的倾斜。观测完毕须将电池从仪器上取下。

（2）对中。对中的目的是使全站仪水平度盘的中心（仪器的竖轴）与测站点位于同一铅垂线上，常用的对中方法有光学对中和激光对中。

光学对中器对中，其做法是：将仪器安置在测站点上，使架头大致水平，三个脚螺旋的高度适中（使其在中间位置最好），目估尽可能使仪器中心位于测站点的铅垂线上，踏实脚架腿。转动光学对中器的目镜调光螺旋，使分划板的中心圈（有的采用十字丝）清晰，再拉出或推进对中器镜筒做物镜调焦，使测站点标志成像清晰；旋转脚螺旋使分划板中心对准测站点，然后用脚架的伸缩螺旋调整架腿高度，使圆水准气泡居中，再用脚螺旋整平照准部水准管；用光学对中器观察测站点是否偏离分划板中心，如果偏离，稍微松开连接螺旋，在架头上移动仪器，分划板中心对准测站点后旋紧连接螺旋，重新整平仪器，直至在整平仪器后，分划板中心对准测站点为止。可以看出，使用光学对中器，对中和整平是同时完成的。

2）激光对中和光学对中大致相同，在此就不多做介绍。

（3）整平。整平的目的是使仪器的竖轴位于铅垂线方向上，即使水平度盘处于水平位置。整平通常是由三个脚螺旋来完成，但由于脚螺旋的调整范围有限，若仪器的竖轴倾斜过大，则无法将其整平。因此，一般先用基座上的圆水准器概略整平。这种概略整平应与仪器的对中同时进行，即挪动或踏实脚架时，须兼顾圆水准器的气泡使之大致居中，只有在已经对中和概略整平的基础上方可进行精确整平。

精确整平的具体过程如下：

1）转动照准部，使照准部水准管与任意两个脚螺旋①、②的连线平行，如图 3-3-6（a）所示，两手以相反方向旋转①、②两脚螺旋，使水准管气泡居中，气泡移动方向与左手大拇指转动方向一致。

2）将照准部水平旋转 90°，如图 3-3-6（b）所示，转动另一个脚螺旋③使水准管气泡居中。

3）以上操作要反复进行，直到照准部水

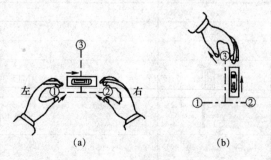

图 3-3-6　照准部水准管整平方法

平旋转至任意位置，水准管气泡均居中为止。

需要说明的是，此时的整平一般会破坏已完成的对中，因此，还应再次对中，只需要稍稍松开中心连接螺旋，在架头孔径内平移仪器，使对中器分划板的中心圈(或十字丝)与测站点标志的影像严格重合，旋紧中心连接螺旋。对中和整平是相互影响的，应反复进行直至对中与整平同时满足要求为止。

(4)照准。照准的目的是使要照准的目标点在望远镜中的影像与十字丝的交点重合，照准时先调节望远镜的目镜对光螺旋，使十字丝清晰。然后，利用望远镜上的照门和准星或瞄准器粗略照准目标点，拧紧垂直制动螺旋和水平制动螺旋，进行物镜对光使目标影像清晰，并消除视差。最后，转动水平微动螺旋和垂直微动螺旋，使十字丝的交点与目标点重合。

使用全站仪时，在目标点架设反射棱镜或反射片(图3-3-7)供望远镜照准。在工程测量中，根据测程的不同，可选用单棱镜、三棱镜等。

图 3-3-7　反射棱镜

(5)读数。

1)开机和显示屏显示的测量模式。检查已安装上的内部电池，即可打开电源开关。电源开启后主显示窗随即显示仪器型号、编号和软件版本，数秒后发生鸣响，仪器自动转入自检，通过后显示检查合格。数秒后接着显示电池电力情况，若电压过低，则应关机更换电池。全站仪出厂时，开机主显示屏显示的测量模式一般是水平度盘和竖直度盘模式，要进行其他测量可通过菜单进行调节。

2)设置仪器参数。根据测量的具体要求，测量前应通过仪器的键盘操作来选择和设置参数。其主要包括观测条件参数设置、日期和时钟的设置、通信条件参数的设置和计量单位的设置等。

3)其他方面。对于不同型号的全站仪，在必要情况下应根据测量的具体情况进行其他方面的设置。如恢复仪器参数出厂设置、数据初始化设置、水平角恢复、倾角自动补偿、视准差改正及电源自动切断等。

将全站仪测量模式和参数设置好后，从显示屏中读取所需要的数据。

3.3.3 全站仪的检验与校正

要想测得正确可靠的观测数据，全站仪各部件之间必须满足一定的几何条件。仪器各部件之间的正确关系，在制造时虽然已满足要求，但由于运输和长期使用，各部件之间的关系必然会发生一些变化，故在测量作业前应针对全站仪必须满足的条件进行必要的检验与校正。

如图 3-3-8 所示，全站仪的主要轴线有竖轴 VV、横轴 HH、望远镜视准轴 CC 和照准部水准管轴 LL。由测角原理可知，观测角度时，全站仪的水平度盘必须水平、竖盘必须铅垂、望远镜上下转动的视准面（视准轴绕横轴的旋转面）必须为铅垂面。因此，全站仪应满足下列条件：

(1)照准部水准管轴垂直于仪器的竖轴($LL \perp VV$)；

(2)十字丝竖丝垂直于仪器的横轴；

(3)望远镜的视准轴垂直于仪器的横轴($CC \perp HH$)；

(4)仪器的横轴垂直于仪器的竖轴($HH \perp VV$)；

(5)对中器应与仪器的竖轴重合。

在全站仪使用前，必须对以上各项条件按下列顺序进行检验，如不满足应进行校正。对校正后的残余误差，还应采取正确的观测方法消除其影响。

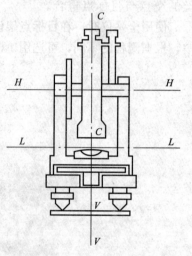

图 3-3-8 轴线

1. 水准管的检验与校正

(1)目的。使照准部水准管轴垂直于仪器的竖轴，这样可以利用调整照准部水准管气泡居中的方法使竖轴铅垂，从而整平仪器。

(2)检验方法。架设仪器并将其大致整平，转动照准部，使水准管平行于任意两个脚螺旋的连线，旋转这两个脚螺旋，使水准管气泡居中，此时水准管轴水平。将照准部旋转 $180°$，若水准管气泡仍然居中，表明条件满足，不用校正；若水准管气泡偏离中心，表明两轴不垂直，需要校正。

(3)校正方法。首先转动上述的两个脚螺旋，使气泡向中央移动到偏离值的一半，此时竖轴处于铅垂位置，而水准管轴倾斜。用校正拨针拨动水准管一端的校正螺钉，使气泡居中，此时水准管轴水平，竖轴铅垂，即水准管轴垂直于仪器的竖轴的条件满足。

校正后，应再次将照准部旋转 $180°$，若气泡仍不居中，应按上法再进行校正。如此反复，直至照准部在任意位置时气泡均居中为止。

2. 十字丝的检验与校正

(1)目的。使竖丝垂直于横轴。这样观测水平角时，可用竖丝的任何部位照准目标；观测竖直角时，可用横丝的任何部位照准目标。显然，这将给观测带来方便。

(2)检验方法。整平仪器后在望远镜视线上选定一目标点 A，用十字丝中心照准 A 并固定水平和垂直制动手轮。转动望远镜垂直微动手轮，使 A 点移动至视场的边沿(A'点)。若 A 点是沿十字丝的竖丝移动，即 A'点仍在竖丝之内，则十字丝不倾斜不必校正。如图 3-3-9 所示，A'点偏离竖丝中心，则十字丝倾斜，需要对分划板进行校正。

(3)校正方法。首先取下位于望远镜目镜与调焦手轮之间的望远镜分划板座护盖，可以看见四个望远镜分划板座固定螺钉，如图3-3-10所示。用螺钉旋具均匀地旋松该四个固定螺钉，绕视准轴旋转分划板座，使A'点落在竖丝的位置上。均匀地旋紧固定螺钉，再用上述方法检验校正结果。将护盖安装回原位。

图3-3-9　望远镜分划板　　　　　图3-3-10　望远镜分划板座固定螺钉

3. 视准轴的检验与校正

（1）目的。使视准轴垂直于横轴，这样才能使视准面成为平面，为其成为铅垂面奠定基础。否则，视准面将成为锥面。

（2）检验方法。视准轴是物镜光心与十字丝交点的连线。仪器的物镜光心是固定的，而十字丝交点的位置是可以变动的。所以，视准轴是否垂直于横轴，取决于十字丝交点是否处于正确位置。当十字丝交点偏向一边时，视准轴与横轴不垂直，形成视准轴误差，即视准轴与横轴间的交角与90°的差值，如图3-3-11所示，称为视准轴误差，通常用c表示。

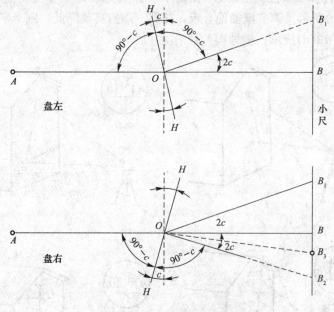

图3-3-11　视准轴误差检验

在距离仪器同高的远处设置目标A，精确整平仪器并打开电源。在盘左位置将望远镜照准目标A，读取水平角（如水平角$L=10°13'10''$）。松开垂直及水平制动手轮中转望远镜，旋转照准部盘右照准同一A点，照准前应旋紧水平及垂直制动手轮，并读取水平角（如水平角$R=190°13'40''$）。$2C=L-(R\pm180°)=-30''\geqslant\pm20''$，需要校正。

(3)校正方法。用水平微动手轮将水平角读数调整到消除 C 后的正确读数：$R+C=190°13'40''-15''=190°13'25''$。取下位于望远镜目镜与调焦手轮之间的分划板座护盖，调整分划板上水平左右两个十字丝校正螺钉，如图 3-3-12 所示，先松一侧后紧另一侧的螺钉，移动分划板使十字丝中心照准目标 A。重复检验步骤，校正至 $|2C|<20''$ 符合要求为止。将护盖安装回原位。

十字丝校正螺钉四个
分划板固定螺钉三个

图 3-3-12　视准轴误差检

4. 横轴的检验与校正

(1)目的。使横轴垂直于竖轴，这样，当仪器整平后竖轴铅垂、横轴水平、视准面为一个铅垂面；否则，视准面将成为倾斜面。

(2)检验方法。在距离高墙 20～30 m 处安置经纬仪，用盘左照准高处的一明显点 M(仰角宜在 30°左右)，固定照准部，然后将望远镜大致放平，指挥另一人在墙上标出十字丝交点的位置，设为 m_1，如图 3-3-13(a)所示。

将仪器变换为盘右，再次照准目标 M 点，大致放平望远镜后，用同前的方法再次在墙上标出十字丝交点的位置，设为 m_2，如图 3-3-13(b)所示。

如 m_1、m_2 两点不重合，说明横轴不垂直于竖轴，即存在横轴误差，需要校正。

(3)校正方法。取 m_1 和 m_2 连线的中点 m，并以盘右或盘左照准 m 点，固定照准部，转动望远镜抬高物镜，此时的视线必然偏离了目标点 M，即十字丝交点与 M 点发生了偏移，如图 3-3-13(c)所示。调节横轴偏心板，使其一端抬高或降低，则十字丝交点与 M 点即可重合，如图 3-3-13(d)所示，横轴误差被消除。

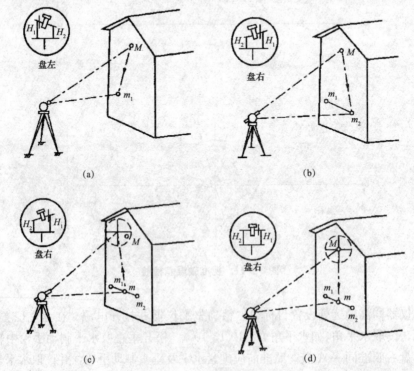

图 3-3-13　横轴的检验与校正

全站仪的横轴是密封的，一般仪器均能保证横轴垂直于竖轴的正确关系，若发现较大的横轴误差，一般应送仪器检修部门校正。

5. 对中器的检验与校正

(1)目的。使对中器与仪器的竖轴重合，否则产生对中误差。

(2)检验方法。将仪器安置到三脚架上，在一张白纸上画一个十字交叉点并放在仪器正下方的地面上。调整好光学对中器的焦距后，移动白纸使十字交叉点位于视场中心。转动脚螺旋，使对中器的中心标志与十字交叉点重合。旋转照准部，每转动90°，观察对中点的中心标志与十字交叉点的重合度。如果照准部旋转，光学对中器的中心标志一直与十字交叉点重合，则不必校正。否则需要按下述方法进行校正。

(3)校正方法。将光学对中器目镜与调焦手轮之间的校正螺钉护盖取下。固定好画十字交叉点白纸并在纸上标记出仪器每旋转90°时对中器中心标志落点，如图 3-3-14 中的 A、B、C、D 点所示。用直线连接对角点 AC 和 BD，两直线交点为 O。用校正针调整对中器的四个校正螺钉，使对中器的中心标志与 O 点重合。重复检验步骤，检查校正至符合要求。将护盖安装回原位。

对中器校正螺钉（四个）

图 3-3-14   对中器的检验与校正

3.3.4 水平角观测

水平角的观测方法有多种，现仅介绍工程测量中最常用的两种方法，即测回法和方向观测法。

1. 测回法

测回法是测角的基本方法，常用于两个方向之间的水平角观测。如图 3-3-15 所示，设 O 点为测站点（待测水平角的顶点），A、B 点斜为两个观测目标。用测回法观测 OA、OB 所成水平角的步骤如下：

测回法观测水平角

图 3-3-15   水平角观测

(1)仪器安置。在待测水平角顶点 O（称为测站点）上安置全站仪，对中、整平。同时，在 A、B 点分别竖立棱镜。

(2)盘左观测。使仪器处于盘左状态，即当观测者面对望远镜目镜时竖盘位于望远镜的左侧，此种仪器状态又称为正镜。观测时，先照准待测角左方目标 A，并通过键盘置零操作，将望远镜照准该方向时水平度盘的读数设置为 $0°00'00''$，记为 $a_左$，并记入记录手簿（表3-3-3）。然后松开照准部制动螺旋，转动望远镜照准右方目标 B，读取水平度盘的读数，记为 $b_左$（如 $32°13'10''$），并记入记录手簿（表3-3-3）。以上观测称为盘左半测回，又称上半测回。其水平角值按下式计算：

$$\beta_左 = b_左 - a_左 \tag{3-3-2}$$

表 3-3-3 测回法观测记录手簿

测站	盘位	目标	水平度盘读数 /° ′ ″	半测回角值 /° ′ ″	一个测回角值 /° ′ ″	备注
O	左	A	00 00 00	32 13 10	32 13 12	
		B	32 13 10			
	右	A	180 00 02	32 13 14		
		B	212 13 16			

（3）盘右观测。纵转望远镜，使仪器处于盘右状态，即当观测者面对望远镜目镜时竖盘位于望远镜的右侧，此种仪器状态又称为倒镜。观测时，先照准待测角右方目标 B，读取水平度盘的读数，记为 $b_右$（如 $212°13'16''$），并记入记录手簿（表3-3-3）。然后松开照准部制动螺旋，转动望远镜照准左方目标 A，读取水平度盘的读数，记为 $a_右$（如 $180°00'02''$），并记入记录手簿（表3-3-3）。以上观测称为盘右半测回，又称下半测回。其水平角值按下式计算：

$$\beta_右 = b_右 - a_右 \tag{3-3-3}$$

需要指出的是，在应用式（3-3-2）和式（3-3-3）时，若 $b_左$（或 $b_右$）小于 $a_左$（或 $a_右$），则应在 $b_左$（或 $b_右$）上加 $360°$。

（4）取平均值，求水平角。盘左、盘右两个半测回合称为一个测回。在一般工程测量中，通常要求两个半测回角值之差不得超过 $12''$（即 $\Delta\beta = |\beta_左 - \beta_右|$，$\Delta\beta \leqslant 12''$），否则应重测。在满足要求的情况下，可取两个半测回角值的平均值作为一个测回的角值，即

$$\beta = \frac{\beta_左 + \beta_右}{2} \tag{3-3-4}$$

当测角精度要求较高，需要对一个角观测若干个测回时，为了减少度盘分划误差的影响，在各测回之间应进行水平度盘的设置。当观测 n 个测回时，将度盘位置依次变换为 $180°/n$。例如，若观测两个测回，第一测回盘左起始方向应设置为 $0°00'00''$；而第二测回盘左起始方向的度盘应设置为 $90°00'00''$。

2. 方向观测法

方向观测法通常用于一个测站上照准目标多于 3 个的观测。如图 3-3-16 所示，设 O 为测站点，A、B、C、D 为目标点，在此情况下通常采用方向观测法，水平角方向观测法的技术要求见表 3-3-4。

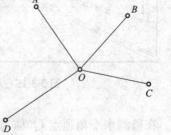

方向观测法

图 3-3-16 测站点与目标点

表 3-3-4　水平角方向观测法的技术要求

等级	仪器精度 等级	半测回归零差 /″	一测回内 2C 互差/″	同一方向值各 测回较差/″
四等 及以上	1″级仪器	6	9	6
	2″级仪器	8	13	9
一级 及以下	2″级仪器	12	18	12
	6″级仪器	18	—	24

（1）方向观测法的观测步骤。

1）安置全站仪于测站点 O 上，对中、整平后使仪器处于盘左状态。照准起始方向（又称零方向）A，将水平度盘配置在 0°附近（如 0°01′32″），读取读数，并记入记录手簿（表 3-3-5），松开水平制动螺旋。

表 3-3-5　方向观测法观测记录手簿

测站点	测回数	目标点	水平度盘数		2c″	平均读数 /° ′ ″	归零方向值 /° ′ ″	各测回平均 归零方向值 /° ′ ″	水平角值 /° ′ ″
			盘左/° ′ ″	盘右/° ′ ″					
1	2	3	4	5	6	7	8	9	10
O	1	A	00 01 32	180 01 36	−4	(00 01 31) 00 01 34	00 00 00	00 00 00	
		B	52 18 32	232 18 24	+12	52 18 28	52 16 57	52 16 52	52 16 52
		C	114 30 16	294 30 10	+6	114 30 13	114 28 42	114 28 39	62 11 47
		D	197 15 26	17 15 32	−6	197 15 29	197 13 58	197 13 52	82 45 13
		A	00 01 26	180 01 30	−4	00 01 28			
	2	A	90 00 36	270 00 42	−6	(90 00 37) 90 00 39	00 00 00		
		B	142 17 27	322 17 21	+6	142 17 24	52 16 47		
		C	204 29 16	24 29 10	+6	204 29 13	114 28 36		
		D	287 13 23	107 13 23	0	287 13 23	197 13 46		
		A	90 00 32	270 00 38	−6	90 00 35			

2）按顺时针旋转照准部，照准目标 B，读取水平度盘的读数（如 52°18′32″），并记入记录手簿（表 3-3-5）；同样依次观测目标 C、D，并读取照准各目标时的水平度盘读数（如 114°30′16″、197°15′26″）记入记录手簿；继续顺时针转动望远镜，最后观测零方向 A，并读取水平度盘的读数（如 0°01′26″）记入记录手簿，此照准 A 称为归零。此次零方向的水平度盘读数与第一次照准零方向的水平度盘读数之差称为归零差，若归零差满足要求，即完成了上半测回的观测。

3)纵转望远镜使仪器处于盘右状态，再按逆时针方向依次照准目标 A、D、C、B、A，称为下半测回。同上半测回一样，照准各目标时，分别读取水平度盘的读数，并记入记录手簿。下半测回也存在归零差，若归零差满足要求，下半测回也告结束。上、下半测回合称为一个测回。

为了提高测量精度，有时要观测若干个测回，各测回的观测方法相同。但是，应与测回法一样，需要将各测回盘左起始方向读数进行设置，依次变换 $180°/n$（n 为测回数）。

（2）方向观测法的角值计算。观测完成后，需要进行角值计算，以下结合表 3-3-5 说明方向观测法的计算步骤。

1）计算两倍照准误差 $2C$ 值。

$$2C 值 = 盘左读数 - (盘右读数 \pm 180°)$$

式中，盘左读数大于 180° 时取"＋"号，盘左读数小于 180° 时取"－"号。按各方向计算出 $2C$ 值后，填入表 3-3-5 中的第 6 栏。$2C$ 变动范围是衡量观测质量的一个指标。

2）计算各目标的方向值的平均读数。照准某一目标时，水平度盘的读数，称为该目标的方向值。

$$方向值的平均读数 = [盘左读数 + (盘右读数 \pm 180°)]/2（式中的加减号取法同前）$$

将计算的结果填入表 3-3-5 中的第 7 栏。

需要说明的是，起始方向有两个平均值，应将这两个平均值再次进行平均，所得结果作为起始方向的方向值的平均读数，填入表 3-3-5 中的第 7 栏的上方，并括以括号，如本例中的 $0°01'31''$ 和 $90°00'37''$。

3）计算归零后的方向值（又称归零方向值）。将起始目标的方向值作为 $00°00'00''$，此时其他各目标对应的方向值称为归零方向值。计算方法为可以将各目标方向值的平均读数减去起始方向值的平均读数（括号内的数），即得各方向的归零方向值，填入表 3-3-5 中的第 8 栏。

4）计算各测回归零方向值的平均值。当测回数为两个或两个以上时，从理论上讲，不同测回的同一方向归零后的方向值应相等，但由于误差的原因导致各测回之间有一定的差数，如该差数在限差之内，则可取其平均值作为该方向的最后方向值，填入表 3-3-5 中的第 9 栏。

5）计算各目标间的水平角值。在表 3-3-5 中的第 9 栏中，显然，后一目标的平均归零方向值减去前一目标的平均归零方向值，即两目标之间的水平角之值，填入表 3-3-5 中的第 10 栏。

3.3.5 角度测量的误差分析

在角度测量中，仪器误差和各作业环节中产生的误差会对角度观测的精度产生影响，为了获得符合要求的角度测量成果，必须分析这些误差的影响，采用相应的措施，将其消除或将其控制在容许范围之内。与水准测量类似，角度测量误差也来自仪器误差、观测误差和外界条件影响三个方面。

1. 仪器误差

仪器误差的主要来源有以下两个方面：

（1）仪器制造、加工不完善所引起的误差。如照准部偏心差和度盘分划误差，属于仪器制造误差。照准部偏心差是指照准部旋转中心与水平度盘中心不重合，导致指标在刻度盘上读数时产生误差，这种误差可采取盘左、盘右取平均值的方法来消除。

（2）仪器检校不完善的残余误差。全站仪各部件（轴线）之间，如果不满足应有的几何条件，就会产生仪器误差，即使经过校正，也难免存在残余误差。例如，视准轴不垂直于横轴、横轴不垂直于竖轴的残余误差对水平角观测的影响，以及竖盘指标差的残余误差对竖直角观测的影响等。通过分析研究可知，这些误差均可以采用盘左、盘右两次观测，然后取两次结果平均值的方法来消除。而十字丝竖丝不垂直于横轴的误差影响，可以采用每次观测时均采用十字丝交点照准目标的观测方法予以消除。

对于无法用观测方法消除的照准部水准管轴不垂直于竖轴的误差影响，可以在观测前进行严格的校正，来尽量减弱其对观测的影响。

由于采取了这些措施，故仪器误差对观测结果的影响实际是很小的。

2. 观测误差

观测误差是指观测者在观测操作过程中产生的误差，如对中误差、整平误差、标杆倾斜误差、照准误差等。

（1）对中误差：在测站点上安置全站仪，必须进行对中。仪器安置完毕后，仪器的中心未位于测站点铅垂线上的误差，称为对中误差。对中误差对水平角观测的影响与待测水平角边长成反比。所以，当要测水平角的边长较短时，应注意仔细对中。

（2）整平误差：仪器安置未严格水平而产生的误差。整平误差导致水平度盘不能严格水平，竖盘及视准面不能严格竖直。其对测角的影响与目标的高度有关，若目标与仪器同高，其影响很小；若目标与仪器高度不同，其影响将随高差的增大而增大。因此，在丘陵、山区观测时，必须精确整平仪器。

（3）标杆倾斜误差（又称目标偏心误差）：是指在观测中，实际瞄准的目标位置偏离地面标志点而产生的误差。如图 3-3-17 所示，O 为测站点，A 为目标点（地面标志点），边长为 d，在目标点 A 处竖立标杆作为照准标志。若标杆倾斜，测角时未能照准标杆底部 A 而照准了 B 点，设 B 点至标杆底端 A 的长度为 l，则照准点偏离目标而引起目标偏心差：

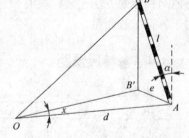

图 3-3-17　标杆倾斜误差

$$e = l \cdot \sin\alpha$$

它对观测方向的影响为

$$x = \frac{e}{d} = \frac{l \cdot \sin\alpha}{d} \tag{3-3-5}$$

由式（3-3-5）可知，x 与 l 成正比，与边长 d 成反比。所以，为了减小该项误差对水平角观测影响，应尽量照准标杆的根部，标杆应尽量竖直。

标杆倾斜误差对竖直角观测的影响与标杆倾斜的角度、方向、距离及竖直角大小等因素有关。由于竖直角观测时通常均照准标杆顶部，当标杆倾斜角大时，其影响不容忽略，故在观测竖直角时应特别注意竖直标杆。

（4）照准误差：影响照准精度的因素很多，如人眼的分辨力、望远镜的放大率、十字丝的粗细、目标的形状及大小、目标影像的亮度、清晰度与稳定性和大气条件等。所以，尽管观测者已经尽力照准目标，但仍不可避免地存在不同程度的照准误差。此项误差无法消除，只能通过多加训练，总结经验，仔细完成照准操作，以减少此项误差的影响。

3. 外界条件的影响

外界条件的影响很多，也比较复杂。例如，大风会影响仪器和标杆的稳定、温度变化会影响仪器的正常状态、大气折光会导致光线改变方向、地面辐射又会加剧大气折光的影响、雾气使目标成像模糊、烈日暴晒会使仪器轴系关系发生变化、地面土质松软会影响仪器的稳定等，都会给测量带来误差。要想完全避免这些因素的影响是不可能的，为了削弱此类误差的影响，应选择有利的观测时间和设法避开不利的因素。例如，选择雨后多云的微风天气下观测最为适宜，在晴天观测时，要撑伞遮住阳光，防止暴晒仪器。

3.4 距离测量

距离测量是确定地面点位之间的长度的测量，常用的距离测量方法有卷尺量距、视距测量和电磁波测距等。卷尺量距是用可卷曲的软尺沿地面丈量，属于直接量距；视距测量是一种利用望远镜内十字丝平面上的视距丝(十字丝的上、下丝)装置，配合视距标尺(与普通水准尺通用)，根据几何光学原理，同时测定两点之间的水平距离和高差的方法，属于间接测距；电磁波测距是通过仪器发射光波或微波经过棱镜折射后，返回被仪器接收，根据光波或微波的传播速度及发射接收所需时间测定距离的方法，也属于间接测距。

卷尺量距也称为距离丈量，其工具简单，但易受地形条件限制，一般适用于平坦地区的测距；视距测量不受地形条件限制，且操作方便快捷，但其测距精度低于直接丈量，且随着所测距离的增大而大大降低，适用于低精度的近距离(200 m 以内)测量；电磁波测距与前两种测距方法比较，具有操作轻便、效率高、测距精度高、测程远等优点，已普遍应用于各种工程测量。

3.4.1 卷尺量距

1. 测量工具

(1)钢尺。钢尺又称为钢卷尺，是钢制成的带状尺，尺的宽度为 10～15 mm，厚度约为 0.4 mm，长度有 20 m、30 m、50 m 等数种。钢尺可以卷放在圆形的尺壳内，也有的卷放在金属尺架上，如图 3-4-1(a)所示。

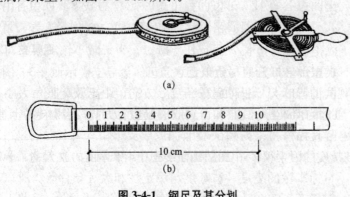

(a)

(b)

图 3-4-1 钢尺及其分划

(a)钢尺；(b)钢尺分划

卷尺量距

钢尺的基本分划为厘米，每厘米及每米处刻有数字注记，全长或尺端刻有毫米分划，如图 3-4-1(b)所示。按尺的零点分划位置，钢尺可分为端点尺和刻线尺两种。钢尺的尺环外缘作为尺子零点的称为端点尺，尺子零点位于钢尺尺身上的称为刻线尺。

（2）皮尺。皮尺是用麻线或加入金属丝织成的带状尺。长度有 20 m、30 m、50 m 等数种。其也可卷放在圆形的尺壳内，尺上基本分划为厘米，尺面每 10 cm 和整米有注字，尺端钢环的外端为尺子的零点，如图 3-4-2 所示。皮尺携带和使用都很方便，但是容易伸缩，量距精度低，一般用于低精度的地形细部测量和土方工程的施工放样等。

（3）花杆和测钎。

1）花杆又称为标杆，是由直径为 3～4 cm 的圆木杆制成，杆上按 20 cm 间隔涂有红、白油漆，杆底部装有锥形铁脚，主要用来标点和定线，常用的有长 2 m 和 3 m 两种，如图 3-4-3(a)所示。另外，也有金属制成的花杆，有的为数节，用时可通过螺旋连接，携带较方便。

2）测钎用粗铁丝做成，长为 30～40 cm，按每组 6 根或 11 根，套在一个大环上，如图 3-4-3(b)所示，测钎主要用来标定尺段端点的位置和计算所丈量的尺段数。

在距离丈量的附属工具中还有垂球，它主要用于对点、标点和投点。

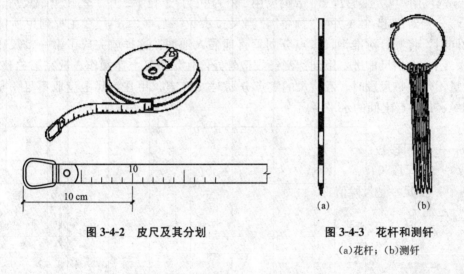

图 3-4-2　皮尺及其分划　　　　图 3-4-3　花杆和测钎
（a）花杆；（b）测钎

2. 测量方法

（1）直线定线。在距离丈量工作中，当地面上两点之间距离较远，不能用一尺段测量完毕时，就需要在两点所确定的直线方向上标定若干个中间点，并使这些中间点位于同一直线上，这项工作称为直线定线。

直线定线

如图 3-4-4 所示，设 A、B 两点互相通视，要在 A、B 两点间的直线上标出 1、2 中间点。先在 A、B 点上竖立花杆，甲站在 A 点花杆后约 1 m 处，目测花杆的同时，由 A 点瞄向 B 点，构成一视线，并指挥乙在 1 附近左右移动花杆，直到甲从 A 点沿花杆的同一侧看到 A、1、B 三支花杆在同一条线上为止。同法可以定出直线上的其他点。两点之间定线，一般应由远到近进行定线。定线时，所立花杆应竖直。另外，为了不挡住甲的视线，乙持花杆应站立在垂直于直线方向的一侧。

（2）距离丈量。用钢尺或皮尺进行距离丈量的方法基本上是相同的，以下介绍用钢尺进行距离丈量的方法。钢尺量距一般需要三个人，分别担任前尺手、后尺手和记录员的工作。

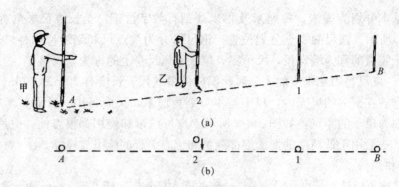

(a)

(b)

图 3-4-4 两点间目测定线

如图 3-4-5 所示，在平坦地面上丈量 AB 直线的距离。丈量前，先进行花杆定线，丈量时，后尺手甲拿着钢尺的末端在起点 A，前尺手乙拿钢尺的零点一端沿直线方向前进，使钢尺通过定线时的中间点，保证钢尺在 AB 直线上，不使钢尺扭曲，将尺子抖直、拉紧（30 m 钢尺用 100 N 拉力，50 m 钢尺用 150 N 拉力）、拉平。甲、乙拉紧钢尺后，甲将尺的末端分划对准起点 A 并喊"预备"，当尺拉稳拉平后喊"好"，乙在听到甲所喊出的"好"的同时，将测钎对准钢尺零点分划垂直地插入地面，这样就完成了第一整尺段的丈量。甲、乙两人抬尺前进，甲到达测钎或记号处停住，重复上述操作，量完第二整尺段。最后丈量不足一整尺段时，乙将尺的零点分划对准 B 点，甲在钢尺上读取不足一整尺段值，则 A、B 两点之间的水平距离为

$$D_{AB} = n \times l + q \tag{3-4-1}$$

式中　　n——整尺段数；

　　　　l——整尺段长；

　　　　q——不足一整尺段值。

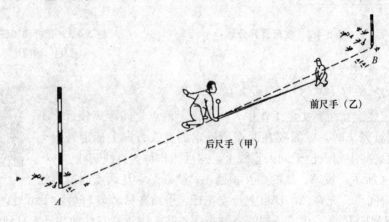

图 3-4-5 平坦地面的距离丈量

在平坦地面上，钢尺沿地面丈量的结果就是水平距离，丈量结果记录在表 3-4-1 所示的量距手簿上。

为了防止错误和提高丈量精度，一般需要往、返丈量，在符合精度要求时，取往、

返丈量的平均距离作为丈量结果。丈量的精度是用相对误差来表示的，它以往、返丈量的差值 $\Delta D = D_{AB} - D_{BA}$ 的绝对值与往、返丈量的平均距离 $D_0 = (D_{AB} + D_{BA})/2$ 之比，通常以 K 表示，并将分子化为 1，分母取两位有效数字即可。即

$$K = \frac{|\Delta D|}{D_0} = \frac{1}{D_0/|\Delta D|} \tag{3-4-2}$$

相对误差的分母越大，说明量距的精度越高。一般情况下，平坦地区的钢尺量距精度应高于 1/2 000，在山区也应不低于 1/1 000。

表 3-4-1   一般量距手簿

测线		观测值			精度	平均值	备注
		整尺段	非整尺段	总长			
AB	往	4×30	15.309	135.309	1/3 500	135.328	
	返	4×30	15.347	135.347			

当所量直线位于倾斜地面时，根据地面的倾斜大小可以采用平量法或斜量法。由于现代各种形式的测距仪应用非常广泛，故在此对于斜量法不做叙述。

3.4.2 视距测量

如图 3-4-6 所示，A、B 为地面上两点，为测定该两点间的水平距离 D 和高差 h，在 A 点安置仪器，B 点竖立视距尺。由于视线水平，则视准轴与视距尺垂直。由图可知 A、B 两点的水平距离为

$$D = d + f + \delta \tag{3-4-3}$$

由 $\triangle MFN$ 和 $\triangle m'Fn'$，得

$$d = f \cdot \frac{n}{p}$$

代入式(3-4-3)得

$$D = f \cdot \frac{n}{p} + f + \delta$$

式中 f——望远镜物镜的焦距；

      n——视距丝(上、下丝)在 B 点的视距尺上读数之差；

      p——望远镜内视距丝(上、下丝)的间距；

      δ——望远镜物镜的光心至仪器中心的距离。

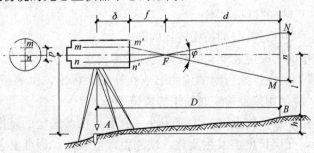

图 3-4-6   视线水平时的视距测量

令 $K=f/p$，称为视距乘常数；$C=f+\delta$，称为视距加常数。则 A、B 两点的水平距离可写为

$$D=K\times n+C \tag{3-4-4}$$

目前大多数厂家在对光学仪器设计制造时，使 $K=100$，$C\to 0$，故式(3-4-4)可写成

$$D=K\times n+C=100n \tag{3-4-5}$$

而 A、B 两点高差 h 的计算公式可写成

$$h=i-l \tag{3-4-6}$$

式中　i——仪器高；

　　　l——望远镜十字丝的横丝在 B 点的视距尺上的读数。

3.4.3　电磁波测距

光电测距仪是利用电磁波作为载波传输测距信号以测定两点之间距离的一种方法，具有测程远、精度高、作业快、不受地形限制等优点，目前已成为大地测量、工程测量和地形测量中距离测量的主要方法。电磁波测距的仪器按其所采用的载波可分为用红外光作为载波的红外测距仪、用激光作为载波的激光测距仪、用微波段的无线电波作为载波的微波测距仪三种。前两者又称为光电测距仪。随着微电子学、激光、半导体和发光二极管等技术的发展，测绘工作所用的光电测距仪的部件得到很大的改进，体积减小、精度提高，操作也更方便。光电测距仪从体积庞大的单体仪器，改进为可以架设于经纬仪上方的测角和测距的联合体，以致最后将光电测距仪中的光电发射和接收的光学系统，以及光调制器、脉冲计、相位计等微电子原件和经纬仪的瞄准望远镜组装在一起，而成为同时可以测角和测距、使用更加方便的电子全站仪，而不再单独地使用测距仪。全站仪的测距操作具体如下。

1. 参数设置

(1)棱镜常数等参数。由于光在玻璃中的折射率为 $1.5\sim 1.6$，而光在空气中的折射率近似等于1，也就是说，光在玻璃中的传播要比空气中慢，因此，光在反射棱镜中传播所用的超量时间会使所测距离增大某一数值，通常称作棱镜常数。棱镜常数的大小与棱镜直角玻璃锥体的尺寸和玻璃的类型有关，可按下式确定：

$$棱镜常数 PC=-\left(\frac{N_c}{N_R}a-b\right)$$

式中　N_c——光通过棱镜玻璃的群折射率；

　　　N_R——光在空气中的群折射率；

　　　a——棱镜前平面(透射面)列棱镜链顶的高；

　　　b——棱镜前平面到棱镜装配支架竖轴之间的距离。

实际上，棱镜常数已在厂家所附的说明书或在棱镜上标出，供测距时使用。在精密测量中，为减少误差，应使用仪器检定时使用的棱镜类型。

(2)大气改正。由于仪器作业时的大气条件一般不与仪器选定的基准大气条件(通常称为气象参考点)相同，光尺长度会发生变化，使测距产生误差，因此必须进行气象改正(或称为大气改正)。

2. 返回信号检测

当精确地瞄准目标点上的棱镜时，即可检查返回信号的强度。在基本模式或角度测量模式的情况下进行距离切换（如果仪器参数"返回信号音响"设在开启上，则同时发出音响）。如返回信号无音响，则表明信号弱，先检查棱镜是否瞄准，如果已精确瞄准，应考虑增加棱镜数。这对长距离测量尤为重要。

3. 距离测量

（1）测距模式的选择。全站仪距离测量有精测、速测（或称粗测）和跟踪测等模式可供选择，故应根据测距的要求通过键盘预先设定。

（2）开始测距（斜距 S_{SET}，平距 H_{SET}，高差 V_{SET}）。精确照准棱镜中心，按距离测量键，开始距离测量，此时有关测量信息（距离类型、棱镜常数改正、气象改正和测距模式等）将闪烁显示在屏幕上。短暂时间后，仪器发出一短声响，提示测量完成，屏幕上显示出有关距离值（斜距 S，平距 H，高差 V）。

3.4.4 光电测距误差分析

1. 光电测距的误差来源

（1）调制频率的误差。频率的相对误差使测定的距离产生相同的相对误差，由此产生的距离误差与距离的长度成正比。仪器在使用过程中电子元件的老化会使原来设置的标准频率发生变化。通过对测距仪的定期检定，测定乘常数 K，对距离进行改正，主要是为了消除仪器的频率误差。测距时是否需要进行这项改正，可视乘常数的大小、距离的远近和测距所需的精度而定。

（2）气象参数测定误差。距离的气象改正值与距离的长度成正比。测距时是否需要进行这项改正，可视气象参数与标准状态差别的大小、距离的远近和测距所需的精度而定。

（3）相位测定和脉冲测定的误差。在相位式测距仪中相位差测定的误差，或脉冲式测距仪中脉冲个数测定的误差都影响距离测量的尾数，与距离的长短无关。误差的大小取决于仪器测相系统或脉冲计数系统的精度，以及调制光信号在大气传输中的信噪比误差等。前者取决于仪器性能和精度；后者源于测距时的自然环境，例如，天气的阴晴、大气的透明度、杂散光的干扰等。

（4）反射器常数误差。与测距仪配套的反射器其加常数都有确定的数值，例如，对于反射棱镜，一般加常数 $C=-30$ mm；对于反射片，则加常数 $C=0$。而且可以在测距仪中预先设置加常数，测距时可自动加以改正。但是如果反射器与测距仪不配套，或设置有误，或瞄准不精确等，就会产生反射器常数误差。

（5）仪器和目标的对中误差。光测距是测定测距仪中心至棱镜中心的距离，因此，仪器和棱镜的对中误差有多大，对测距的影响也有多大，与距离的长短无关。因此，对于仪器和棱镜的水准管和光学对中器，应事先进行检验和校正；测距时，应仔细地对测距仪和棱镜进行整平与对中。

2. 光电测距仪的精度指标

根据以上对光电测距误差来源的分析，各种误差来源中，一部分由仪器本身产生，一部分由使用者的操作技术和测距的环境所引起。按各种误差的性质，一部分与所测距离成正比(上述前两种误差)，另一部分与所测距离的长短无关(上述后三种误差)。这些误差总的形成光电测距的误差，或者说光电测距的精度取决于这些误差。在正确操作和正常环境下进行光电测距时，光电测距仪本身的误差起主导作用。

光电测距仪的标称精度是指测距仪本身引起的测距误差(用于厂商标明仪器本身的精度)。根据以上误差分析可知，其中仪器的测相误差、棱镜常数误差与测距的长短无关，称为常误差(或称固定误差)，用"a"表示；而仪器的频率误差和正常大气状态下的气象因素误差则与测距的长度 D 成正比，称为比例误差，其比例系数用"b"表示。因此，测距仪的标称精度一般用下式表示：

$$m_D = \pm\sqrt{a^2 + (D \cdot b)^2} \tag{3-4-7}$$

在仪器说明书中，比例系数 b 一般以百万分率(ppm)表示。如 $a=5$ mm，$b=5$ mm/km，距离 D 的单位为千米(km)。例如，各种测距仪和全站仪的测距标称精度有：$\pm(5+5\times10^{-6} \cdot D)$mm、$\pm(3+2\times10^{-6} \cdot D)$mm、$\pm(2+2\times10^{-6} \cdot D)$mm 和 $\pm(1+1\times10^{-6} \cdot D)$mm 等。$a$、$b$ 的数值越小，则测距仪的精度级别越高。

3.5 导线测量

导线测量是建立小区域平面控制常用的一种方法，其主要用于带状地区、隐蔽地区、城市地区、公路等控制测量。将测区内的相邻控制点用直线连接，而构成的连续折线，称为导线。这些转折点(控制点)称为导线点。相邻导线点之间的距离，称为导线边长。相邻导线边之间的水平角，称为转折角。导线测量是依次测定各导线边长和各转折角，根据起算数据推导各边的坐标方位角，进而求得各导线点的平面坐标。

根据测区的不同情况和要求，导线布设的基本形式有闭合导线、附合导线和支导线，如图 3-5-1 所示。图中 A、B、C、D 为高级控制点(已知点)，1、2、…、10 为布设的导线点(待定点)，构成各种形式的导线。

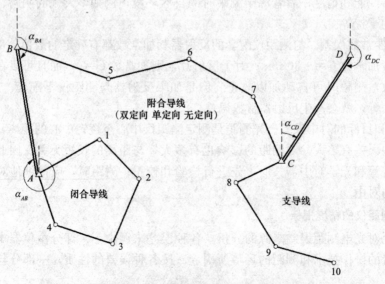

图 3-5-1 导线网的布置形式

1. 闭合导线

以高级控制点 A 为起始点，以 AB 边的坐标方位角 α_{AB} 为起始边方位角，布设 A—1—2—3—4—A 点，即从 A 点出发仍回到 A 点，形成一个闭合多边形，称为闭合导线。闭合导线本身具有严密的几何条件，因此，可以对观测成果进行一定的检核，通常用于面积较宽阔的独立地区。

2. 附合导线

导线点两端连接于高级控制点 B、C 的称为附合导线。随着两端连接已知方位角的情况不同，再分为双定向附合导线、单定向附合导线和无定向附合导线。

(1)双定向附合导线。导线路线 A—B—5—6—7—C—D 两端联测 AB 和 CD 已知边，其已知方位角 α_{AB} 和 α_{CD} 也均可用于导线的定向，故称为双定向附合导线。由于其本身的已知条件，该形式同样具有对观测成果的检核作用，因此，双定向附合导线是在高级控制点下进行控制点加密的最常用的形式，一般就简称为附合导线。

(2)单定向附合导线。导线线路 A—B—5—6—7—C 仅能在 B 点一端联测 AB 边的已知方位角 α_{AB}，取得导线计算的定向数据，但不能检核导线的转折角，故称为单定向附合导线。由于从已知点 A 附合到另一已知点 C，故对于导线的坐标计算仍可进行检核。

(3)无定向附合导线。导线线路 B—5—6—7—C 两端联测已知点，但均未能联测已知方位角，缺少导线计算的直接定向数据，故称为无定向附合导线（简称无定向导线）。导线计算时可以用间接计算的方法取得定向数据，并有闭合边（起点和终点的连线）长度的检核。

布置附合导线从双定向到无定向是由于缺少可以定向的已知点，虽然都可以计算出导线点的坐标，但其点位精度也会随定向数据的减少而有所降低。

3. 支导线

从一个高级控制点 C 和 CD 边的已知方位角 α_{CD} 出发，延伸出去的导线 C—8—9—10 称为支导线。由于支导线只具有必要的起算数据，缺少对观测数据的检核。对于图根导线，一般规定支导线的点数不超过 3 个。

3.5.1 导线测量外业工作

导线测量的外业工作主要包括踏勘选点及建立标志、测距、测角和联测。各项工作均应按相关规定完成，表 3-5-1 所示为工程中各等级导线测量的主要技术要求。

导线测量
外业工作

1. 踏勘选点及建立标志

导线测量的首要工作是踏勘选点，即根据测区实际情况选择一定数量的导线点作为测图或施工放样的基础。在选点之前，应到有关部门收集地形测量、控制测量等资料，根据测区内已有控制点的情况和工程的需要，先在已有的地形图上初步拟订出导线的布设方案，然后到实地对照，根据实地情况进行修改，最后拟订一个经济合理的导线布设方案。实地选点时应注意以下几点：

(1)点位应选择在土质坚实，便于安置仪器和保存标志的地方。

(2)相邻点之间应通视良好，地势平坦，便于测角和量距，其视线距障碍物的距离，三、四等不宜小于 1.5 m；四等以下宜保证便于观测，以不受旁折光的影响为原则。

(3)视野开阔，便于碎部点的施测。

(4)导线各边的长度应大致相等。

(5)导线点应有足够的密度，分布较均匀，便于控制整个测区。

表 3-5-1 各等级导线测量的主要技术要求

等级	导线长度/km	平均边长/km	测角中误差/″	测距中误差/mm	测距相对中误差	测回数			方位角闭合差/″	导线全长相对闭合差
						1″级仪器	2″级仪器	3″级仪器		
三等	14	3	1.5	20	1/150 000	6	10	—	$3.6\sqrt{n}$	1/55 000
四等	9	1.5	2.5	18	1/80 000	4	6	—	$5\sqrt{n}$	1/35 000
一级	4	0.5	5	15	1/30 000		2	4	$10\sqrt{n}$	1/15 000
二级	2.4	0.25	8	15	1/14 000		1	3	$16\sqrt{n}$	1/10 000
三级	1.2	0.1	12	15	1/7 000		1	2	$24\sqrt{n}$	1/5 000
图根	$a\times M$	—	首级 20 一般 30	15	1/4 000		1	1	$40\sqrt{n}$ $60\sqrt{n}$	$\dfrac{1}{2\,000\times a}$

注：1. 表中 n 为站数，M 为比例尺分母，a 为比例系数，取值宜为 1，当采用 1∶500、1∶1 000 比例尺测图时，其值在 1 与 2 之间选用。

2. 当测区测图的最大比例尺为 1∶1 000 时，一、二、三级导线的导线长度、平均边长可适当放大，但最大长度不应大于表中规定相应长度的 2 倍。

导线点选定后，根据现场条件，用木桩、混凝土标识或钢钉等在相应位置建立标志，并按一定顺序编号。标志的制作、尺寸规格、书写及埋设均应符合相应等级的要求。为便于今后查找，还应量出导线点至附近明显地物的距离，现场绘制草图，注明尺寸，称为"点之记"。

2. 测距

测距是指测定导线中各边长度的工作。导线边长一般采用全站仪或电磁波测距仪测距，同时，观测垂直角将斜距化为平距。

3. 测角

导线的转折角是在导线点上由相邻两导线边构成的水平角。导线的转折角有左角和右角之分，以导线为界，按编号顺序方向前进，在前进方向左侧的角称为左角，在前进方向右侧的角称为右角。在闭合导线中，一般均测其内角，闭合导线若按逆时针方向编号，其内角均为左角，反之为右角。在附合导线中，可测其左角也可测其右角（在公路测量中一般测右角），但全线要统一。

4. 联测

导线联测是指新布设的导线与周围已有的高级控制点的联系测量，以取得新布设导线的起算数据，即起始点的坐标和起始边的方位角。如果沿路线方向有已知的高级控制点，导线可直接与其连接，共同构成闭合导线或附合导线。如图 3-5-2 所示，A、B、C、D 为已知的高级控制点，1、2、3、4、5 为新布设导线点，则导线联测为测定连接角（水平角）β_1、β_2 和连接边 D_1、D_2。连接角和连接边的测量与上述导线的测距、测角方法相同。如果测区

及其附近没有高级控制点时，可用罗盘仪
测出导线起始边的磁方位角，并假定起始
点的坐标，作为导线的起始数据，即建立
独立平面直角坐标系。

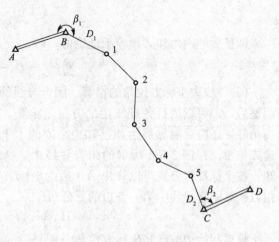

3.5.2 导线测量内业工作

导线测量内业工作的目的是根据已知
的起算数据和外业的观测资料，通过对误
差进行必要的调整，最后计算出各导线点
的平面坐标。

内业计算前，应仔细全面地检查导线
测量的外业记录，检查数据是否齐全，有

图 3-5-2 导线的联测

无记错、算错，是否符合精度要求，起算数据是否准确，然后绘制出导线略图，在图上注
明高级控制点(已知点)及导线点点号等。数值计算时，角度值取至秒，长度和坐标值取至
毫米。按不同的导线形式，计算方法有一定区别。

1. 闭合导线近似平差计算

计算前，首先将导线的点号、角度的观测值、边长的量测值以及起
始边的方位角、起始点的坐标等填入"闭合导线坐标计算表"，然后按以
下步骤进行计算：

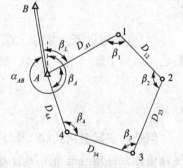

闭合导线内业计算

(1)角度闭合差的计算与调整。闭合导线在几何上是一个 n 边形，其内角和的理论值为

$$\sum \beta_{理} = (n-2) \times 180° \tag{3-5-1}$$

而在实际观测过程中，由于不可避免地存在着误差，使得实测的多边形的内角和不等
于上述的理论值，两者的差值称为闭合导线的角度闭合差，习惯以 f_β 表示，即有

$$f_\beta = \sum \beta_{测} - \sum \beta_{理} = \sum \beta_{测} - (n-2) \times 180° \tag{3-5-2}$$

式中　$\beta_{理}$——转折角的理论值；

$\beta_{测}$——转折角的外业观测值。

对于图 3-5-3 所示的闭合导线，其角度闭合差计算值为

$$f_\beta = \beta_A + \beta_1 + \beta_2 + \beta_3 + \beta_4 - 540° \tag{3-5-3}$$

角度闭合差的容许值随导线的等级而异。对于图根导
线为

$$f_{\beta容} = \pm 60'' \sqrt{n} \tag{3-5-4}$$

若 $f_\beta > f_{\beta容}$，则说明角度闭合差超限，不满足精度要求，
应返工重测直到满足精度要求；若 $f_\beta \leqslant f_{\beta容}$，则说明所测角度

图 3-5-3 闭合导线

满足精度要求，在此情况下，可以将角度闭合差进行调整。由于各角观测均在相同的观测条件下
进行，故可认为各角产生的误差相等。因此，角度闭合差调整的原则：将 f_β 以相反的符号平均
分配到各观测角中；若不能均分，一般情况下，将余数分配给短边的邻角，即各角度的改正数为

$$V_\beta = -f_\beta / n \tag{3-5-5}$$

则各转折角调整以后的值(又称为改正值)为

$$\beta_{改} = \beta_{测} + V_\beta \tag{3-5-6}$$

调整后的内角和必须等于理论值,即

$$\sum \beta_{改} = (n-2) \times 180° \tag{3-5-7}$$

(2)导线边坐标方位角的推算。闭合导线的转折角经过角度闭合差的调整后,即可以进行各导线边的方位角推算,闭合导线除观测多边形的内角外,还应观测导线边和已知边之间的水平角(称为连接角),用以传递方位角。在图 3-5-3 所示的闭合导线中,高级控制点 A、B 的坐标已知,按坐标反算公式可以算出 AB 边的坐标方位角 α_{AB},观测连接角 β_L,用以推算闭合导线中第一条边的方位角

方位角推算

$$\alpha_{A1} = \alpha_{AB} + \beta_L - 360° \tag{3-5-8}$$

根据起始边的已知坐标方位角及调整后的各内角值,由简单的几何运算推导可得,前一边的坐标方位角 $\alpha_{前}$ 与后一边的坐标方位角 $\alpha_{后}$ 的关系式:

$$\alpha_{前} = \alpha_{后} \pm \beta_{改} \mp 180° \tag{3-5-9}$$

在具体推算时要注意以下几点:

1)若 β 角为左角,则应取"$+\beta_{改}-180°$";若 β 角为右角,则应取"$-\beta_{改}+180°$"。

2)若用公式推导出来的 $\alpha_{前} < 0°$,则应对其加上 360°;若 $\alpha_{前} > 360°$,则应对其减去 360°,使各导线边的坐标方位角在 0°~360°的取值范围。

3)起始边的坐标方位角最后也能推算出来,其推算值应与原已知值相等,否则推算过程有误。

(3)坐标增量的计算。一导线边两端点的纵坐标或横坐标之差,称为该导线边的纵坐标或横坐标增量,习惯以 Δx 或 Δy 表示。

设 i、j 为两相邻的导线点,量测两点之间的边长为 D_{ij},已根据观测角调整后的值推算出了坐标方位角为 α_{ij},则由三角几何关系,可计算出 i、j 两点之间的坐标增量(在此称为观测值)$\Delta x_{ij测}$ 和 $\Delta y_{ij测}$ 分别为

$$\Delta x_{ij测} = D_{ij} \cdot \cos\alpha_{ij}$$
$$\Delta y_{ij测} = D_{ij} \cdot \sin\alpha_{ij} \tag{3-5-10}$$

(4)坐标增量闭合差的计算与调整。因闭合导线从起始点出发经过若干个导线点以后,最后又回到了起始点,显然,其坐标增量之和的理论值为零,如图 3-5-4(a)所示,即

$$\begin{cases} \sum \Delta x_{ij理} = 0 \\ \sum \Delta y_{ij理} = 0 \end{cases} \tag{3-5-11}$$

但是,实际上从式(3-5-10)可以看出,坐标增量由边长 D_{ij} 和坐标方位角 α_{ij} 计算而得,尽管坐标方位角经过角度闭合差的调整以后已能闭合,但是边长还存在误差,从而导致坐标增量带有误差,即坐标增量的实测值之和 $\sum x_{ij测}$ 和 $\sum y_{ij测}$ 一般情况下不等于零,这就是坐标增量闭合差,通常以 f_x 和 f_y 表示,如图 3-5-4(b)所示,即

$$\begin{cases} f_x = \sum \Delta x_{ij测} \\ f_y = \sum \Delta y_{ij测} \end{cases} \tag{3-5-12}$$

由于坐标增量闭合差存在,根据计算结果绘制出来的闭合导线图形不能闭合,如图 3-5-4(b)

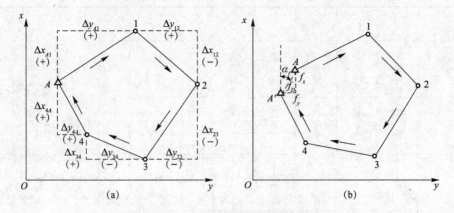

图 3-5-4 闭合导线坐标增量及闭合差

(a)增量计算；(b)增量调整

所示，此不闭合的缺口距离，称为导线全长闭合差，通常以 f_D 表示。按几何关系，用坐标增量闭合差可计算出导线全长闭合差 f_D：

$$f_D = \sqrt{f_x{}^2 + f_y{}^2} \qquad (3\text{-}5\text{-}13)$$

导线全长闭合差 f_D 随着导线的长度增大而增大，所以，导线测量的精度是用导线全长相对闭合差 K（导线全长闭合差 f_D 与导线全长 $\sum D$ 之比值）来衡量的，即

$$K = \frac{f_D}{\sum D} = \frac{1}{\sum D / f_D} \qquad (3\text{-}5\text{-}14)$$

导线全长相对闭合差 K 通常用分子是 1 的分数形式表示，K 越小，表示导线测量精度越高。对于图根导线，容许的导线相对闭合差为 1/2 000。

若 $K \leqslant K_容$ 表明测量结果满足精度要求，则可以将坐标增量闭合差反符号后，按与边长成正比的方法分配到各坐标增量上，得到各纵、横坐标增量的改正值，以 Δx_{ij} 和 Δy_{ij} 表示：

$$\Delta x_{ij} = \Delta x_{ij测} + v_{\Delta xij}$$
$$\Delta y_{ij} = \Delta y_{ij测} + v_{\Delta yij} \qquad (3\text{-}5\text{-}15)$$

式(3-5-15)中的 $v_{\Delta xij}$、$v_{\Delta yij}$ 分别称为纵、横坐标增量的改正数，且有

$$\begin{cases} v_{\Delta xij} = -\dfrac{f_x}{\sum D} D_{ij} \\[3mm] v_{\Delta yij} = -\dfrac{f_y}{\sum D} D_{ij} \end{cases} \qquad (3\text{-}5\text{-}16)$$

(5)导线点坐标计算。根据起始点的已知坐标和改正后的坐标增量 Δx_{ij} 和 Δy_{ij}，即可以按下列公式依次计算各导线点的坐标：

$$x_j = x_i + \Delta x_{ij}$$
$$y_j = y_i + \Delta y_{ij} \qquad (3\text{-}5\text{-}17)$$

同样用式(3-5-17)可以推导出起始点的坐标，推算值应与已知值相等，以此可以检核整个计算过程是否有误。表 3-5-2 所示为闭合导线坐标计算表。

表 3-5-2　闭合导线坐标计算表

点号	转折角观测值 ° ′ ″	角度改正数 ″	改正后角值 ° ′ ″	坐标方位角 ° ′ ″	边长/m	坐标增量计算值 Δx/m	坐标增量计算值 Δy/m	坐标增量改正数 Δx/m	坐标增量改正数 Δy/m	改正后坐标增量 Δx/m	改正后坐标增量 Δy/m	坐标 x/m	坐标 y/m	点号
A												3 285.024	2 198.471	A
				58 05 51	206.422	109.089	175.242	−0.022	−0.011	109.067	175.231			
1	108 24 06	15	108 24 21									3 394.091	2 373.702	1
				129 41 30	115.202	−73.574	88.647	−0.012	−0.006	−73.586	88.641			
2	113 55 24	15	113 55 39									3 320.505	2 462.343	2
				195 45 51	130.263	−125.364	−35.390	−0.014	−0.007	−125.378	−35.397			
3	118 35 06	15	118 35 21									3 195.127	2 426.946	3
				257 10 30	188.035	−41.739	−183.344	−0.020	−0.010	−41.759	−183.354			
4	96 05 00	15	96 05 15									3 153.368	2 243.592	4
				341 05 15	139.185	131.671	−45.113	−0.015	−0.008	131.656	−45.121			
A	102 59 09	15	102 59 24									3 285.024	2 198.471	A
				58 05 51										1
∑	539 58 45	75	540 00 00		779.107	0.083	0.042	−0.083	−0.042	0	0			

辅助计算

$f_\beta = \sum \beta_测 - (n-2) \cdot 180° = -75''$

$f_y = \sum \Delta y_{ij测} = 0.042 \text{ m}$

$f_{\beta容} = \pm 60''\sqrt{5} = \pm 134'' \ (f_\beta < f_{\beta容})$

$K = \dfrac{f_D}{\sum D} \approx \dfrac{1}{8\,300} < K_容 = \dfrac{1}{2\,000}$

$f_x = \sum \Delta x_{ij测} = 0.083 \text{ m};$

$f_D = \sqrt{f_x^2 + f_y^2} = 0.093 \text{ m}$

附图:

2. 附合导线近似平差计算

(1)双定向附合导线的计算。图 3-5-5 所示为双定向附合导线，其计算的基本步骤与闭合导线相同，但由于导线的形状、起始点和起始边方位角位置分布的不同，在计算导线角度闭合差和坐标增量闭合差时有所区别。具体如下：

附合导线内业计算

1)角度闭合差的计算与调整。双定向附合导线首尾各有一条已知坐标方位角的边(AB、CD)，这里称之为始边和终边，β_B 和 β_C 是连接角。由于外业工作已测得导线各个转折角的大小，所以，可以根据起始边的坐标方位角及测得的导线各转折角，由式(3-2-13)或式(3-2-14)推算出终边的坐标方位角。这样，导线终边的坐标方位角有一个原已知值 $\alpha_{终}$，还有一个由始边坐标方位角和测得的各转折角推算值 $\alpha'_{终}$。由于测角存在误差，导致二值不相等，二值之差即为附合导线的角度闭合差 f_β，即

$$f_\beta = \alpha'_{终} - \alpha_{终} = \alpha_{始} - \alpha_{终} \pm \sum \beta_{测} \mp n \times 180° \tag{3-5-18}$$

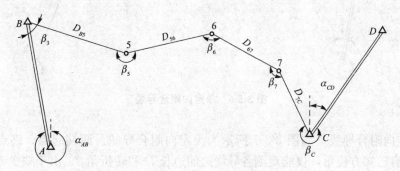

图 3-5-5　双定向附合导线

在角度闭合差的计算公式 $f_\beta = \alpha'_{终} - \alpha_{终} = \alpha_{始} - \alpha_{终} \pm \sum \beta_{测} \mp n \times 180°$ 中，若转折角 β 为左角，采用反符号均分的原则，则各角度的改正数为

$$v_\beta = -\frac{f_\beta}{n}$$

若转折角 β 为右角，采用同符号均分的原则，则各角度的改正数为

$$v_\beta = \frac{f_\beta}{n}$$

各转折角调整以后的值(又称为改正值)为

$$\beta_{改} = \beta_{测} + V_\beta$$

2)坐标增量闭合差的计算。附合导线的首尾各有一个已知坐标值的点，如图 3-5-5 中的 B 点和 C 点，这里称之为始点和终点。附合导线的纵、横坐标增量之代数和，在理论上应等于终点与始点的纵、横坐标差值，即

$$\left. \begin{array}{l} \sum \Delta x_{ij理} = x_{终} - x_{始} \\ \sum \Delta y_{ij理} = y_{终} - y_{始} \end{array} \right\} \tag{3-5-19}$$

但是由于量边和测角有误差，因此根据观测值推算出来的纵、横坐标增量的代数和 $\sum \Delta x_{ij测}$ 和 $\sum \Delta y_{ij测}$ 与上述的理论值通常是不相等的，两者之差即纵、横坐标增量闭合差：

$$f_x = \sum \Delta x_{ij测} - (x_终 - x_始)\Bigg\}$$
$$f_y = \sum \Delta y_{ij测} - (y_终 - y_始)\Bigg\}$$
(3-5-20)

双定向附合导线的导线全长闭合差、导线全长相对闭合差、闭合差的容许值、闭合差的调整均与闭合导线相同。表 3-5-3 为双定向附合导线坐标计算表。

(2)单定向附合导线。图 3-5-6 所示为单定向附合导线。单定向附合导线的计算，除不计算方位角闭合差外，与双定向附合导线的计算完全相同。

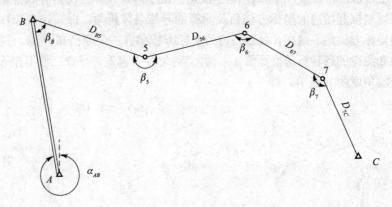

图 3-5-6　单定向附合导线

(3)无定向附合导线。如图 3-5-7 所示为无定向附合导线。两端起点、终点为已知点，但两端均未有已知方位角，仅能观测各导线边的边长 D 和转折角 β。由于缺少起始方位角，不能直接推算各导线边的方位角，但是可以根据起点、终点的已知坐标，间接计算起始方位角。

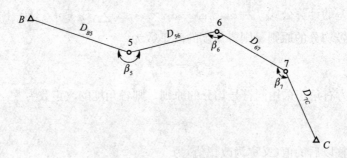

图 3-5-7　无定向附合导线

对于第一条导线边首先任意假定一个方位角值，如图 3-5-8 所示，一般情况下，可假定起始边方位角为 90°，然后根据导线各转折角推算各导线边的假定方位角 α'，再根据导线观测边长 D 和导线各边假定方位角 α'，计算出各边的假定坐标增量 $\Delta x'$ 和 $\Delta y'$，最后根据 B 点坐标计算出 C' 点的坐标为

$$x'_C = x_B + \sum \Delta x'\Bigg\}$$
$$y'_C = y_B + \sum \Delta y'\Bigg\}$$
(3-5-21)

表 3-5-3 双定向附合导线坐标计算表

点号	转折角观测值 /° ′ ″	角度改正数 /″	改正后角值 /° ′ ″	坐标方位角 /° ′ ″	边长/m	坐标增量计算值 Δx/m	坐标增量计算值 Δy/m	坐标增量改正数 Δx/m	坐标增量改正数 Δy/m	改正后坐标增量 Δx/m	改正后坐标增量 Δy/m	坐标 x/m	坐标 y/m	点号
A				337 2 38										A
B	32 54 36	10	32 54 46	124 07 52	197.928	−111.055	163.836	−0.011	0.023	−111.066	163.859	533.089	193.398	B
5	227 20 24	10	227 20 34	76 47 18	215.431	49.237	209.729	−0.013	0.025	49.224	209.754	422.023	357.257	5
6	145 12 06	10	145 12 16	111 35 02	177.421	−65.267	164.980	−0.010	0.021	−65.277	165.001	471.247	567.011	6
7	153 49 12	10	153 49 22	137 45 40	167.041	−123.669	112.289	−0.010	0.019	−123.679	112.308	405.970	732.012	7
C	287 59 47	10	287 59 57	29 45 43								282.291	844.320	C
D														D
∑	847 16 05	50			757.821	−250.754	650.834	−0.044	0.088	−250.798	650.922			

附图：

辅助计算

$f_\beta = \alpha'_{CD} - \alpha_{CD} = \alpha_{AB} + 5 \times 180° - \sum \beta_{测} - \alpha_{CD} = 50''; \quad f_{容} = \pm 60'' \sqrt{5} = \pm 134'' \ (f_\beta < f_{容})$

$f_x = \sum \Delta x_{ij测} - (x_C - x_B) = 0.044 \text{ m}; \quad f_y = \sum \Delta y_{ij测} - (y_C - y_B) = -0.088 \text{ m}$

$f_D = \sqrt{f_x^2 + f_y^2} = 0.098 \text{ m}; \quad K = \dfrac{f_D}{\sum D} \approx \dfrac{1}{7\,700} \left(K < K_{容} = \dfrac{1}{2\,000} \right)$

根据 B、C 两点的坐标，可以利用坐标反算的公式计算出 B、C 两点连线（称为导线闭合边）的方位角 α_{BC} 和闭合边长 L_{BC}，同理，根据 B、C' 两点的坐标计算出 B、C' 两点连线（称为假定闭合边）的方位角 α'_{BC} 和假定闭合边长 L'_{BC}。

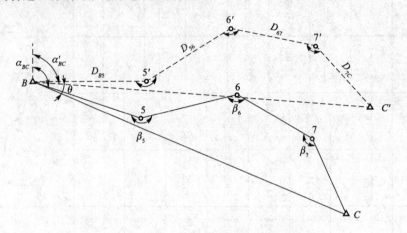

图 3-5-8　无定向附合导线的计算

由此可以计算出（真假）方位角差 θ 和（真假）闭合边长比 R：

$$\theta = \alpha_{BC} - \alpha'_{BC} \tag{3-5-22}$$

$$R = L_{BC}/L'_{BC} \tag{3-5-23}$$

闭合边长比 R 是检验无定向附合导线测量精度的重要指标，R 值应该接近于 1，另外，也可以用导线全长相对闭合差 K 的形式表示：

$$K = \frac{|L_{BC} - L'_{BC}|}{\sum D} = \frac{1}{\sum D/|L_{BC} - L'_{BC}|} \tag{3-5-24}$$

根据方位角差 θ 可以将导线各边的假定方位角换算成真实方位角，计算公式为

$$\alpha_i = \alpha'_i + \theta \tag{3-5-25}$$

根据闭合边长比 R 可以计算长度改正之后的导线边长，计算公式为

$$D_{\text{改}i} = D_i \times R \tag{3-5-26}$$

用各边的真实方位角 α_i 和改正后的边长，计算各边的坐标增量。表 3-5-4 所示为无定向附合导线坐标计算表。

3. 支导线

图 3-5-9 所示为支导线，起点为已知点，且已知起始边方位角 α_{CD}，外业观测连接角 β_C 及各导线边的边长 D 和转折角 β，其计算步骤为：导线各边坐标方位角的推算；坐标增量的计算；坐标的计算。由于支导线的计算无检核条件，故其精度和可靠性较差，实际工作中应尽量避免使用。

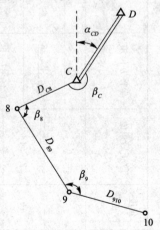

图 3-5-9　支导线

表 3-5-4　无定向附合导线坐标计算表

点号	转折角观测值 /° ′ ″	角度改正数 /″	改正后角值 /° ′ ″	坐标方位角 /° ′ ″	边长/m	坐标增量计算值 Δx/m	坐标增量计算值 Δy/m	坐标方位角 /° ′ ″	边长/m	改正后坐标增量 Δx/m	改正后坐标增量 Δy/m	坐标 x/m	坐标 y/m	点号
B				90 00 00	197.928	0	197.928	124 07 40	197.957	−111.062	163.866	533.089	193.398	B
5	227 20 24			42 39 36	215.431	158.425	145.986	76 47 16	215.462	49.245	209.759	422.027	357.264	5
6	145 12 06			77 27 30	177.421	38.527	173.187	111 35 10	177.447	−65.283	165.002	471.272	567.023	6
7	153 49 12			103 38 18	167.043	−39.387	162.333	137 45 58	167.067	−123.698	112.295	405.989	732.025	7
C												282.291	844.320	C
$\sum$					757.823	157.565	679.434			−250.798	650.922			

辅助计算

$\alpha_{BC} = 111°04'17''$　　$L_{BC} = 697.567\ \text{m}$　　$K = \dfrac{|L_{BC} - L'_{BC}|}{\sum D} \approx 1/7\,400$

$\alpha'_{BC} = 76°56'37''$　　$L'_{BC} = 697.465\ \text{m}$

$\theta = \alpha_{BC} - \alpha'_{BC} = 34°07'40''$　　$R = L_{BC}/L'_{BC} = 1.000\,14\,573$

附图：

$B\triangle$ —— 5(β_5) —— 6(β_6) —— 7(β_7) —— $C\triangle$　　边长 D_{B5}、D_{56}、D_{67}、D_{7C}

· 85 ·

3.5.3　全站仪导线三维坐标测量

传统的导线测量是将测角和测边分开进行的，效率低，且计算过程复杂。由于全站仪具有坐标测量的功能，因此在图根控制测量中可使用全站仪直接得到观测点的三维坐标。在成果处理时，可以将坐标作为观测值。

1. 外业观测工作

全站仪导线测量的外业工作除踏勘选点及建立标志外，主要应测得导线点的坐标和相邻点之间的边长，并以此作为观测值，如图 3-5-10 所示。其观测步骤如下：将全站仪安置于起始点 B（高级控制点），按距离及三维坐标的测量方法测定控制点 B 与 1 点的距离 D_{B1} 及 1 点的坐标(x_1', y_1')。再将仪器安置在已测坐标的 1 点上，用同样的方法测得 1、2 点间的距离和 2 点的坐

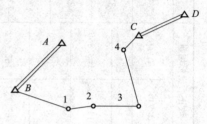

图 3-5-10　全站仪导线测量

标(x_2', y_2')。依此方法进行观测，最后测得终点 C（高级控制点）的坐标观测值(x_C', y_C')。

由于 C 点为高级控制点，其坐标已知。在实际测量中，由于各种因素的影响，C 点的坐标观测值一般不等于其已知值，因此，需要进行观测成果的处理。

2. 以坐标为观测值的导线坐标计算

设 C 点坐标的已知值为(x_C, y_C)，由于其坐标的观测值为(x_C', y_C')，则纵、横坐标闭合差为

$$f_x = x_C' - x_C$$
$$f_y = y_C' - y_C \tag{3-5-27}$$

由此可计算出导线全长闭合差：

$$f_D = \sqrt{f_x^2 + f_y^2} \tag{3-5-28}$$

导线全长闭合差 f_D 是随着导线的长度增大而增大，所以导线测量的精度是用导线全长相对闭合差 K（导线全长闭合差 f_D 与导线全长 $\sum D$ 的比值）来衡量的，即

$$K = \frac{f_D}{\sum D} = \frac{1}{\sum D / f_D} \tag{3-5-29}$$

导线全长相对闭合差 K 通常用分子是 1 的分数形式表示，若 $K \leqslant K_容$，表明测量结果满足精度要求，则可按下式计算各点坐标的改正数：

$$v_{xi} = -\frac{f_x}{\sum D} \cdot \sum D_i$$
$$v_{yi} = -\frac{f_y}{\sum D} \cdot \sum D_i \tag{3-5-30}$$

式中　$\sum D$——导线的全长；

　　$\sum D_i$——第 i 点之前导线边长之和。

根据各点坐标观测值 x_i'、y_i'和各点坐标的改正数，可按下列公式依次计算各导线点的坐标：

$$x_i = x_i' + v_{xi}$$
$$y_i = y_i' + v_{yi}$$
$$\tag{3-5-31}$$

另外,由于全站仪测量可以同时测得导线点的坐标和高程,因此高程的计算可与坐标计算一并进行,高程闭合差为

$$f_H = H_C' - H_C \tag{3-5-32}$$

式中　H_C'——C 点的高程观测值;

H_C——C 点的已知高程。

各导线点的高程改正数为

$$v_{Hi} = -\frac{f_H}{\sum D} \cdot \sum D_i \tag{3-5-33}$$

改正后各导线点的高程为

$$H_i = H_i' + v_{Hi} \tag{3-5-34}$$

表 3-5-5 所示为以坐标为观测值的导线计算表。

3.5.4　Excel 软件进行导线坐标计算

在表格中进行导线的计算是较为直观而方便的,尤其是利用 Excel 软件,将导线计算的公式纳入设计的表格,可达到自动连续推算的目的。不同的导线形式,其计算程序稍有不同。

以表 3-5-2 闭合导线坐标计算表为例,利用 Excel 软件进行坐标计算。计算过程及结果如图 3-5-11 所示,步骤如下:

(1)在 B、C、D 三列分别输入观测角值的度、分、秒;

(2)在"E6"单元格编辑公式"=B6+C6/60+D6/3 600",将观测角的单位换算为"°";

(3)在"C21"单元格编辑公式"=(E18-(C22-2)*180)*3 600",计算角度闭合差,"E18"为转折角观测值的和,"C22"为闭合导线边数;

(4)在"F6"单元格编辑公式"=-\$C\$21/\$C\$22",计算角度改正数,单位为"'";

(5)在"G6"单元格编辑公式"=E6+F6/3 600",计算角度改正数,单位为"°";

(6)在"H5"单元格编辑公式"=E20","E20"为换算单位为"°"的起始边方位角;

(7)在"H7"单元格编辑公式"=IF(H5-G6+180<0,H5-G6+180+360,IF(H5-G6+180>360,H5-G6+180-360,H5-G6+180))",按右角公式进行方位角推算;

(8)在 I 列输入观测边长;

(9)在"J5"和"K5"单元格分别编辑公式"=ROUND(I5*COS(RADIANS(H5)),3)"和"=ROUND(I5*SIN(RADIANS(H5)),3)",计算坐标增量;

(10)在"K21"单元格编辑公式"=ROUND(SQRT(J18^2+K18^2),3)",计算导线全长闭合差,"J18"为纵坐标增量闭合差,"K18"为横坐标增量闭合差;

(11)在"K22"单元格编辑公式"=INT(I18/K21)",计算导线全长相对闭合差,"I18"为导线边长和;

(12)在"L5"和"M5"单元格分别编辑公式"=-ROUND(\$J\$18/\$I\$18*I5,3)"和"=ROUND(-\$K\$18/\$I\$18*I5,3)",计算坐标增量改正数;

表 3-5-5 以坐标为观测值的导线计算表

点号	坐标观测值/m			边长 D/m	坐标改正数/m			改正后坐标/m			点号
	x'_i	y'_i	H'_i		v_{xi}	v_{yi}	v_{Hi}	x_i	y_i	H_i	
A								27 654.173	16 814.216	462.874	A
B	26 861.436	18 173.156	467.102	1 573.261	−0.005	0.004	0.006	26 861.431	18 173.160	467.108	B
1	27 150.098	18 988.951	460.912	865.360	−0.008	0.006	0.009	27 150.090	18 988.957	460.921	1
2	27 286.434	20 219.444	451.446	1 238.023	−0.012	0.009	0.013	27 286.422	20 219.453	451.459	2
3	29 104.742	20 331.319	462.178	1 821.746	−0.018	0.014	0.020	29 104.724	20 331.333	462.198	3
4				507.681							4
C	29 564.269	20 547.130	468.518		−0.019	0.016	0.022	29 564.250	20 547.146	468.540	C
D				$\sum D = 6\,006.071$							D

附图：

辅助计算

$$f_x = x'_C - x_C = 29\,564.269 - 29\,564.250 = +0.019\ (\text{m})$$

$$f_y = y'_C - y_C = 20\,547.130 - 20\,547.146 = -0.016\ (\text{m})$$

$$f_D = \sqrt{f_x^2 + f_y^2} = 24\ \text{mm}$$

$$K \approx \frac{1}{250\,000}$$

$$f_H = H'_C - H_C = 468.518 - 468.540 = -0.022\ (\text{m})$$

(13)在“N5”和“O5”单元格分别编辑公式“＝J5＋L5”和“＝K5＋M5”，计算改正后的坐标增量；

(14)在“P4”和“Q4”单元格分别输入已知点的 x 和 y 坐标；

(15)在“P5”和“Q5”单元格分别编辑公式“＝P4＋N5”和“＝Q4＋O5”，计算坐标。

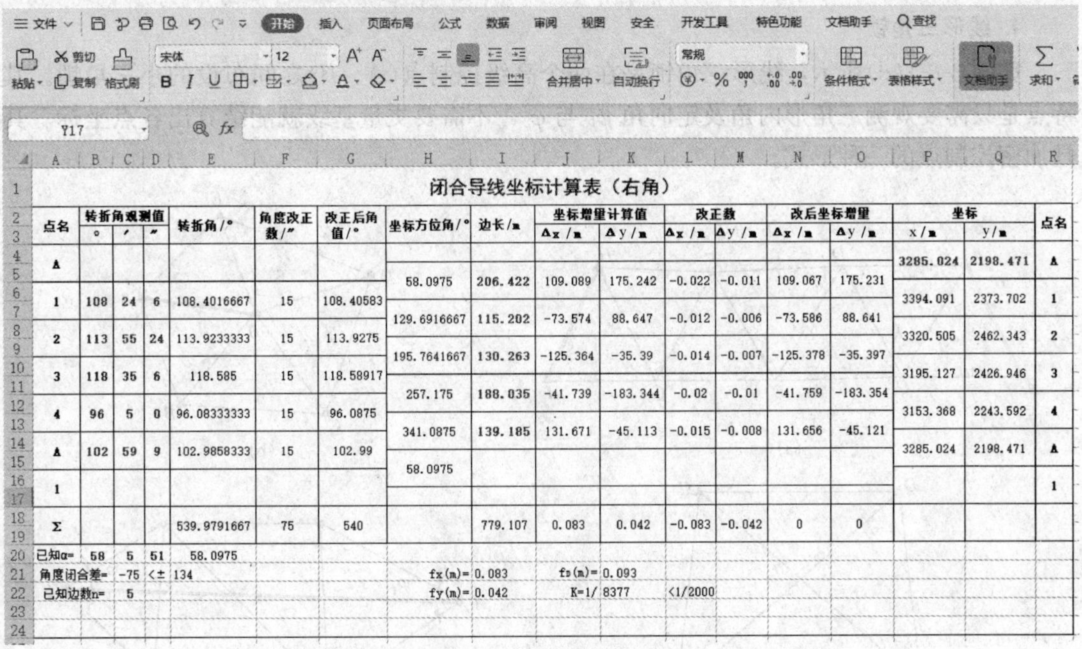

闭合导线坐标计算表（右角）

点名	转折角观测值			转折角/°	角度改正数/″	改正后角值/°	坐标方位角/°	边长/m	坐标增量计算值		改正数		改后坐标增量		坐标		点名
	°	′	″						Δx/m	Δy/m	Δx/m	Δy/m	Δx/m	Δy/m	x/m	y/m	
A															3285.024	2198.471	A
							58.0975	206.422	109.089	175.242	-0.022	-0.011	109.067	175.231			
1	108	24	6	108.4016667	15	108.40583									3394.091	2373.702	1
							129.6916667	115.202	-73.574	88.647	-0.012	-0.006	-73.586	88.641			
2	113	55	24	113.9233333	15	113.9275									3320.505	2462.343	2
							195.7641667	130.263	-125.364	-35.39	-0.014	-0.007	-125.378	-35.397			
3	118	35	6	118.585	15	118.58917									3195.127	2426.946	3
							257.175	188.035	-41.739	-183.344	-0.02	-0.01	-41.759	-183.354			
4	96	5	0	96.08333333	15	96.0875									3153.368	2243.592	4
							341.0875	139.185	131.671	-45.113	-0.015	-0.008	131.656	-45.121			
A	102	59	9	102.9858333	15	102.99									3285.024	2198.471	A
							58.0975										
1																	1
Σ				539.9791667	75	540		779.107	0.083	0.042	-0.083	-0.042	0	0			
已知α=	58	5	51	58.0975													
角度闭合差=	-75	<±		134			fx(m)=	0.083	fs(m)=	0.093							
已知边数n=	5						fy(m)=	0.042	K=1/	8377	<1/2000						

图 3-5-11 闭合导线坐标计算

3.6 小三角测量

小三角测量是建立小区域平面控制的一种方法，将测区各控制点组成相互连接的若干个三角形而构成三角网，这些三角形的顶点称为三角点。所谓小三角测量，就是在小范围内布设边长较短的小三角网，观测所有三角形的各内角，精确丈量至少一条边的长度(基线)，先对角度进行调整，然后应用正弦定律计算出各三角形的边长，再根据已知边的坐标方位角、已知点坐标(或假定坐标)推算各点坐标。与导线测量相比，它具有量距工作量少而测角任务较重的特点。

根据测区地形条件，已有高级控制点分布情况及工程等要求，小三角网可布设成以下几种形式。

1. 单三角锁

如图 3-6-1(a)所示，单三角锁是由若干个单三角形组成的带状图形，两端各设有一条基线 AB 和 HI。单三角锁是在隧道勘测时常用的形式，还用于在独立地区建立首级控制。

2. 中点多边形

如图 3-6-1(b)所示，中点多边形是由几个三角形共一个顶点组成的中点多边形，OA 为基线。其是小区域的方圆测区建立测图控制时常用的形式。

3. 大地四边形

如图 3-6-1(c)所示，大地四边形是以 AB 为基线具有对角线的四边形。其是建立桥梁控制网常用的形式。

4. 线形三角锁

如图 3-6-1(d)所示，线形三角锁是在两个高级控制点(A、B)之间布设的小三角锁。其特点是只需要观测三角形内角及定向角 φ_1 与 φ_2，不需要丈量基线就能结算出各点坐标。其是加密控制点的一种形式。

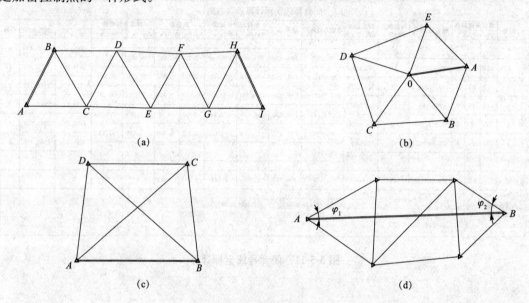

图 3-6-1 小三角网布设形式

(a)单三角锁；(b)中点多边形；(c)大地四边形；(d)线形三角锁

3.6.1 小三角测量的外业工作

小三角测量的外业工作主要包括踏勘选点和建立标志、丈量基线和观测水平角。各项工作均应按相关规定完成，表 3-6-1 所示为工程中各等级三角网测量的主要技术要求。

表 3-6-1 各等级三角网测量的主要技术要求

等级	平均边长/km	测角中误差/″	测边相对中误差	最弱边边长相对中误差	测回数 1″级仪器	测回数 2″级仪器	测回数 6″级仪器	三角形最大闭合差/″
二等	9	1	≤1/250 000	≤1/12 000	12	—	—	3.5
三等	4.5	1.8	≤1/150 000	≤1/70 000	6	9	—	7
四等	2	2.5	≤1/100 000	≤1/40 000	4	6	—	9
一级	1	5	≤1/40 000	≤1/20 000	—	2	4	15

等级	平均边长/km	测角中误差/″	测边相对中误差	最弱边边长相对中误差	测回数			三角形最大闭合差/″
					1″级仪器	2″级仪器	6″级仪器	
二级	0.5	10	≤1/20 000	≤1/10 000	—	1	2	30

注：当测区测图的最大比例尺为1∶1 000时，一、二级网的平均边长可适当放长，但不应大于表中规定长度的2倍。

1. 踏勘选点和建立标志

与导线测量相似，选点前应收集测区已有的地形图和控制点的成果资料，先在地形图上设计布网方案，然后到野外去踏勘选点，根据实际地形选定布网方案及点位。

选定小三角点位时应注意以下几点：

(1)各三角形的边长应接近于相等，其三角形的内角不应小于30°；当受地形条件限制时，个别角可放宽，但不应小于25°。

(2)小三角点应选在土质坚实、视野开阔，便于保存点位和便于测图的地方，并且相邻三角点之间应通视良好，便于角度观测。

(3)基线位置应选在地势平坦、易于量距的地段。

小三角点选定后，与导线相似，应根据需要建立标志，并依次进行编号，绘制点位略图。

2. 丈量基线

3. 观测水平角

水平角测量是小三角测量外业的主要工作。当观测方向为两个时，采用测回法；当观测方向为两个以上时，采用方向观测法。当一个三角形的内角测出后，应立即计算角度闭合差，若超过限差规定，应及时分析原因重测。若为独立的小三角，还应用罗盘仪测定起始边的磁方位角。

3.6.2 小三角测量的内业工作

小三角测量内业计算的最终目的是计算各三角点的坐标。内业计算前，应仔细全面地检查测量的外业记录，检查数据是否齐全，有无记错、算错，是否符合精度要求，起算数据是否准确，然后绘制出略图，在图上注明高级控制点(已知点)及三角点点号等。数值计算时，角度值取至秒，长度和坐标值取至毫米。下面分别介绍单三角锁和大地四边形的近似平差计算。

1. 单三角锁的计算

如图3-6-2所示，单三角锁应满足两个几何条件：一是图形条件，即各三角形内角和应为180°；二是基线条件，即由起算边 D_0 用内角推算的终边基线长度应等于实测值 D_n。计算前，先绘制计算略图，并对三角形的内角进行编号。按推算方向，将传距边(又称前进边)所对的角编号为 a_i，已知边所对的角编号为 b_i，第三边(又称间隔边)所对的角编号为 c_i。

(1)角度闭合差的计算与调整——第一次角值改正。由于角度观测值带有误差，以致不能满足图形条件，产生角度闭合差 f_i，即

$$f_i = a_i + b_i + c_i - 180°$$ (3-6-1)

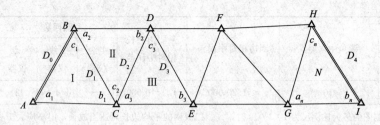

图 3-6-2 单三角锁

f_i 容许值随等级而异，对于图根级小三角容许值为 ±60″。角度闭合差调整的原则：将 f_i 以反符号平均分配到各观测角；若不能均分，将余数分配给大角所对应的改正数上，即各角度的改正数为

$$V_{ai}=V_{bi}=V_{ci}=-\frac{f_i}{3} \tag{3-6-2}$$

则各三角形内角调整以后的值（又称为改正值）为

$$\begin{aligned}a'_i &= a_i + V_{ai}\\ b'_i &= b_i + V_{bi}\\ c'_i &= c_i + V_{ci}\end{aligned} \tag{3-6-3}$$

调整后的内角和必须等于理论值，即

$$a'_i + b'_i + c'_i = 180° $$

（2）基线闭合差的计算与调整——第二次角值改正。根据正弦定理，用改正后的角值 a'_i、b'_i，按计算 D_1、D_2、…、D_n 的推算程序列基线方程式

$$D'_n = D_0 \frac{\sin a'_1 \sin a'_2 \cdots \sin a'_n}{\sin b'_1 \sin b'_2 \cdots \sin b'_n} = D_0 \frac{\Pi \sin a'_i}{\Pi \sin b'_i} \tag{3-6-4}$$

由于经第一次改正后的角值 a'_i、b'_i 及丈量的基线均不可能完全没有误差，而产生基线闭合差。因为基线丈量的精度较高，其误差可略去不计，故仍需要对 a'_i、b'_i 角进行第二次改正，以消除基线闭合差。欲使 $D'_n = D_n$，应对 a'_i、b'_i 加上第二次改正数 V'_{ai}、V'_{bi}，即

$$D_n = D_0 \cdot \frac{\Pi \sin(a'_i + V'_{ai})}{\Pi \sin(b'_i + V'_{bi})} \tag{3-6-5}$$

对式(3-6-5)两端取自然对数，即有

$$\text{in} D_0 + \sum_{i=1}^{n} \text{in}\sin(a'_i + V'_{ai}) = \text{in} D_n - \sum_{i=1}^{n} \text{in}\sin(b'_i + V'_{bi}) \tag{3-6-6}$$

由于各改正数 V'_{ai}、V'_{bi} 的绝对值一般都很小，故式(3-6-6)中各正弦对数可用泰勒级数展开，仅取其前二项得

$$\begin{aligned}\text{in}\sin(a'_i + V'_{ai}) &= \text{in}\sin a'_i + \cot a'_i \cdot \frac{V'_{ai}}{\rho''}\\ \text{in}\sin(b'_i + V'_{ai}) &= \text{in}\sin b'_i + \cot b'_i \cdot \frac{V'_{bi}}{\rho''}\end{aligned} \tag{3-6-7}$$

式中　V'_{ai}、V'_{bi}——一般为秒单位，则 $\rho''=206\,265''$。

将式(3-6-7)代入式(3-6-6)，即有

$$\text{in} D_0 + \sum_{i=1}^{n}\left(\text{in}\sin a'_i + \cot a'_i \cdot \frac{V'_{ai}}{\rho''}\right) - \text{in} D_n + \sum_{i=1}^{n}\left(\text{in}\sin b'_i + \cot b'_i \cdot \frac{V'_{bi}}{\rho''}\right) = 0 \tag{3-6-8}$$

将式(3-6-8)整理后得

$$\sum_{i=1}^{n}(\cot a_i' \cdot V_{ai}' - \cot b_i' \cdot V_{bi}') + \rho'' \ln\left(\frac{D_0 \prod\limits_{i=1}^{n}\sin a_i'}{D_n \prod\limits_{i=1}^{n}\sin b_i'}\right) = 0 \qquad (3\text{-}6\text{-}9)$$

式中，$\ln\left(\dfrac{D_0 \prod\limits_{i=1}^{n}\sin a_i'}{D_n \prod\limits_{i=1}^{n}\sin b_i'}\right)$的值趋近于 1，且大于 1/2，根据幂级数展开式二次以上高次项略

去，得

$$\ln\left(\frac{D_0 \prod\limits_{i=1}^{n}\sin a_i'}{D_n \prod\limits_{i=1}^{n}\sin b_i'}\right) = 1 - \ln\left(\frac{D_0 \prod\limits_{i=1}^{n}\sin a_i'}{D_n \prod\limits_{i=1}^{n}\sin b_i'}\right) \qquad (3\text{-}6\text{-}10)$$

令

$$\left(1 - \frac{D_0 \prod\limits_{i=1}^{n}\sin a_i'}{D_n \prod\limits_{i=1}^{n}\sin b_i'}\right) \cdot \rho'' = W_S \qquad (3\text{-}6\text{-}11)$$

将式(3-6-11)代入式(3-6-9)，即得基线条件方程式的最后形式，即

$$\sum_{i=1}^{n}(\cot a_i' \cdot V_{ai}' - \cot b_i' \cdot V_{bi}'') + W_S = 0 \qquad (3\text{-}6\text{-}12)$$

由于测角精度相同，为了不破坏已满足精度要求的图形条件，改正数 V_{ai}'、V_{bi}' 绝对值相
等而符号相反，即

$$V_{ai}' = -V_{bi}' \qquad (3\text{-}6\text{-}13)$$

解出第二次角值改正数为

$$V_{ai}' = -V_{bi}' = -\frac{W_S}{\sum\limits_{i=1}^{n}(\cot a_i' + \cot b_i')} \qquad (3\text{-}6\text{-}14)$$

最后的平差角值 A_i、B_i、C_i 应为

$$\left.\begin{array}{l} A_i = a_i' + V_{ai}' \\ B_i = b_i' + V_{bi}' \\ C_i = c_i' \end{array}\right\} \qquad (3\text{-}6\text{-}15)$$

平差角应满足所有条件方程式，以作校核，即

$$\left.\begin{array}{l} A_i + B_i + C_i = 180° \\ \dfrac{D_0 \prod\limits_{i=1}^{n}\sin A_i}{D_0 \prod\limits_{i=1}^{n}\sin B_i} = 1 \end{array}\right\} \qquad (3\text{-}6\text{-}16)$$

(3)边长和坐标的计算。根据基线长度和平差后的角值用正弦定理可以算出锁中其他各
边长度，从图 3-6-2 第Ⅰ个三角形中，可以写出

$$\frac{D_0}{\sin B_1} = \frac{D_{AC}}{\sin C_1} = \frac{D_{BC}}{\sin A_1} = K \qquad (3\text{-}6\text{-}17)$$

这样就可以计算出 AC 和 BC 的边长。同理，可以推算出三角形Ⅱ、Ⅲ…各边的长度，
直至终边 D_n 校核正确时为止。各三角点的坐标可按闭合导线进行推算。表 3-6-2 所示为单
三角锁平差计算表。

表3-6-2 单三角锁平差计算表

三角形编号	角编号	角度观测值 /° ′ ″	第一次改正值/″	第一次改正后角值 /° ′ ″	第二次改正值/″	平差后角值 /° ′ ″	边长 /m	边名
I	b_1	58 28 30	−4	58 28 26	+4	58 28 30	234.375	$AB(D_0)$
	c_1	42 29 56	−4	42 29 52		42 29 52	185.749	AC
	a_1	79 01 46	−4	79 01 42	−4	79 01 38	269.928	BC
	$\sum$	180 00 12	−12	180 00 00		180 00 00		
II	b_2	53 09 30	+2	53 09 32	+4	53 09 36	269.928	BC
	c_2	67 06 06	+2	67 06 08		67 06 08	301.701	BD
	a_2	59 44 18	+2	59 44 20	−4	59 44 16	291.316	CD
	$\sum$	179 59 54	+6	180 00 00		180 00 00		
III	b_3	66 07 30	−6	66 07 24	+4	66 07 28	291.316	CD
	c_3	62 16 58	−6	62 16 52		62 16 52	282.018	CE
	a_3	51 35 50	−6	51 35 44	−4	51 35 40	249.648	DE
	$\sum$	180 00 18	−18	180 00 00		180 00 00		
IV	b_4	52 24 15	+5	52 24 20	+4	52 24 24	249.648	DE
	c_4	39 41 15	+5	39 41 20		39 41 20	201.209	DF
	a_4	87 54 15	+5	87 54 20	−4	87 54 16	314.858	EF
	$\sum$	179 59 45	+15	180 00 00		180 00 00		
V	b_5	65 58 40	−9	65 58 31	+4	65 58 35	314.858	EF
	c_5	49 45 36	−9	49 45 27		49 45 27	263.129	EG
	a_5	64 16 11	−9	64 16 02	−4	64 15 58	310.529	$FG(D_n)$
	$\sum$	180 00 27	−27	180 00 00		180 00 00		

辅助计算

$$W_S = \left(1 - \frac{D_n}{D_0}\prod_{i=1}^{n}\frac{\sin b_i'}{\sin a_i'}\right)\times\rho'' = 21.10''$$

$$\sum_{i=1}^{n}(\cot b_i' + \cot a_i') = 5.10$$

$$V_{ai}' = -V_{bi}' = -\frac{W_S}{\sum\limits_{i=1}^{n}(\cot b_i' + \cot a_i')}$$

附图：

2. 大地四边形的计算

如图 3-6-3 所示，在大地四边形中，AB 边为已知边或基线边。当 AB 边为基线边时，A、B 两点至少有一个点为已知点，且 AB 边的坐标方位角应为已知。从 AB 边开始，沿顺时针方向将各个观测内角编号为 a_1、b_1、a_2、b_2、a_3、b_3、a_4、b_4。大地四边形的内业计算与单三角锁的内业计算的基本思路是相同的，但是由于网形的区别，其计算方法也略有差异，下面就介绍大地四边形的近似平差计算。

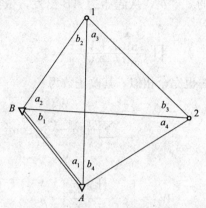

图 3-6-3 大地四边形

(1)角度闭合差的计算与调整——第一次角值改正。大地四边形可列出多个图形条件方程，其中只有三个是独立的。这里取四边形内角和及两个对顶角为图形条件，即

$$
\left.\begin{array}{l}
a_1+a_2+a_3+a_4+b_1+b_2+b_3+b_4-360°=0 \\
(a_1+b_1)-(a_3+b_3)=0 \\
(a_2+b_2)-(a_4+b_4)=0
\end{array}\right\} \tag{3-6-18}
$$

因为角度观测带有误差，使上述条件不能满足，故产生闭合差：

$$
\left.\begin{array}{l}
f_1=\sum_{i=1}^{4}a_i+\sum_{i=1}^{4}b_i-360° \\
f_2=(a_1+b_1)-(a_3+b_3) \\
f_3=(a_2+b_2)-(a_4+b_4)
\end{array}\right\} \tag{3-6-19}
$$

角度闭合差按等精度观测平均分配的原则，为了消除 f_1，每个角度应该改正 $-f_1/8$；为了消除 f_2 并使改正后第一个条件不受破坏，a_1、b_1 应各改正 $-f_2/4$，而 a_3、b_3 应各改正 $+f_2/4$；同理，a_2、b_2 应改正 $-f_3/4$，a_4、b_4 应改正 $+f_3/4$。所以，第一次角值改正数应为

$$
\left.\begin{array}{l}
V_{a1}=V_{b1}=-f_1/8-f_2/4 \\
V_{a2}=V_{b2}=-f_1/8-f_3/4 \\
V_{a3}=V_{b3}=-f_1/8-f_2/4 \\
V_{a4}=V_{b4}=-f_1/8-f_3/4
\end{array}\right\} \tag{3-6-20}
$$

第一次改正后的角值 a_i'、b_i' 应为

$$
\left.\begin{array}{l}
a_i'=a_i+V_{ai} \\
b_i'=b_i+V_{bi}
\end{array}\right\} \tag{3-6-21}
$$

调整后的各角应满足以下条件：

$$\sum_{i=1}^{4} a'_i + \sum_{i=1}^{4} b'_i = 360°$$
$$a'_1 + b'_1 = a'_3 + b'_3$$
$$a'_2 + b'_2 = a'_4 + b'_4 \tag{3-6-22}$$

(2)基线闭合差的计算与调整——第二次角值改正。与单三角锁基线条件式相似，根据正弦定理，用第一次改正后的 a'_i、b'_i，从起始边 AB 出发，依次进行推算，得边长条件方程式：

$$\prod_{i=1}^{4} \frac{\sin(a'_i + V'_{ai})}{\sin(b'_i + V'_{bi})} = 1 \tag{3-6-23}$$

计算第二次改正数的方法也完全相似，其改正数为

$$V'_{ai} = -V'_{bi} = -\frac{W_s}{\sum_{i=1}^{4} \cot a'_i + \sum_{i=1}^{4} \cot b'_i} \tag{3-6-24}$$

式中

$$W_s = \left\{ 1 - \frac{\prod_{i=1}^{4} \sin b'_i}{\prod_{i=1}^{4} \sin a'_i} \right\} \cdot \rho'' \tag{3-6-25}$$

最后平差角值 A_i、B_i 应为

$$\left. \begin{array}{l} A_i = a'_i + V'_a \\ B_i = b'_i + V'_b \end{array} \right\} \tag{3-6-26}$$

平差角应满足所有条件方程式，以作校核，即

$$\left. \begin{array}{l} \sum_{i=1}^{4} A'_i + \sum_{i=1}^{4} B'_i = 360° \\ (A_1 + B_1) - (A_3 + B_3) = 0 \\ (A_2 + B_2) - (A_4 + B_4) = 0 \\ \sum_{i=1}^{4} \frac{\sin A_i}{\sin B_i} = 1 \end{array} \right\} \tag{3-6-27}$$

(3)边长和坐标计算。根据平差后的角值和起始边长推算各边长，校核无误后可按闭合导线推算各三角点坐标。表 3-6-3 所示为大地四边形平差计算表。

表 3-6-3　大地四边形平差计算表

角度编号	角度观测值 /° ′ ″	第一次改正数 −f₁/8 /″	第一次改正数 ±f₂/4 ±f₃/4 /″	Σ /″	第一次改正后角值 /° ′ ″	第二次改正值 /″	平差后角值 /° ′ ″	边长 /m	边名
a_1	50　29　30	+3	+1	+4	50　29　34	−4	50　29　30	100.669	AB
b_1	72　29　07	+3	+1	+4	72　29　11	+4	72　29　15		
a_1+b_1	122　58　37				122　58　45				
a_2	28　08　56	+3	−2	+1	28　08　57	−4	28　08　53	160.851	B1
b_2	28　52　18	+3	−3	0	28　52　18	+4	28　52　22		
a_2+b_2	57　01　14				57　01　15				
a_3	76　19　11	+3	−1	+2	76　19　13	−4	76　19　09	104.334	12
b_3	46　39　30	+3	−1	+2	46　39　32	+4	46　39　36		
a_3+b_3	122　58　41				122　58　45				
a_4	27　39　48	+3	+2	+5	27　39　53	−4	27　39　49	206.779	2A
b_4	29　21　16	+3	+3	+6	29　21　22	+4	29　21　26		
a_4+b_4	57　01　04				57　01　15				
$\sum$	359　59　36	+24			360　00　00	0	360　00　00		

辅助计算：

$f_1 = -24''$

$f_2 = -4''$

$f_3 = 10''$

$$w_S = \left(1 - \prod_{i=1}^{4}\frac{\sin b_i'}{\sin a_i'}\right) \times \rho'' = 39.57''$$

$$\sum_{i=1}^{4}(\cot a_i' + \cot b_i') = 9.69$$

$$V_{ai}' = -V_{bi}' = -\frac{w_S}{\sum(\cot a_i' + \cot b_i')} = -4''$$

附图：

· 97 ·

3.6.3 Excel 软件进行三角网坐标计算

以表 3-6-2 单三角锁平差计算表为例，利用 Excel 软件进行坐标计算。计算过程及结果如图 3-6-4 所示。其步骤如下：

单三角锁坐标计算表

三角形编号	角编号	角度观测值 °	′	″	角度观测值/°	第一次改正值/″	第一次改正后角值/°	正弦值	余切值	第二次改正后角值/″	平差后角值/°	平差后正弦值	边长/m	边名
	b1	58	28	30	58.475	-4	58.47388889	0.852402	0.61	4	58.475	0.852412	234.375	AB（D0）
1	c1	42	29	56	42.49888889	-4	42.49777778				42.49777778	0.675562	185.749	AC
	a1	79	1	46	79.02944444	-4	79.02833333	0.981721	0.19	-4	79.02722222	0.981718	269.928	BC
	Σ				180.0033333	-12	180				180			
	b2	53	9	30	53.15833333	2	53.15888889	0.800301	0.75	4	53.16	0.800313	269.928	BC
2	c2	67	6	6	67.10166667	2	67.10222222				67.10222222	0.9212	310.701	BD
	a2	59	44	18	59.73833333	2	59.73888889	0.863738	0.58	-4	59.73777778	0.863728	291.316	CD
	Σ				179.9983333	6	180				180			
	b3	66	7	30	66.125	-6	66.12333333	0.914419	0.44	4	66.12444444	0.914427	291.316	CD
3	c3	62	16	58	62.28277778	-6	62.28111111				62.28111111	0.88524	282.018	CE
	a3	51	35	50	51.59722222	-6	51.59555556	0.783645	0.79	-4	51.59444444	0.783633	249.648	DE
	Σ				180.005	-18	180				180			
	b4	52	24	15	52.40416667	5	52.40555556	0.792349	0.77	4	52.40666667	0.792361	249.648	DE
4	c4	39	41	15	39.6875	5	39.68888889				39.68888889	0.638619	201.209	DF
	a4	87	54	15	87.90416667	5	87.90555556	0.999332	0.04	-4	87.90444444	0.999331	314.858	EF
	Σ				179.9958333	15	180				180			
	b5	65	58	40	65.97777778	-9	65.97527778	0.91337	0.45	4	65.97638889	0.913378	314.858	EF
5	c5	49	45	36	49.76	-9	49.7575				49.7575	0.763317	263.129	EG
	a5	64	16	11	64.26972222	-9	64.26722222	0.900829	0.48	-4	64.26611111	0.90082	310.529	FG（Dn）
	Σ				180.0075	-27	180				180			

∏sina′i=	0.598193415	V′ai=-V′bi(″)= -4 ， D0(m)= 234.375
∏sinb′i=	0.451446529	Dn(m)= 310.529
Ws(″)=	21.1	
Σ(cot′ai+cot′bi)=	5.1	

图 3-6-4　单三角锁平差计算表

（1）在 C、D、E 三列分别输入观测角值的度、分、秒；

（2）在"F4"单元格编辑公式"=C4＋D4/60＋E4/3 600"，将观测角的单位换算为"度"；

（3）在"F7"单元格编辑公式"=SUM(F4：F6)"，计算转折角观测值的和；

（4）在"G4"单元格编辑公式"=－（\$F\$7－180)/3＊3 600"，计算第一次角度改正数，单位为"秒"；

（5）在"H4"单元格编辑公式"=F4＋G4/3 600"，计算第一次改正后的角值，单位为"度"；

（6）在"I4"和"J4"单元格编辑公式"=ROUND(SIN(RADIANS(H4))，6)"和"=ROUND(1/TAN(RADIANS(H4))，2)"，计算正弦值和余切值；

（7）在"F25"单元格编辑公式"=PRODUCT(I6，I10，I14，I18，I22)"，计算∏sina′i；

（8）在"F26"单元格编辑公式"=PRODUCT(I4，I8，I12，I16，I20)"，计算∏sinb′i；

（9）在"F27"单元格分别编辑公式"=ROUND((1－(M26＊F26/M25/F25))＊206 265，2)"，计算 W_s，单位为"s"；

（10）在"F28"单元格编辑公式"＝SUM（J4：J22）"，计算 $\sum(\cot a_i' + \cot b_i')$；

（11）在"I25"单元格编辑公式"＝ROUND（（－F27/F28），0）"，计算第二次角度改正数，单位为"秒"；

（12）在"J4"和"K4"单元格分别编辑公式"＝－＄I＄25"和"＝＄I＄25"；

（13）在"L4"单元格编辑公式"＝H4＋K4/3 600"，计算平差后角值；

（14）在"M4"单元格编辑公式"＝ROUND（SIN（RADIANS（L4）），6）"，计算平差后正弦值；

（15）在"N5"单元格编辑公式"＝ROUND（M5/＄M＄4＊＄N＄4，3）"，计算边长。

3.7　GPS 控制测量

随着我国国民经济的快速增长，作为空间三维坐标测量技术的代表，GPS 技术在工程测量领域中的应用代替了许多传统的测量技术，例如，利用 GPS 技术进行各级工程控制网的测量精密工程测量、工程变形监测、机载航空摄影测量及点位的测设等。GPS 测量技术是一场测量新技术的革命，其应用领域还将不断扩大和拓宽。

1. GPS 定位原理

GPS 定位原理就是利用空间分布的卫星及卫星与地面点的距离交会得出地面点的位置，简而言之，GPS 定位原理就是一种空间距离交会原理。

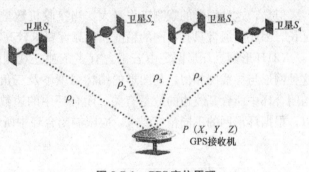

如图 3-7-1 所示，在待定点位置上安装 GPS 接收机，同一时刻接收 4 颗以上 GPS 卫星发射的信号，通过一定的方法测定这 4 颗以上卫星

图 3-7-1　GPS 定位原理

在此瞬间的位置及它们分别至该接收机的距离，据此利用距离交会法解算出测站点 P 的位置。

2. GPS 定位方法分类

（1）按参照位置分类。按参照位置的不同，定位方法可分为绝对定位和相对定位。

1）绝对定位是在协议地球坐标系中，利用一台接收机来测定该点相对于协议地球质心的位置，也称单点定位。这里可认为参考点与协议地球质心相重合。GPS 定位所采用的协议地球坐标系为 WGS-84 坐标系，因此，绝对定位的坐标最初成果为 WGS-84 坐标。

2）相对定位是在协议地球坐标系中，利用两台以上的接收机测定观测点至某一地面参考点（已知点）之间的相对位置，也就是测定地面参考点到未知点的坐标增量。由于星历误差、大气折射误差有相关性，通过观测值求差可消除这些误差，因此相对定位的精度远高于绝对定位的精度。

(2)按用户接收机在作业中的运动状态分类。按用户接收机在作业中的运动状态不同，定位方法可分为静态定位和动态定位。

1)静态定位是在 GPS 定位过程中，测站接收机天线的位置相对固定，用多台接收机在不同的测站上进行相对定位的同步观测，测量时间由几分钟至几小时。通过大量的重复观测测定测站间的相对位置，其中包括与若干已知点的联测，以求得待定点的坐标，成果处理是在外业观测结束以后(非实时的后处理)，测量的精度较高，一般用于控制测量。

2)动态定位是在 GPS 定位过程中，可将测站分为基准站(一般选测站坐标已知的点)和流动站(用户站、测站坐标待定的点)。基准站接收机对所有可观测卫星进行连续观测，根据基准站的已知三维坐标求出各观测值的校正值(距离改正数、坐标改正数等)，并通过无线电台将校正值实时发送给各用户的流动观测站，称为数据通信链；流动站接收机将其接收的 GPS 卫星信号与通过无线电台传来的校正值进行差分计算，实时解算得到流动站点的三维坐标。动态定位作业效率高，精度低于静态定位，一般用于细部测量。

3. GPS 网的基本图形

根据 GPS 测量的不同用途，GPS 网的独立观测边应构成一定的几何图形。图形的基本形式如下：

(1)三角形网。如图 3-7-2 所示，GPS 网中的三角形边由独立观测边组成。根据常规平面测量已经知道，这种图形的几何结构好，具有良好的自检能力，能够有效地发现观测成果的粗差，以保障网的可靠性。同时，经平差后网中相邻点之间基线向量的精度分布均匀。

但是，这种网形的观测工作量大，当接收机数量较少时，将使观测工作的总时间大为延长。因此，通常只有当网的精度和可靠性要求较高时，才单独采用这种图形。

(2)环形网。环形网是由若干含有多条独立观测边的闭合环组成的，如图 3-7-3 所示。这种网形与导线网相似，其图形的结构强度不及三角形网。而环形网的自检能力和可靠性与闭合环中所含基线边的数量有关。闭合环中的边数越多，自检能力和可靠性就越差。所以，根据环形网的不同精度要求，应限制闭合环中所含基线边的数量。

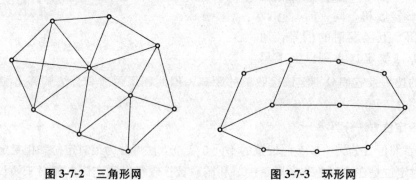

图 3-7-2　三角形网　　　　　图 3-7-3　环形网

环形网观测工作量比三角形网小，也具有较好的自检能力和可靠性。但由于网中非直接观测的边(或称间接边)的精度要比直接观测的基线边低，所以网中相邻点之间的基线精度分布不够均匀。

作为环形网的特例，在实际工作中还可以按照网的用途和实际情况采用附合线路，这种附合线路与前述的附合导线相类似。采用这种图形，附合线路两端的已知基线向量必须具有较高的精度。另外，附合线路所含有的基线边数也有一定的限制。

三角形网和环形网是控制测量和精密工程测量中普遍采用的两种基本图形。在实际工程中，根据情况也可以采用两种图形的混合网形。

（3）星形网。星形网的几何图形如图3-7-4所示。星形网的几何图形简单，但其直接观测边之间，一般不构成闭合图形，所以检核能力差。由于这种网形在观测中一般只需要两台GPS接收机，作业简单，因此，在快速静态定位和动态定位等快速作业模式中，大多采用这种网形。其被广泛用于工程测量、地籍测量和碎部测量等。

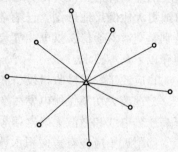

图 3-7-4　星形网的几何图形

4. GPS 测量定位的误差来源

利用GPS测量定位是通过接收机接收卫星播发的星历信息来确定点的三维坐标。从卫星发射信号，信号在介质中传播到接收机接收信号整个过程均受到各种误差的影响，因此，误差主要源于以下三个方面。

（1）与卫星有关的误差，包括卫星时钟误差、卫星星历误差，即卫星轨道偏差、相对论效应误差等。

（2）与信号传播有关的误差，包括电离层折射误差、对流层折射误差、多路径效应误差等。

（3）与接收机有关的误差，包括接收机时钟误差、接收机位置误差、接收机天线相位中心安置误差等。

3.7.1　GPS 控制测量外业工作

GPS控制测量外业工作包括控制点的选择与埋石、外业的静态观测两部分内容。各项工作均应按相关规定完成。表3-7-1所示是工程中各等级GPS控制测量作业的基本技术要求。

表 3-7-1　各等级 GPS 控制测量作业的基本技术要求

等级		二等	三等	四等	一级	二级
卫星高度角/°	静态	≥15	≥15	≥15	≥15	≥15
	快速静态	—	—	—	≥15	≥15
有效观测卫星数	静态	≥5	≥5	≥4	≥4	≥4
	快速静态	—	—	—	≥5	≥5
观测时段长度/min	静态	30～90	20～60	15～45	10～30	10～30
	快速静态	—	—	—	10～15	10～15
数据采样间隔/s	静态	10～30	10～30	10～30	10～30	10～30
	快速静态	—	—	—	5～15	5～15
点位几何图形强度因子 PDOP		≤6	≤6	≤6	≤8	≤8

1. GPS 控制点的选择与埋石

(1)控制点的选择。点位的选择对保证观测工作顺利进行和保证测量结果的可靠性具有重要的意义。选点人员在实地选点前，应收集有关布网任务与测区的资料，包括测区 1∶5 万或更大比例尺地形图，已有各类控制点等。选点人员还应该充分了解和研究测区情况，特别是交通、通信、供电、气象、地质及大地点等情况。在选择 GPS 具体点位时，还应该遵守以下基本要求：

1)应便于安置接收机设备和操作，视野开阔，视场内障碍物的高度角不宜超过 15°。

2)远离大功率无线电发射源(如电视台、电台、微波站等)，其距离不小于 200 m；远离高压输电线和微波无线电信号传输通道，其距离不应小于 50 m。

3)附近不应该有大面积水域或强烈反射卫星信号接收的物体(如大型建筑物等)，以减弱多路径效应的影响。

4)交通方便，并有利于其他测量手段扩展和联测。

5)在地面基础稳定、易于点的保存。

6)充分利用符合要求的已有控制点。

7)尽可能使测站附近的局部环境(地形、地貌、植被等)与周围的大环境保持一致，以减少气象元素的代表性误差。

8)需要水准联测的 GPS 点，应实地踏勘水准路线情况，选择联测水准点并绘制出联测路线图。

(2)埋石。各级 GPS 点均应埋设固定的标石或标志。中心标石是地面 GPS 点的永久性标志，为了长期使用 GPS 测量成果，点的标石必须稳定、坚固，以利于长期保存和使用。标石应设有中心标志，标志中心应刻有清晰、精细的十字线或嵌入不同颜色金属，不同等级的标石埋设深度和尺寸应严格按照相关规范要求来实施。当利用旧点时，应首先确认该点标石完好，并符合相应规格和埋石要求，且能长期保存。埋石结束后应上交 GPS 点之记、标石建造拍摄的照片、埋石工作总结等资料。

2. 外业静态观测

在 GPS 标石成功埋设后，经过一定的稳定期，就需要根据预先设计的网形和调度计划来对 GPS 网进行外业的静态观测。外业静态观测主要可分为仪器的安置、外业观测和观测记录三方面工作。

(1)仪器的安置。

1)天线安置应尽可能利用三脚架，并安置在标志中心的上方直接对中观测，天线基座上的水准气泡必须整平，对中误差不得大于 1 mm。在特殊情况下，方可进行偏心观测，但归心元素应精密测定。

2)天线定向标志线应指向正北，顾及当地磁偏角，修正后其定向误差应不大于±5°，对于定向标志不明显的接收机天线，可预先设置标记，每次按此标记安置仪器。

3)架设天线不宜过低，一般应距离地面 1 m 以上。每时段开机前、天线架设完成后，作业人员应先量取天线高。在圆盘天线间隔 120°的三个方向分别量取天线高。三次测量结果不应超过 3 mm，取其三次结果的平均值记入测量手簿。天线高记录取至 0.001 m。

4)复查点名并记入测量手簿，将天线电缆与仪器进行连接，经检查无误后，方能通电启动仪器。

（2）外业观测。接收机正确安装完成后，启动接收机并经过预热和静置。接收机锁定卫星并开始记录数据后，观测员可按照随机提供的仪器操作手册进行输入和查询操作。在未掌握有关操作系统之前，不要随意按键和输入。一般在正常接收过程中禁止更改任何设置参数。

通常，在外业观测工作中，仪器操作人员应注意以下事项：

1）观测组应严格按规定的时间启动和关闭接收机。

2）经检查接收机电源、电缆和天线等各项连接完全无误后，方可接通电源，启动接收机。

3）开机后，经检验有关指示灯显示正常并通过自检后，方能输入有关测站和时段等控制信息。

4）接收机开始记录数据后，观测者可查看测站信息、接收卫星数、卫星号、卫星健康状况、各通道信噪比、实时定位结果及其变化、存储介质记录和电源情况等。

5）观测期间，作业人员不得擅自离开测站，并应防止仪器受振动和被移动，要防止人员或其他物体靠近、碰动天线或阻挡信号。

6）在作业过程中，不应在天线附近使用无线电通信工具。当必须使用时，无线电通信工具应距离天线 10 m 以上。

（3）观测记录。在外业观测过程中，所有信息均需妥善记录。记录形式主要有以下两种：

1）观测记录。观测记录由 GPS 接收机自动进行，均记录在存储介质上，其主要内容有载波相位观测值及相应的观测历元、同一历元的测码伪距观测值、GPS 卫星星历及卫星钟差参数、实时绝对定位结果、测站控制信息及接收机工作状态信息。

2）测量手簿。测量手簿是在接收机启动前及观测过程中，由观测者随时填写的。其记录格式在现行相关规范中略有差别，视具体工作内容选择进行。观测记录手簿是 GPS 精密定位的依据，所以必须认真、及时填写，坚决杜绝事后补记或追记。

3.7.2 GPS 控制测量内业工作

GPS 控制测量的内业工作就是指 GPS 的数据处理，即从原始观测值出发得到最终的测量定位成果。其数据处理过程大致可划分为数据传输、格式转换（可选）、基线解算和 GPS 网平差四个阶段。这里结合 GNSS 数据处理软件介绍 GPS 数据处理的流程。图 3-7-5 所示为 GPS 测量数据处理流程。

1. 数据传输

GPS 测量数据处理的对象是接收机在野外所采集的观测数据。由于在观测过程中，这些数据是存储在接收机的内部存储器或移动存储介质上的。因此，在完成观测后，如果要对它们进行处理分析，就必须先将其下载到计算机，这一数据下载过程即数据传输。在进行数据传输之前，应先设置通信参数。图 3-7-6 所示为数据传输程序。

2. 格式转换

一般来说，不同 GPS 接收机厂商所定义的专有格式各不相同，有时甚至同一厂商不同型号仪器的专有格式也不相同。专有格式具有存储效率高、各类信息齐全的特点，但在某些情况下，如在一个项目中采用了不同接收机进行观测时，却不方便进行数据处理分析，

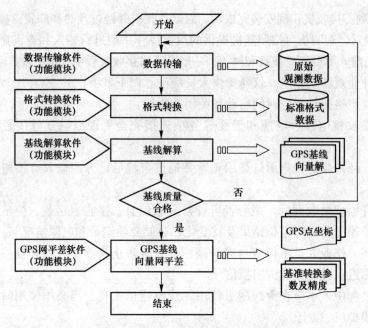

图 3-7-5　GPS 测量数据处理流程

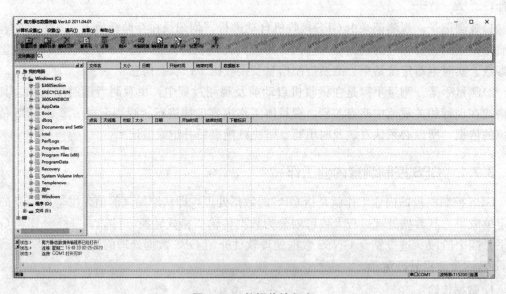

图 3-7-6　数据传输程序

因为数据处理分析软件能够识别的格式是有限的。

　　Rinex 是一种在 GPS 测量中普遍采用的标准数据格式，该格式采用文本文件的形式存储数据，数据记录格式与接收机的制造厂商和具体型号无关。Rinex 格式已经成为 GPS 测量应用中的标准数据格式，几乎所有测量型 GPS 接收机厂商都能提供将其专有格式文件转换为 Rinex 格式文件的工具，而且几乎所有的数据分析处理软件都能直接读取 Rinex 格式的数据。这意味着在实际观测作业中可以采用不同厂商、不同型号的接收机进行混合编队，而数据处理则可以采用某一特定软件进行。图 3-7-7 所示为格式转换程序。

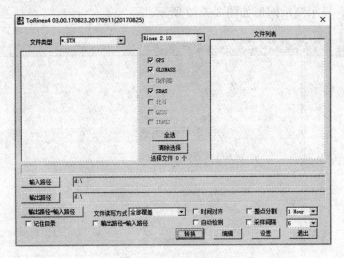

图 3-7-7　格式转换程序

3. 基线解算

每一个厂商所生产的接收机都会配备相应的数据处理软件，它们在使用方法上都会有各自不同的特点，但是无论是何种软件，它们在使用步骤上是大体相同的。GPS 基线解算的过程如下：

（1）新建项目。在"文件"菜单下拉列表单击"新建"按钮，弹出如图 3-7-8 所示的对话框。根据要求完成各个项目填写，并单击"确定"按钮。

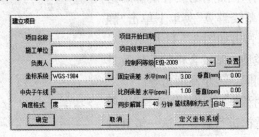

图 3-7-8　"建立项目"对话框

（2）增加观测数据。在"数据输入"菜单下拉列表单击"增加观测数据文件"按钮，弹出如图 3-7-9 所示的对话框，将采集数据调入软件，单击"全选"按钮后，单击"确定"按钮。

图 3-7-9　"选择加入数据文件"对话框

调入完毕后，显示演示网形如图 3-7-10 所示。

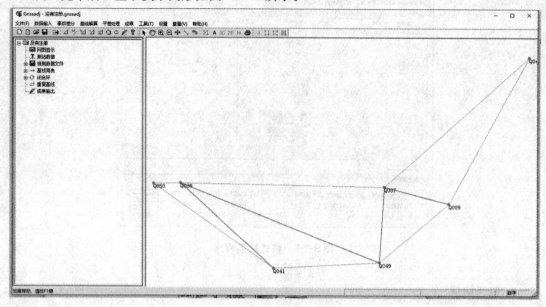

图 3-7-10　演示网形

（3）解算基线。导入数据以后，在解算基线向量中，由于实际作业中对采用的作业模式、测量精度等要求都可能有所不同，因此有必要在解算时指定具体的解算条件，在"基线解算"菜单下单击"静态基线处理设置"选项，弹出如图 3-7-11 所示的对话框，设置采用基线的类型，基线合格的条件及具体指定基线解算的历元间隔、卫星高度角等。

在"基线解算设置"对话框"设置作用选择"选项组下勾选"全部基线"复选框进行解算，这一解算过程可能等待时间较长，若希望中断处理过程，请单击停止。基线初步解算完成后的网形如图 3-7-12 所

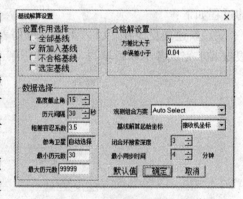

图 3-7-11　"基线解算设置"对话框

示，颜色已由原来的绿色变成红色或灰色。基线双差固定解方差比大于 3 的基线变红（软件默认值 3），小于 3 的基线变灰，对灰色基线需要重新解算。

单击"基线简表"按钮可以查看基线解算的情况。在图 3-7-13 中列出了每条基线的基本信息，每条基线的观测值、同步时间、方差比、中误差、X 增量、Y 增量、Z 增量、距离和相对误差。单击每条基线前面的"＋"号，可以展开每条基线的解算信息。

野外采集的 GPS 数据在内业处理软件中基线并不一定能一次性解算合格，对质量差的观测数据进行重新解算，单击鼠标右键选择不合格基线，弹出如图 3-7-14 所示的对话框，一般采取以下三种措施：

1）确定合适的历元间隔。

①对于基线同步观测时间较短时，可缩小历元间隔，让更多的数据参与解算。同步观测时间较长时，要增加历元间隔，让更少的数据参与解算。

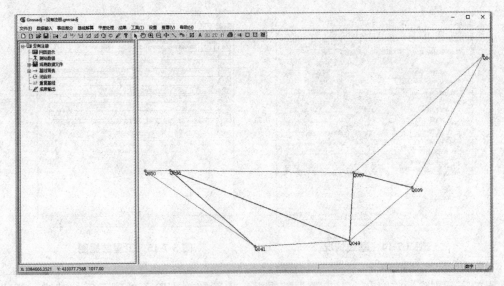

图 3-7-12　基线解算后网形

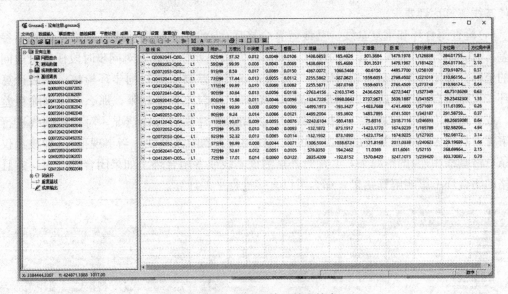

图 3-7-13　基线解算后基线简表

②数据周跳较多时，要增加历元间隔，这样可跳过中断的数据继续解算。

2)确定合适的高度截止角。

①当基线详解中查看到卫星数目足够多时，可适当增加高度截止角，尽量让高空卫星数据进入解算。

②当基线详解中查看到卫星数目比较少时(最低解算要求四颗以上卫星)，应适当降低高度截止角，尽量让多一些卫星数据进入解算。

3)剔除无效历元。双击左侧状态栏观测数据文件中的数据弹出数据编辑框，如图 3-7-15所示，红线代表接收机对卫星 L1 载波信号的跟踪情况，每一条红线对应一颗卫星，卫星序号为图左端所示。红线中断处表示当时卫星信号失锁，为无效历元。

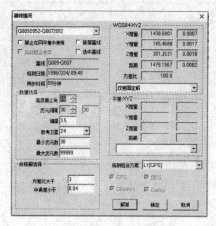

图 3-7-14　基线情况　　　　　　　图 3-7-15　卫星数据图

　　无效历元剔除后将变灰，退出数据编辑框，重新解算剔除无效历元后的基线。所述三种基线解算条件只是一个大致的原则，用户可以根据基本原则相互配合合理地进行设置，以使基线解算达到要求。

　　(4)检查闭合环和重复基线。基线解算合格后(少数几条解算基线不合格可让其不参与平差)，在"闭合环"查看闭合环的情况，如图 3-7-16 所示。首先，对同步时段任意三边同步环的坐标分量闭合差和全长相对闭合差按独立环闭合差要求进行同步环检核，然后计算异步环。程序将自动搜索所有的同步、异步闭合环。闭合差如果超限，那么必须剔除粗差基线，或者重解不合格的基线。根据基线解算及闭合差计算的具体情况，对一些基线进行重新解算，具有多次观测基线的情况下可以不使用或者删除该基线。当出现孤点(即该点仅有一条合格基线相连)的情况下，必须野外重测该基线或者闭合环。如果闭合环很多，并且不合格的闭合环不影响解算结果，那么可以直接进行平差计算。

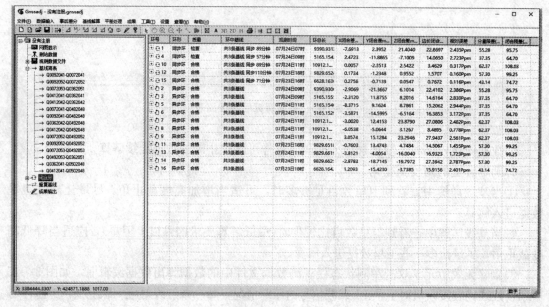

图 3-7-16　闭合环

4. GPS 网平差

基线经质量检核合格后进行 GPS 网平差。

(1)数据录入。单击"数据输入"菜单中的"坐标数据录入"选项，弹出如图 3-7-17 所示的对话框，在"请选择"中选中空白框后，空白框就被激活，此时可录入坐标。通过以上操作最终完成已知数据的录入。

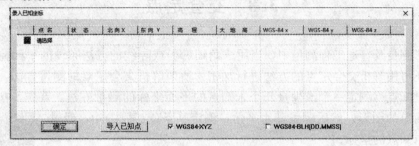

图 3-7-17　录入已知数据

(2)平差处理。进行整网无约束平差和已知点联合平差，根据以下步骤依次处理，如图 3-7-18 所示：

1)自动处理：基线处理完成后单击此菜单，软件将会自动选择合格基线组网，进行环闭合差处理(平差时必须单击"自动处理"后才能继续进行解算)。

2)三维平差：进行 WGS-84 坐标系下的自由网平差。单击"三维平差"后出现三维自由网平差结果，其中包括控制网三维平差中误差、每条基线的三维平差结果和测点的三维平差结果。

3)二维平差：将已知点坐标带入网中进行整网约束二维平差。单击"二维平差"显示结果，结果中包括控制网二维平差中误差、基线的二维平差结果和控制点二维平差结果(控制点的最终结果)。

4)高程拟合：根据"平差参数设置"中的高程拟合方案对观测点进行高程计算。

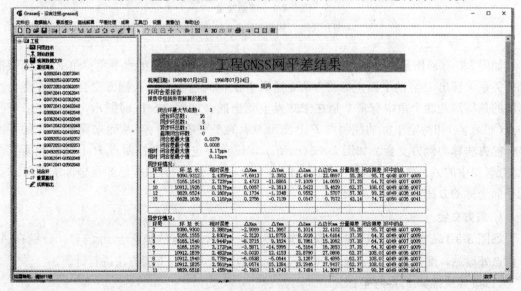

图 3-7-18　GPS 网平差结果

网平差完成后可以查看成果报告,至此,一个完整的基线解算成果,以及平差后的各点坐标成果都已经获得,静态解算完成。

3.8 交会定点

在地形测量及普通工程测量中,当用三角锁(网)或导线的方法布设的平面控制点密度不足时,还可用解析交会定点的方法进行加密。所谓解析交会定点的测量方法,就是根据几个平面已知点,测定一个或少量几个未知点的平面坐标的测量方法。首先,在实地布设一个较为简单的图形,然后测量其水平角,测定某条(或某些)边,经过计算求得未知点的坐标。

交会法定点可分为测角交会和测边交会两种方法。

测角交会

3.8.1 测角交会

测角交会又可分为前方交会、侧方交会和后方交会三种(图 3-8-1)。

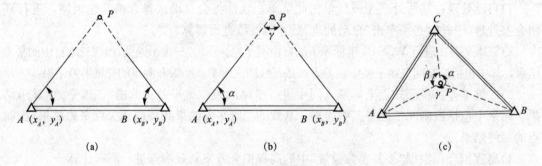

图 3-8-1 测角交会

(a)前方交会;(b)侧方交会;(c)后方交会

如图 3-8-1(a)所示,分别在两个已知点 A 和点 B 上测出图示的水平角 α 和 β,从而根据几何关系求算出 P 点的平面坐标的方法,这种方法称为前方交会。侧方交会与前方交会所不同的是所测的两个角中有一个是在未知点上测出的。如图 3-8-1(b)所示,分别在一个已知点(如 A 点)和待定坐标的控制点 P 上测出图示的水平角 α 和 γ,从而求算出 P 点的平面坐标的方法称为侧方交会。如图 3-8-1(c)所示,仅在待定坐标的控制点 P 上分别照准三个已知点(图中的 A、B、C 三点)测出图示的水平角 α、β 和 γ,并根据已知点坐标求算出 P 点的平面坐标的方法,称为后方交会。

1. 前方交会

如图 3-8-1(a)所示,设已知 A 点的坐标为 x_A、y_A,B 点的坐标为 x_B、y_B,分别在 A、B 两点处设站,测出水平角 α 和 β,则未知点 P 的坐标可按以下的方法进行计算。

(1)按导线推算 P 点的坐标。

1)用坐标反算公式计算 AB 边的坐标方位角 α_{AB} 和边长 D_{AB}:

$$\left.\begin{array}{l} \alpha_{AB} = \arctan \dfrac{y_B - y_A}{x_B - x_A} \\[2mm] D_{AB} = \sqrt{(x_B - x_A)^2 + (y_B - y_A)^2} \end{array}\right\} \tag{3-8-1}$$

计算 AP、BP 边的方位角 α_{AP}、α_{BP} 及边长 D_{AP}、D_{BP}：

$$\left.\begin{array}{l} \alpha_{AP} = \alpha_{AB} - \alpha \\[1mm] \alpha_{BP} = \alpha_{AB} \pm 180° \mp \beta \\[1mm] D_{AP} = \dfrac{D_{AB}}{\sin\gamma}\sin\beta \\[2mm] D_{BP} = \dfrac{D_{AB}}{\sin\gamma}\sin\alpha \end{array}\right\} \tag{3-8-2}$$

式中，$\gamma = 180° - \alpha - \beta$，且应有 $\alpha_{AP} - \alpha_{BP} = \gamma$（可用作检核）。

2）按坐标正算公式计算 P 点的坐标：

$$\begin{aligned} x_P &= x_A + D_{AP} \cdot \cos\alpha_{AP} \\ y_P &= y_A + D_{AP} \cdot \sin\alpha_{AP} \end{aligned} \tag{3-8-3}$$

或

$$\begin{aligned} x_P &= x_B + D_{BP} \cdot \cos\alpha_{BP} \\ y_P &= y_B + D_{BP} \cdot \sin\alpha_{BP} \end{aligned} \tag{3-8-4}$$

由式（3-8-3）和式（3-8-4）计算的 P 点坐标理应相等，可用作校核。由于计算中存在小数位的取舍，可能有微小差异，可取其平均值。

（2）按余切公式（变形的戎洛公式）计算 P 点的坐标略去推导过程，P 点的坐标计算公式为

$$\begin{aligned} x_P &= \frac{x_A\cot\beta + x_B\cot\alpha + (y_B - y_A)}{\cot\alpha + \cot\beta} \\[2mm] y_P &= \frac{y_A\cot\beta + y_B\cot\alpha + (x_A - x_B)}{\cot\alpha + \cot\beta} \end{aligned} \tag{3-8-5}$$

化成正切公式为

$$\left.\begin{array}{l} x_P = \dfrac{x_A\tan\alpha + x_B\tan\beta + (y_B - y_A)\tan\alpha\tan\beta}{\tan\alpha + \tan\beta} \\[3mm] y_P = \dfrac{y_A\tan\alpha + y_B\tan\beta + (x_A - x_B)\tan\alpha\tan\beta}{\tan\alpha + \tan\beta} \end{array}\right\} \tag{3-8-6}$$

在利用式（3-8-5）和式（3-8-6）计算时，三角形的点号 A、B、P 应按逆时针顺序排列，其中 A、B 为已知点，P 为未知点。

为了校核和提高 P 点精度，前方交会通常是在三个已知点上进行观测，如图 3-8-2 所示，测定 α_1、β_1 和 α_2、β_2，然后由两个交会三角形各自按式（3-8-5）或式（3-8-6）计算 P 点坐标，得到 $P_1(x_1, y_2)$、$P_2(x_2, y_2)$。因测角误差的影响，求得的两组 P 点坐标不会完全相同，其点位较差为

$$\Delta D = \sqrt{\delta_x^2 + \delta_y^2}$$

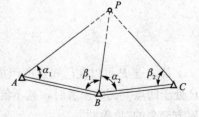

图 3-8-2 三点前方交会

其中 δ_x、δ_y 分别为两组 x_P、y_P 坐标值之差。当 $\Delta D \leqslant 0.2M(\text{mm})$（$M$ 为测图比例尺分母）时，可取两组坐标的平均值作为最后结果。表 3-8-1 所示为前方交会计算表。

表 3-8-1　前方交会计算表

点号	角号	观测角值 /° ′ ″			坐标	
					x/m	y/m
A	α_1	72	06	12	2 845.150	6 244.670
B	β_1	69	01	00	2 874.730	5 918.350
P					2 396.761	6 053.636
B	α_2	55	51	45	2 874.730	5 918.350
C	β_2	72	36	57	2 562.830	5 656.110
P					2 396.758	6 053.656
P	中数				2 396.760	6 053.646
辅助计算	$\delta_x=3$ mm　　　　$\Delta D=20$ mm $\delta_y=-20$ mm　　　$\Delta D_容=0.2M(\text{mm})=\pm100$ mm 测图比例尺 1∶500					

2. 侧方交会

如图 3-8-1(b)所示,侧方交会的计算与前方交会相同,所不同的是 β(或 α)值并不是直接观测的,而是计算求出的,即 $\beta=180°-\alpha-\gamma$(或 $\alpha=180°-\beta-\gamma$)。

3. 后方交会

后方交会的计算方法较多,这里介绍通常采用的一种仿权计算法,又称后方交会的"重心公式"。

如图 3-8-1(c)所示,设由已知点 A、B、C 所构成的三角形的三个内角为 $\angle A$、$\angle B$、$\angle C$,在待定点 P 对已知点进行观测,也构成三个水平角 α、β、γ,待定点 P 上的三个角 α、β、γ 必须与已知点 A、B、C 按图所示的关系相对应,此时,待定点 P 的纵、横坐标值分别为三个已知点的纵、横坐标值的加权平均值,即

$$\left.\begin{array}{l} x_P=\dfrac{P_A\cdot x_A+P_B\cdot x_B+P_C\cdot x_C}{P_A+P_B+P_C} \\[3mm] y_P=\dfrac{P_A\cdot y_A+P_B\cdot y_B+P_C\cdot y_C}{P_A+P_B+P_C} \end{array}\right\} \tag{3-8-7}$$

已知点坐标值的权按下式计算:

$$\left.\begin{array}{l} P_A=\dfrac{1}{\cot\angle A-\cot\alpha} \\[3mm] P_B=\dfrac{1}{\cot\angle B-\cot\beta} \\[3mm] P_C=\dfrac{1}{\cot\angle C-\cot\gamma} \end{array}\right\} \tag{3-8-8}$$

待定点 P 可以在已知点所组成的三角形内,也可以在三角形外。但是,当 A、B、C、P 处于四点共圆的位置时,就不能用后方交会测定待定点的位置,因此,该四点共圆称为后方交会的"危险圆"。

3.8.2　测边交会

在计算要加密控制点 P 的坐标时,也可以采用测量边长,然后利用几何关系,计算出

P 点的平面坐标的方法，这种方法称为测边（距离）交会法。与测角交会一样，距离交会也能获得较高的精度。由于全站仪和光电测距仪在公路工程中的普遍采用，这种方法在测图或工程中已被广泛地应用。

如图 3-8-3 所示，A、B 为已知点，测得两条边长分别为 a、b，则 P 点的坐标可按下述方法计算：

首先利用坐标反算公式计算 AB 边的坐标方位角 α_{AB} 和边长 s：

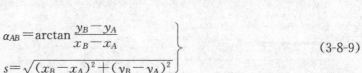

图 3-8-3　距离交会

$$\left.\begin{array}{l}\alpha_{AB}=\arctan\dfrac{y_B-y_A}{x_B-x_A}\\[2mm]s=\sqrt{(x_B-x_A)^2+(y_B-y_A)^2}\end{array}\right\} \tag{3-8-9}$$

根据余弦定理求出 $\angle A$：

$$\angle A=\cos^{-1}\left(\frac{s^2+b^2-a^2}{2bs}\right) \tag{3-8-10}$$

而

$$\alpha_{AP}=\alpha_{AB}-\angle A \tag{3-8-11}$$

于是有

$$\left.\begin{array}{l}x_P=x_A+b\cdot\cos\alpha_{AP}\\[1mm]y_P=x_A+b\cdot\sin\alpha_{AP}\end{array}\right\} \tag{3-8-12}$$

以上是两边交会法。工程中为了检核和提高 P 点的坐标精度，通常采用三边交会法，如图 3-8-4 所示。三边交会观测三条边，分两组计算 P 点坐标进行核对，其精度检核与三点前方交会相同，最后取其平均值。

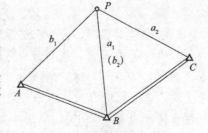

图 3-8-4　三边距离交会

3.8.3　Excel 软件进行交会定点计算

以表 3-8-1 前方交会计算表为例，利用 Excel 软件进行坐标计算。计算过程及结果如图 3-8-5 所示，步骤如下：

（1）在 C、D、E 三列分别输入观测角值的度、分、秒；

（2）在"F4"单元格编辑公式"=RADIANS(C4+D4/60+E4/3 600)"，将观测角角度换算为弧度；

（3）在"G6"和"H6"单元格分别编辑公式"=ROUND((G4 * TAN(F4)+G5 * TAN(F5)+(H5-H4) * TAN(F4) * TAN(F5))/(TAN(F4)+TAN(F5))，3)"，和"=ROUND((H4 * TAN(F4)+H5 * TAN(F5)+(G4-G5) * TAN(F4) * TAN(F5))/(TAN(F4)+TAN(F5))，3)"计算 P 点的 x 和 y 值，单位为 m；

图 3-8-5　前方交会计算表

（4）在"C13"单元格编辑公式"＝(G6－G10)＊1 000"，计算纵坐标差值，单位为 mm；

（5）在"C14"单元格编辑公式"＝(H6－H10)＊1 000"，计算横坐标差值，单位为 mm；

（6）在"G13"单元格编辑公式"＝ROUND(SQRT(C13^2＋C14^2)，0)"，计算点位差，单位为 mm；

（7）在"G14"单元格编辑公式"＝0.2＊G15"，计算点位差容许值，"G15"为比例尺分母；

（8）在"G12"和"H12"单元格分别编辑公式"＝ROUND(AVERAGE(G6，G10)，3)"和"＝ROUND(AVERAGE(H6，H10)，3)"，计算 P 点 x 和 y 的平均值。

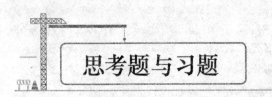

思考题与习题

1. 国家平面控制网是采用什么方法建立的？分哪几个等级？

2. 何谓平面控制测量？建立平面控制网的方法有哪些？

3. 试分别叙述测回法与方向观测法观测水平角的步骤，并说明两者的适用情况。

4. 观测水平角时，为何有时要测多个测回？若测回数为 3，则各测回的起始读数应为多少？

5. 安置全站仪时，为什么必须进行对中、整平？如何操作？

6. 用一台全站仪，按测回法观测水平角，仪器安置于 O 点，盘左瞄准目标 A，水平度盘读数为 $0°00′00″$，顺时针转动望远镜瞄准目标 B，水平度盘读数为 $135°47′29″$；变换仪器于盘右，瞄准目标 B 时，水平度盘读数为 $315°47′28″$，逆时针转动望远镜瞄准目标 A，水平度盘读数为 $180°00′10″$，观测结束。请绘表进行记录，并计算所测水平角值。

7. 导线测量的布设形式有哪几种？外业工作有哪些内容？

8. 闭合导线与附合导线有哪些异同点？

9. 小三角测量的布设形式有哪几种？外业工作有哪些内容？

10. GPS 控制测量内业处理流程是什么？

11. 交会定点有哪几种形式？它们宜在什么情况下采用？

12. 图 3-1 所示的闭合导线，已知 12 边的坐标方位角 $\alpha_{12}＝66°10′50″$ 和 1 点坐标，外业测得导线边边长和各转折角，计算闭合导线各点的坐标。

13. 图 3-2 所示的双定向附合导线，已知 A、B、C、D 四点的坐标，以及外业观测的边长和转折角，计算双定向附合导线各点的坐标。

14. 图 3-3 所示的单定向附合导线，已知 B、C 两点的坐标，以及外业观测的边长和转折角，计算单定向附合导线各点的坐标。

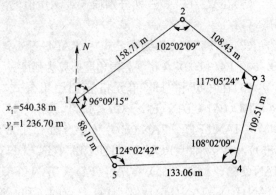

$x_1＝540.38$ m
$y_1＝1$ 236.70 m

图 3-1　闭合导线

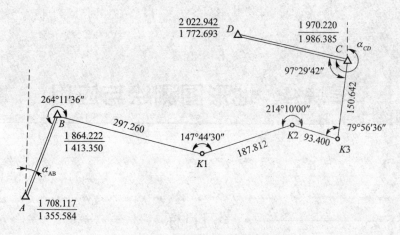

图 3-2　双定向附合导线

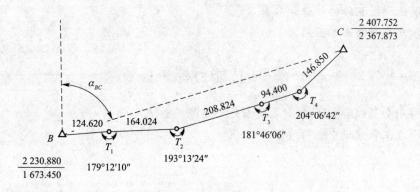

图 3-3　单定向附合导线

15. 图 3-4 所示为采用前方交会法测定 P 点的坐标示意，已知 A、B 点的坐标及观测交会角 α、β，用前方交会的方法计算 P 点坐标。

16. 图 3-5 所示为采用测边交会法测定 P 点的坐标示意，已知 A、B 点的坐标及观测边长 a、b，用测边交会的方法计算 P 点坐标。

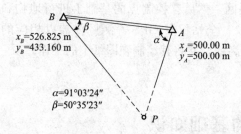

图 3-4　采用前方交会法测定 P 点的坐标示意

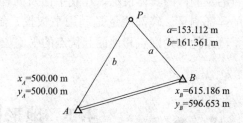

图 3-5　采用测边交会法测定 P 点的坐标示意

模块4 地形图测绘与应用

· 学习目标 ·

1. 了解地形图比例尺、分幅和编号等基础知识；
2. 了解地形图测绘的外业和内业工作；
3. 掌握地形图的基本应用。

· 技能目标 ·

1. 能够用全站仪和GPS等仪器进行地形图测绘；
2. 能够在工程建设中使用地形图。

地球表面是复杂多样的，在测量中将地球表面上天然和人工形成的各种固定物，称为地物；将地球表面高低起伏的形态，称为地貌。地物和地貌两者合称为地形。地形图的测绘就是将地球表面某区域内的地物和地貌按正射投影的方法与一定的比例尺，用规定的图式符号测绘到图纸上，这种表示地物和地貌平面位置和高程的图称为地形图；如果只测地物，不测地貌，即在测绘的图上只表示了地物的情况，而不表示地面的高低情况，这样的图称为平面图。地形图的测绘应遵循"从整体到局部""先控制后碎部"的原则，先根据测图的目的及测区的具体情况，建立平面及高程控制网，然后在控制点的基础上进行地物和地貌的碎部测量。碎部测量是利用平板仪、经纬仪、全站仪及GPS等测量仪器以相应的方法，测绘地物轮廓点和地面起伏点的平面位置和高程，并将其绘制在图纸上的工作。

4.1 地形图的基础知识

4.1.1 地形图的比例尺

比例尺是地形测量中的必备工具。其是指图上两点之间直线的长度 d 与其相对应在地面上的实际水平距离 D 之比，其表示形式可分为数字比

测图比例尺

例尺和图示比例尺两种。

1. 比例尺的表示方法

(1)数字比例尺。数字比例尺以分子为1、分母为整数的分数表示，即

$$\frac{d}{D}=\frac{1}{\dfrac{D}{d}}=\frac{1}{M}或1：M \qquad (4\text{-}1\text{-}1)$$

式中　M——比例尺分母。

分母 M 数值越大，则图的比例尺就越小；反之，M 越小，比例尺就越大，图面表示的内容就越详细。数字比例尺一般写成如 1：500、1：1 000、1：2 000。

(2)图示比例尺。如图 4-1-1 所示，常用图示比例尺为直线比例尺。图中表示的为 1：1 000 的直线比例尺，取 1 cm 长度为基本单位，从直线比例尺上可直接读得基本单位的 1/10，可以估读到 1/100。图示比例尺一般绘制在图纸的下方，它和图纸一起复印或蓝晒，因此，用它量取图上的直线长度，可以消除图纸伸缩变形的影响。

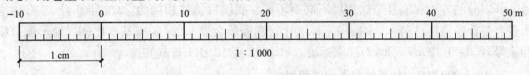

图 4-1-1　图示比例尺

2. 地形图按比例尺分类

我国将地形图按比例尺大小划分为大、中、小三种比例尺地形图。

(1)大比例尺地形图。通常将 1：500、1：1 000、1：2 000 和 1：5 000 比例尺的地形图，称为大比例尺地形图。对于大比例尺地形图的测绘，传统测量方法是利用经纬仪或平板仪进行野外测量；现代测量方法是利用电磁波测距仪、光电测距仪或全站仪，从野外测量、计算到内业一体化的数字化成图测量，它是在传统方法的基础上建立起来的。公路、铁路、城市规划、水利设施等工程上普遍使用大比例尺地形图。

(2)中比例尺地形图。将 1：10 000、1：25 000、1：50 000、1：100 000 的地形图称为中比例尺地形图。中比例尺地形图一般采用航空摄影测量或航天遥感数字摄影测量方法测绘，通常由国家测绘部门完成。

(3)小比例尺地形图。将小于 1：100 000 的如 1：20 万、1：25 万、1：50 万、1：100 万等的地形图称为小比例尺地形图。小比例尺地形图一般是以比其大的比例尺地形图为基础，采用编绘的方法完成。

1：1 万、1：2.5 万、1：5 万、1：10 万、1：25 万、1：50 万和 1：100 万的比例尺地形图，被确定为国家基本比例尺地形图。

3. 比例尺精度

正常情况下，人们用肉眼在图纸上能分辨的最小长度为 0.1 mm，即在图纸上当两点之间的距离小于 0.1 mm 时，人眼就无法再分辨。因此，将相当于图纸上 0.1 mm 的实地水平距离，称为地形图的比例尺精度(表 4-1-1)，即

$$比例尺精度=0.1M(\text{mm})$$

式中　M——比例尺分母。

表 4-1-1   比例尺精度

测图比例尺	1 : 500	1 : 1 000	1 : 2 000	1 : 5 000	1 : 10 000
比例尺精度/m	0.05	0.1	0.2	0.5	1.0

比例尺精度的概念，对测图和用图都具有十分重要的意义。

(1)根据测图的比例尺，确定实地量距的最小尺寸。例如用 1 : 1 000 的比例尺测图时，实地量距只需要量到大于 0.1 m 的尺寸，因为量得再精细，在图上也无法表示出来。

(2)根据要求，选用合适的比例尺。例如，在测图时要求在图上能反映出地面上 5 cm 的细节，则由比例尺精度可知所选用的测图比例尺不应小于 1 : 500。

4.1.2   地形图的分幅与编号

为了便于管理和使用地形图，需要将大面积的各种比例尺的地形图进行统一分幅和编号，其划分的方法和编号随比例尺不同而不同。我国目前使用的为 2012 年 6 月 29 日国家质量监督检验检疫总局[①]、中国国家标准化管理委员会发布的《国家基本比例尺地形图分幅和编号》(GB/T 13989—2012)国家标准，自 2012 年 10 月 1 日起实施。

1. 1 : 1 000 000 比例尺地形图分幅和编号

1 : 1 000 000 地形图的分幅采用国际 1 : 1 000 000 地形图分幅标准。每幅 1 : 1 000 000 地形图范围是经差 6°、纬差 4°；纬度 60°～76°为经差 12°、纬差 4°；纬度 76°～88°为经差 24°、纬差 4°(在我国范围内没有纬度 60°以上的需要合幅的图幅)。

1 : 1 000 000 地形图的编号采用国际 1 : 1 000 000 地形图编号标准。从赤道起算，每纬差 4°为一行，至南纬、北纬 88°各分为 22 行，依次用大写拉丁字母(字符码)A、B、C、…、V 表示其相应行号；从 180°经线起算，自西向东每经差 6°为一列，全球可分为 60 列，依次用阿拉伯数字(数字码)1、2、3、…、60 表示其相应列号。由经线和纬线所围成的每一个梯形小格为一幅 1 : 1 000 000 地形图，如图 4-1-2 所示，它们的编号由该图所在的行号与列号组合而成。同时，国际 1 : 1 000 000 地形图编号第一位表示南、北半球，用"N"表示北半球，用"S"表示南半球。我国范围全部位于赤道以北，我国范围内 1 : 1 000 000 地形图的编号省略国际 1 : 1 000 000 地形图编号中用来标志北半球的字母代码 N。图 4-1-3 所示为东半球北纬 1 : 1 000 000 比例尺地形图的国际分幅和编号。每幅图的编号，先写出横行的代号，再写出纵列的代号。例如，北京某地的地理坐标为北纬 39°56′22″、东经 116°22′52″，则其所在的 1 : 1 000 000 比例尺地形图的图幅号是 J50；上海某地的地理坐标为北纬 31°16′39″、东经 121°31′29″，则其所在的 1 : 1 000 000 比例尺地形图的图幅号是 H51。

2. 1 : 500 000～1 : 5 000 比例尺地形图分幅和编号

1 : 500 000～1 : 5 000 地形图均以 1 : 1 000 000 地形图为基础，按规定的经差和纬差划分图幅。每幅 1 : 1 000 000 比例尺地形图划分为 2 行 2 列，共 4 幅 1 : 500 000 比例尺地形图，每幅 1 : 500 000 比例尺地形图的分幅为经差 3°、纬差 2°，如图 4-1-3 所示；其余的各种比例尺地形图均由 1 : 1 000 000 比例尺地形图划分而成，分幅的图幅范围、行列数量关系见表 4-1-2。

---

① 今为国家市场监督管理总局。

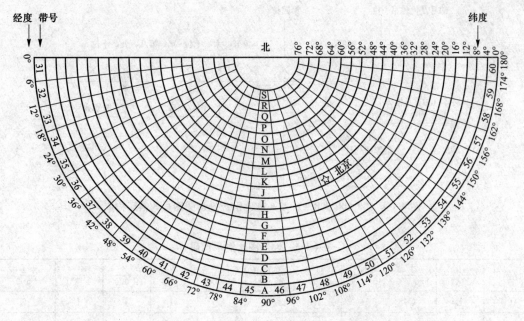

图 4-1-2 东半球北纬 1：1 000 000 比例尺地形图的国际分幅和编号

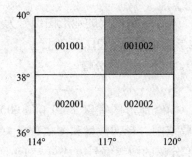

图 4-1-3 1：500 000 比例尺的地形图编号

表 4-1-2 国家基本比例尺地形图分幅关系

比例尺		$\frac{1}{1\,000\,000}$	$\frac{1}{500\,000}$	$\frac{1}{250\,000}$	$\frac{1}{100\,000}$	$\frac{1}{50\,000}$	$\frac{1}{25\,000}$	$\frac{1}{10\,000}$	$\frac{1}{5\,000}$	$\frac{1}{2\,000}$	$\frac{1}{1\,000}$	$\frac{1}{500}$
图幅范围	经差	6°	3°	1°30′	30′	15′	7′30″	3′45″	1′52.5″	37.5″	18.75″	9.375″
	纬差	4°	2°	1°	20′	10′	5′	2′30″	1′15″	25″	12.5″	6.25″
行列数量	行数	1	2	4	12	24	48	96	192	576	1 152	2 304
	列数	1	2	4	12	24	48	96	192	576	1 152	2 304

　　1：500 000～1：5 000 比例尺地形图的分幅都由 1：1 000 000 比例尺地形图加密划分而成，编号均以 1：1 000 000 比例尺的地形图为基础，采用代码行列编号方法，由其所在 1：1 000 000 比例尺地形图的图号、比例尺代码和图幅的行、列号共 10 位数码组成，如图 4-1-4 所示。各种比例尺地形图的代码及编号示例见表 4-1-3。

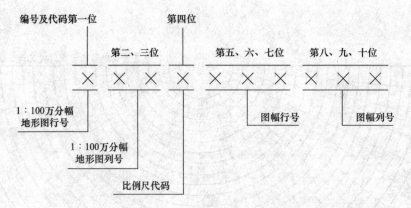

图 4-1-4 1∶500 000～1∶5 000 比例尺地形图图号的数码构成

表 4-1-3 地形图比例尺代码

比例尺	$\dfrac{1}{500\,000}$	$\dfrac{1}{250\,000}$	$\dfrac{1}{100\,000}$	$\dfrac{1}{50\,000}$	$\dfrac{1}{25\,000}$	$\dfrac{1}{10\,000}$	$\dfrac{1}{5\,000}$	$\dfrac{1}{2\,000}$	$\dfrac{1}{1\,000}$	$\dfrac{1}{500}$
代码	B	C	D	E	F	G	H	I	J	K
示例	J50B0 01002	J50C0 03003	J50D0 10010	J50E0 17016	J50F0 42002	J50G0 93004	J50H1 92192	J50I5 76027	J50J114 80051	J50K230 40097

图 4-1-3 中阴影线所示 1∶500 000 比例尺的地形图编号为 J50B001002，图 4-1-5 中阴影线所示 1∶100 000 比例尺的地形图编号为 J50D010004。

3. 1∶2 000、1∶1 000、1∶500 地形图的分幅

(1)按经、纬度分幅。

1)1∶2 000、1∶1 000、1∶500 地形图宜以 1∶1 000 000 地形图为基础，按规定的经差和纬差划分图幅，分幅的图幅范围、行列数量和图幅数量关系见表 4-1-2。

2)1∶2 000 地形图经、纬度分幅的图幅编号方法可与 1∶500 000～1∶5 000 地形图的图幅编号方法相同；也可根据需要以 1∶5 000 地形图编号分别加短线，再加 1、2、3、4、5、6、7、8、9 表示，其编号示例如图 4-1-6 所示。图中灰色区域所示图幅编号为 H49H192097－5。

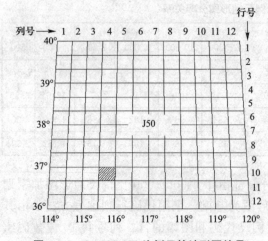

图 4-1-5 1∶100 000 比例尺的地形图编号

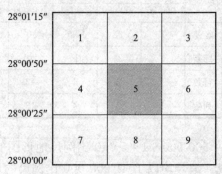

图 4-1-6 1∶2 000 地形图的经、纬度分幅顺序编号

3)1∶1 000、1∶500 地形图经、纬度分幅的图幅编号均以 1∶1 000 000 地形图编号为基础，采用行列编号方法。1∶1 000、1∶500 地形图经、纬度分幅的图号由其所在 1∶1 000 000 地形图的图号、比例尺代码和各图幅的行列号共 12 位码组成。1∶1 000、1∶500 地形图经、纬度分幅的编号组成如图 4-1-7 所示。

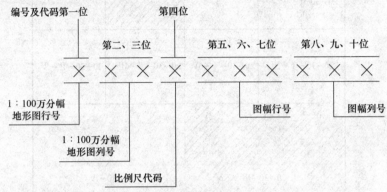

图 4-1-7　1∶1 000、1∶500 地形图经、纬度分幅的编号组成

（2）矩形分幅。1∶2 000、1∶1 000、1∶500 地形图也可根据需要采用 50 cm×50 cm 正方形分幅和 40 cm×50 cm 矩形分幅。

现仅介绍按坐标格网划分为正方形分幅与编号的方法。

在各种工程建设中，大比例尺地形图按坐标格网划分为正方形图幅，对于 1∶5 000 比例尺的地形图为 40 cm×40 cm，其他比例尺如 1∶2 000、1∶1 000、1∶500 均采用 50 cm×50 cm 图幅。现将以上四种比例尺的地形图的图幅大小、实地测图面积等列于表 4-1-4。

表 4-1-4　按正方形分幅的不同比例尺图幅

比例尺	图幅大小/cm	图廓边的实地长度/m	图幅实地的面积/km²	一幅 1∶5 000 图中包含该比例尺图幅数/幅
1∶5 000	40×40	2 000	4	1
1∶2 000	50×50	1 000	1	4
1∶1 000	50×50	500	0.25	16
1∶500	50×50	250	0.0 625	64

正方形图幅是以 1∶5 000 图为基础，采用图幅西南角点的坐标千米数编号，纵坐标 x 在前，横坐标 y 在后。

如图 4-1-8 所示，该图幅西南角坐标 $x=20\ 000$ m，$y=30\ 000$ m，故其 1∶5 000 比例尺地形图的编号为 20—30。

按一幅 1∶5 000 图中包含该比例尺图幅数将一幅 1∶5 000 的地形图进行四等分，便得到四幅 1∶2 000 比例尺的地形图，分别以罗马数字Ⅰ、Ⅱ、Ⅲ、Ⅳ表示，图幅中左上角为Ⅰ、右上角为Ⅱ、左下角为Ⅲ、右下角为Ⅳ。其图的编号可在 1∶5 000 图编号后加上各自的代号Ⅰ、Ⅱ、Ⅲ、Ⅳ作为 1∶2 000 图的编号，例如，图中左下角的阴影为 20—30—Ⅲ。以此类推，一幅 1∶2 000 图又可分成四幅 1∶1 000 图；一幅 1∶1 000 图再可分成四幅 1∶500 图，其后附加各自的代号均为罗马数字Ⅰ、Ⅱ、Ⅲ、Ⅳ。在图 4-1-8 中，1∶1 000

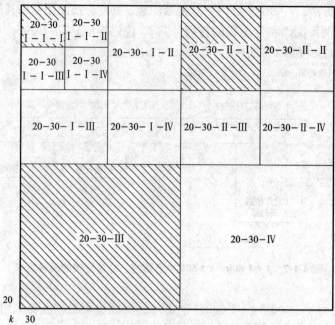

图 4-1-8　正方形分幅与编号

的图幅（阴影区）编号为 20—30—Ⅱ—Ⅰ，而 1∶500 的图幅（阴影区）编号为 20—30—Ⅰ—Ⅰ—Ⅰ。

　　当测区较小时，也可以根据工程条件和要求采用自然序数编号或行列编号法，或采用其他编号法。总之应本着从实际出发，根据测图、用图和管理方便及用图单位的要求灵活运用。

　　4. 图幅编号的计算

　　已知图幅内某点的经、纬度(λ，ϕ)，可按式(4-1-2)计算出 1∶1 000 000 比例尺的地形图图幅编号。

$$a=[\phi/4°]+1$$
$$b=[\lambda/6°]+31 \tag{4-1-2}$$

式中　[ ]——表示取整；

　　　a——1∶1 000 000 比例尺地形图图幅所在纬度带字符码对应的数字码；

　　　b——1∶1 000 000 比例尺地形图图幅所在经度带的数字码。

　　例如，某点经度为 121°31′29″，纬度为 31°16′39″，计算其所在 1∶1 000 000 比例尺地形图图幅的编号。

$$a=[31°16′39″/4°]+1=8(对应的字符码为 H)$$
$$b=[121°31′29″/6°]+31=51$$

　　因此，该点所在 1∶1 000 000 比例尺地形图图幅的编号为 H51。

　　已知图幅内某点的经度和纬度，可按式(4-1-3)计算其所在 1∶1 000 000 比例尺地形图图号后的行号和列号。

$$c = 4°/\Delta\phi - [(\phi/4°)/\Delta\phi]$$
$$d = [(\lambda/6°)/\Delta\lambda] + 1 \qquad (4\text{-}1\text{-}3)$$

式中 （ ）——表示商取余；

[ ]——表示商取整；

c——所求比例尺地形图的行号；

d——所求比例尺地形图的列号；

ϕ——图幅内某点的纬度；

λ——图幅内某点的经度；

$\Delta\phi$——所求比例尺地形图分幅的纬差；

$\Delta\lambda$——所求比例尺地形图分幅的经差。

仍以经度为 $121°31'29''$、纬度为 $31°16'39''$ 的某点为例，计算其所在 1∶1 000 000 比例尺地形图图幅的编号。根据其所在 1∶1 000 000 比例尺幅及其比例尺（1∶10 000），编号的前四位代码为 H51G，然后按 1∶10 000 的分幅纬度差和经度差 $\Delta\phi = 2'30''$、$\Delta\lambda = 3'45''$ 计算其行号和列号（各三位）：

$$c = 4°/2'30'' - [(31°16'39''/4°)/2'30''] = 018$$
$$d = [(121°31'29''/6°)/3'45''] + 1 = 025$$

因此，该点所在 1∶10 000 比例尺地形图图幅编号为 H51G018025。

5. 按图号计算图幅西南图廓点的经、纬度及其范围

按式(4-1-4)、式(4-1-5)计算已知图号图幅的西南图廓点的经度、纬度：

$$\lambda = (b-31) \times 6° + (d-1) \times \Delta\lambda \qquad (4\text{-}1\text{-}4)$$
$$\phi = (a-1) \times 4° + (4°/\Delta\phi - c) \times \Delta\phi \qquad (4\text{-}1\text{-}5)$$

式中 λ——图幅西南图廓点的经度；

ϕ——图幅西南图廓点的纬度；

a——1∶1 000 000 地形图图幅所在纬度带字符码所对应的数字码；

b——1∶1 000 000 地形图图幅所在经度带的数字码；

c——该比例尺地形图在 1 000 000 地形图图号后的行号；

d——该比例尺地形图在 1 000 000 地形图图号后的列号；

$\Delta\lambda$——该比例尺地形图分幅的经差；

$\Delta\phi$——该比例尺地形图分幅的纬差。

如图号为 H51G016023，求其西南图廓点的经度、纬度。

$$\lambda = (51-31) \times 6° + (23-1) \times 3'45'' = 121°22'30''$$
$$\phi = (8-1) \times 4° + (4°/2'30'' - 016) \times 2'30'' = 31°20'$$

因此，该图幅西南图廓点的经度、纬度分别为 $121°22'30''$、$31°20'$。

4.1.3 地形图图外注记

为了正确地应用地形图，首先必须认识地形图上的各种线条、符号、字符注记和总体说明，称为地形图的识读。需要识读的主要有以下内容。

地形图的图外注记

1. 地形图图廓外注记

在地形图的图廓外有许多注记，如图号、图名、接图表、比例尺、图廓线、经纬线格网、坐标格网、三北方向线和坡度尺等。图 4-1-9 所示为一幅 1∶10 000 比例尺的地形图图廓样式。

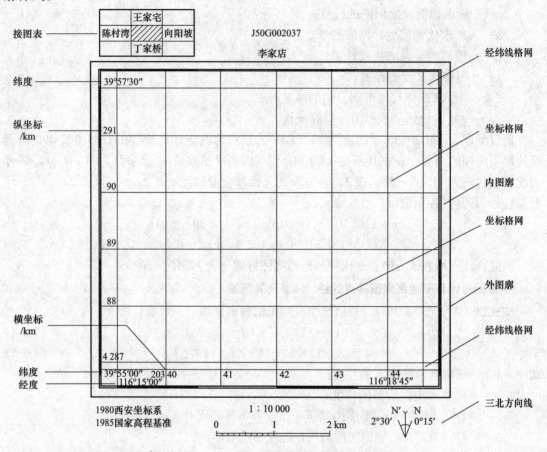

图 4-1-9 1∶10 000 比例尺图的图廓和格网

(1)图号、图名和接图表。为了区别各幅地形图所在的位置和拼接关系，每一幅地形图上都编有图号，图号是根据统一的分幅进行编号的。除图号外，还要注明图名，图名是以本图幅内最著名的地名、最大的村庄、凸出的地物、地貌等的名称来命名的，目的是便于记忆和寻找。图号、图名注记在北图廓上方的中央。

在图的北图廓左上方，绘有该幅图四邻各图号(或图名)的略图，称为接图表。中间一格画有斜线的代表本图幅，四邻分别注明相应的图号(或图名)。按照接图表，就可以找到相邻的图幅。如图 4-1-9 所示，图廓上方"李家店"为本幅图的图名，"J50G002037"为图号。

(2)比例尺。在每幅图南图框外的中央均注有测图的数字比例尺，并在数字比例尺下方绘制出直线比例尺。利用直线比例尺，可以用图解法确定图上的距离，或将实地距离换算成图上长度，如图 4-1-10 所示图廓下方的"1∶10 000"和下面的直线比例尺图形。

(3)经度、纬度及坐标格网。梯形图幅的图廓是由上、下两条纬线和左、右两条经线所构成的。对于 1∶10 000 的图幅，经差为 $3'45''$，纬差为 $2'30''$。本图幅位于东经 $116°15'00''$～

116°18′45″、北纬 39°55′00″～39°57′30″所包括的范围。图廓四周标有黑、白分格，横分格为经线分数尺，纵分格为纬线分数尺，每格表示经差（或纬差）为 1′，如果用直线连接相应的同名分数尺，即构成由子午线和平行圈构成的梯形经纬线格网。

图 4-1-10 中部的方格网为平面直角坐标格网，纵、横轴线分别平行于以投影带的中央子午线为 X 轴和以赤道为 Y 轴的轴线，其间隔通常是 1 km，所以也称为千米格网。

按照高斯平面直角坐标系的规定，横坐标值 Y 位于中央子午线以西为负，为了避免横坐标 Y 出现负值，特将每一带的纵坐标轴西移 500 km。同时，在点的横坐标值前直接标明所属投影带的号。在图 4-1-9 中，第一条坐标纵线 Y 为 20 340 km，其中，20 为带号，其横坐标值为 340－500＝－160(km)，即位于中央子午线以西 160 km 处。图中第一条坐标横线 X 为 4 287 km，则表示位于赤道以北 4 287 km 处。

经纬线格网可以用来确定图上各点的地理坐标——经、纬度，而千米格网可以用来确定图上各点的平面直角坐标和任一直线的坐标方位角。

（4）三北方向线关系图。在中、小比例尺图的南图廓线右下方，还绘有真子午线 N、磁子午线 N' 和纵坐标轴三者的角度关系，称为三北方向线关系图（图 4-1-9 的右下角）。该图幅中，磁偏角为 2°45′（西偏）；坐标纵线偏于真子午线以西 0°15′；而磁子午线偏于坐标纵线以西 2°30′。利用该关系图，可以对图上任一方向的真方位角、磁方位角和坐标方位角做相互换算。

大比例尺地形图的图廓外注记比小比例尺图要简单一些。大比例尺地形图不需要经纬线格网，只需要坐标格网，因此，不需要经、纬度注记和三北方向线；一般也不画直线比例尺，仅注明数字比例尺。

2. 地形图的平面直角坐标系统和高程系统

对于比例尺为 1∶10 000 或比例尺更小的地形图，通常是采用国家统一的高斯平面直角坐标系。城市地形图多数采用以通过城市中心地区的某一子午线为中央子午线的高斯平面直角坐标系，称为城市独立坐标系。当工程建设范围比城市更小时，也可以采用将测区作为平面看待的工程独立坐标系，在建筑工程中往往采用以建筑轴线为坐标轴的建筑坐标系，例如，在建筑物施工测量以及测绘建筑总平面图时采用。

对于高程系统，自 1956 年起，我国统一规定以黄海平均海水面作为高程起算面，建立"1956 黄海高程系"。后来，又根据青岛验潮站历年积累的验潮资料建立"1985 国家高程基准"。大部分地形图都属于上述高程系统，但也有一些地方性的高程系统，如上海及其邻近地区即采用"吴淞高程系"，在地形图应用时必须加以注意。通常，地形图采用的高程是在图框外的左下方用文字说明。各高程系统之间只需要加减一个常数，即可进行换算。

3. 地形图图式和等高线

应用地形图时应该了解地形图所使用的图式，熟悉一些常用的地物符号和地貌符号，了解图上文字注记和数字注记的确切含义，我国现行采用的大比例尺地形图图式是由国家质量监督检验检疫总局与国家标准化管理委员会发布，2018 年 5 月 1 日实施的《国家基本比例尺地图图式 第 1 部分：1∶500 1∶1 000 1∶2 000 地形图图式》(GB/T 20257.1－2017)（以下简称《地形图图式》)，它是识读地形图的重要依据。另外，应该了解等高线的特性，要能根据等高线判读出山头、山脊、山谷、鞍部、山脊线、山谷线等各种地貌。

4. 测图日期

地形图上所反映的是测绘当时的地形情况，因此，需要知道测图的具体日期，以便了解地形图的现势性和时效性。对于测图后的地面变化情况，应根据需要予以修测或补测。

4.1.4 地物符号

为了便于测图和用图，用各种简明、准确、易于判断实物的图形或符号，将实地的地物和地貌在图上表示出来，这些符号统称为地形图图式。地形图图式由国家测绘机关统一制定并颁布，它是测绘和使用地形图的重要依据。表 4-1-5 所列是国家测绘局颁发的《地形图图式》中的部分常用地物符号。

表 4-1-5 《地形图图式》中的部分常用地物符号

编号	符号名称	图 例	编号	符号名称	图 例
1	坚固房屋 4—房屋层数		7	经济作物地	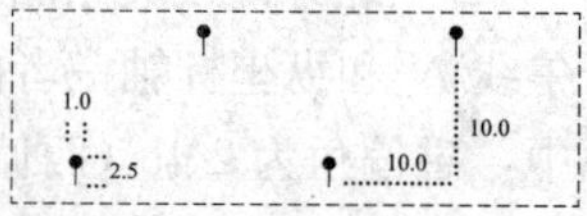
2	普通房屋 2—房屋层数		8	水生作物地 a. 非常年积水的菱——品种名称	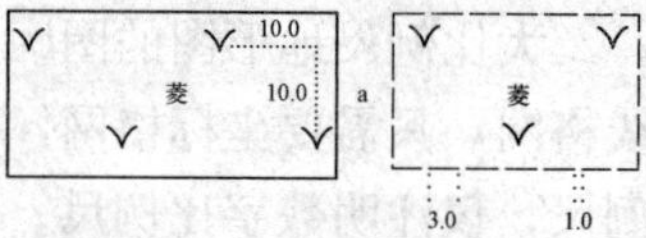
3	窑洞 a. 地面上的 a1. 依比例尺的 a2. 不依比例尺的 a3. 房屋式窑洞 b. 地面下的 b1. 依比例尺的 b2. 不依比例尺的	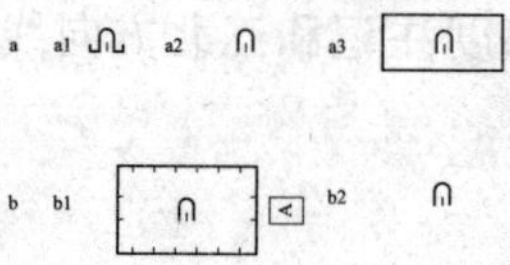	9	稻田 a. 田埂	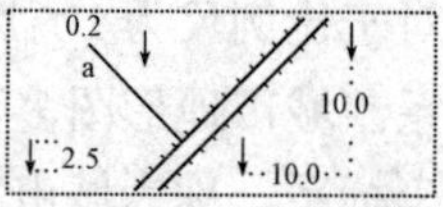
33	台阶	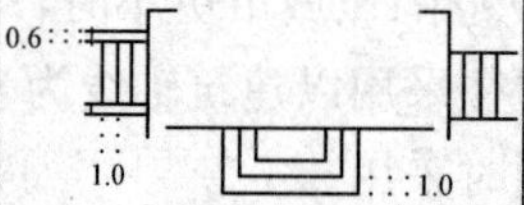	10	旱地	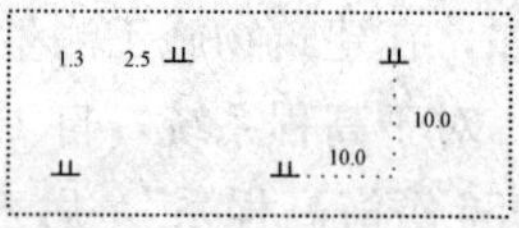
5	花圃、花坛		11	灌木林 a. 大面积的 b. 独立灌木丛 c. 狭长灌木丛	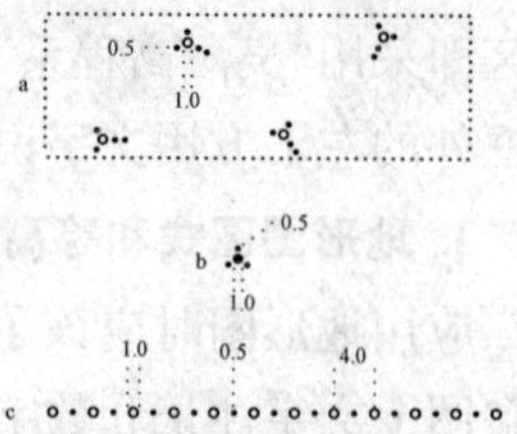
6	草地 a. 天然草地 b. 改良草地 c. 人工牧草地 d. 人工绿地	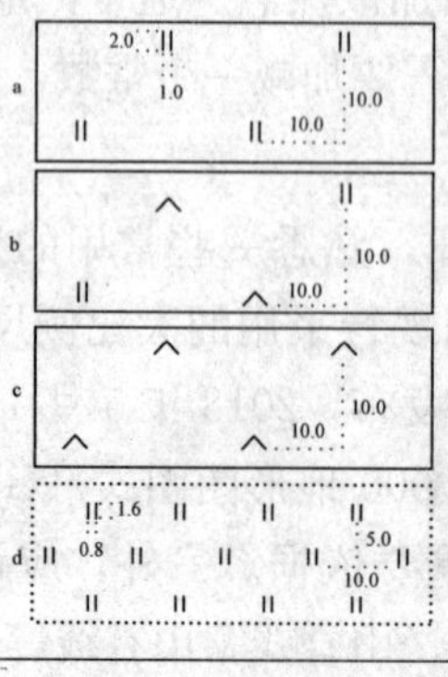	12	菜地	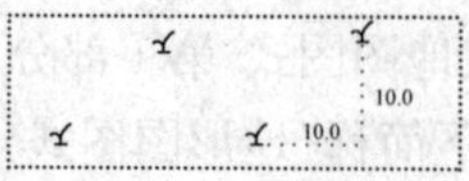

编号	符号名称	图　例	编号	符号名称	图　例
13	高压线		22	公路	
14	低压线		23	简易公路	
15	电杆	1.0 ⸬○	24	大车路	
16	电线架		25	小路	
17	围墙 a. 依比例尺的 b. 不依比例尺的		26	三角点 a. 土堆上的	
18	栅栏、栏杆		27	图根点 1. 埋石的 2. 不埋石的	
19	篱笆		28	水准点	
20	活树篱笆		29	旗杆	
21	沟渠 a. 低于地面的 b. 高于地面的 c. 渠首		30	水塔 a. 依比例尺的 b. 不依比例尺的	
			31	烟囱及烟道 a. 烟囱 b. 烟道 c. 架空烟道	
			32	气象台(站)	
			33	消防栓	

地物在地形图中是用地物符号来表示的。地物符号按其特点又可分为比例符号、半比例符号和非比例符号三种。有些占地面积较大（以比例尺精度衡量）的地物，如地面上的房屋、桥、旱田、湖泊、植被等地物可以按测图比例尺缩小，用《地形图图式》中的规定符号绘出，称为比例符号；而有些地物由于占地面积很小，如三角点、导线点、水准点、水井、旗杆等按比例缩小无法在图上绘出，只能用特定的、统一尺寸的符号表示它的中心位置，这样的符号称为非比例符号；对于有些呈线状延伸的地物，如铁路、公路、管线、河流、渠道、围墙、篱笆等，其长度能按测图比例尺缩绘，但其宽度不能，这样的符号称为半比例符号。

在不同比例尺的地形图上表示地面上同一地物，由于测图比例尺的变化，所使用的符号也会变化。某一地物在大比例尺地形图上用比例符号表示，而在中、小比例尺地形图上则可能就变成非比例符号或半比例符号。

4.1.5 地貌符号

在地形图上表示地貌的方法有多种。目前，最常用的表示地面高低起伏变化的方法是等高线法，所以，等高线是常见的地貌符号。但对梯田、峭壁、冲沟等特殊的地貌，不便用等高线表示时，可根据《地形图图式》绘制相应的符号。

等高线及其种类　　　　等高线的特征及
　　　　　　　　　　　典型地貌等高线

1. 等高线的概念

地面上高程相等的相邻各点连接的闭合曲线，称为等高线。如图 4-1-10 所示，设想有一座小岛在湖泊中，开始时水面高程为 40 m，则水面与山体的交线即 40 m 的等高线；若湖泊水位不断升高，达到 60 m，则山体与水面的交线为 60 m 的等高线；以此类推，直到水位上升到 100 m 时，淹没山顶而得 100 m 的等高线。然后将这些实地的等高线沿铅垂方向投影到水平面上，并按规定的比例尺缩小绘制在图纸上，就得到与实地形状相似的等高线。显然，图上的等高线形态取决于实地山头的形态，陡坡则等高线密，缓坡则等高线疏。所以，可从图上等高线的形状及分布来判断实地地貌的形态。

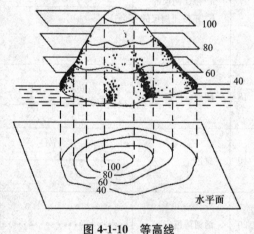

图 4-1-10　等高线

2. 等高距和等高线平距

(1)相邻两等高线之间的高差称为等高距，用 h 表示。在同一幅地形图上只能有一个等高距，通常按测图的比例尺和测区地形类别，确定测图的基本等高距，见表 4-1-6。

(2)相邻两等高线之间的水平距离称为等高线平距，用 d 表示。它随实地地面坡度的变化而改变。h 与 d 的比值就是地面坡度 i，即

$$i = \frac{h}{d} \times 100\%$$

(4-1-6)

表 4-1-6　地形图基本等高距

地形类别	不同比例尺的基本等高距/m			
	1：500	1：1 000	1：2 000	1：5 000
平原	0.5	0.5	1.0	1.0
微丘	0.5	1.0	2.0	2.0
重丘	1.0	1.0	2.0	5.0
山岭	1.0	2.0	2.0	5.0

3. 等高线的种类

为了充分表示出地貌的特征及用图的方便，等高线按其用途可分为四类，如图 4-1-11 所示(图中只画出一部分)。

(1)基本等高线(又称首曲线)，即按基本等高距测绘的等高线。

(2)加粗等高线(又称计曲线)，为易于识图，逢五逢十(指基本等高距的整五或整十倍)，即每隔四条首曲线加粗一条等高线，并在其上注记高程值。

(3)半距等高线(又称间曲线)，在个别地方的地面坡度很小，用基本等高距的等高线不足以显示局部的地貌特征时，可按 1/2 基本等高距用长虚线加绘半距等高线。

(4)1/4 等高线(又称助曲线)，在半距等高线与基本等高线之间，以 1/4 基本等高距再进行加密，且用短虚线绘制的等高线。

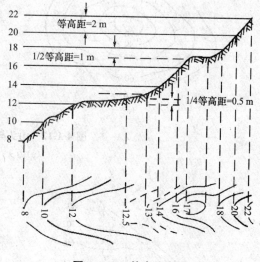

图 4-1-11　等高线类型

4. 典型地貌的等高线

地貌的情况复杂多样，就其形态而言可归纳为以下几种典型类型：

(1)山头与洼地。凸出而高于四周的高地称为山，大的称为山岳，小的称为山丘。山的最高点称为山顶。四周高、中间低的地形称为洼地。图 4-1-12(a)、(b)所示分别为山头与洼地的等高线，这两者的等高线形状完全相同，其特征为一组闭合曲线。为了区分起见，可在其等高线上加绘示坡线或标出各等高线处的高程。示坡线是垂直于等高线指向低处的短线。高程注记一般由低向高。

(2)山脊与山谷。山的凸棱由山顶延伸到山脚称为山脊，两山脊之间的凹部称为山谷，如图 4-1-13(a)、(b)所示。它们的等高线形状呈 U 形，其中山脊的等高线的 U 形凸向低处，山谷的等高线的 U 形凸向高处。山脊最高点连成的棱线称为山脊线，又称为分水线；山谷最低点连成的棱线称为山谷线，又称为集水线。山脊线和山谷线统称为地性线，无论是山脊线还是山谷线都要与等高线垂直正交。在一般工程设计中，要考虑地面水流方向、分水、集水等问题，因此，山脊线与山谷线在地形图测绘和应用中具有重要的意义。

(3)鞍部。相对的两个山脊和山谷的会聚处是马鞍形地形，称为鞍部，又称为垭口。

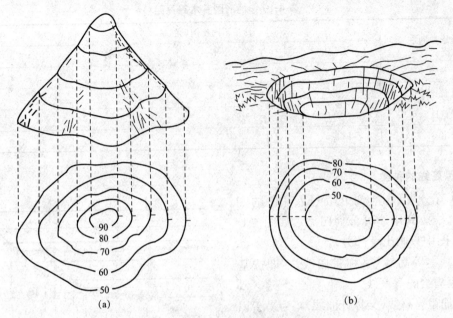

图 4-1-12　山头与洼地及其等高线

(a)山头；(b)洼地

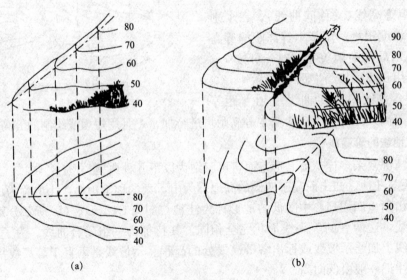

图 4-1-13　山脊线与山谷线及其等高线

(a)山脊线；(b)山谷线

图 4-1-14 所示为两个山顶之间的马鞍形地貌，用两组相对的山脊和山谷的等高线表示。鞍部在山区道路的选用中是一个关键点，越岭道路常需经过鞍部。

（4）悬崖。山的侧面称为山坡，上部凸出、下部凹入的山坡称为悬崖。图 4-1-15 所示为悬崖的等高线，其凹入部分投影到水平面上后与其他等高线相交，俯视时隐藏的等高线用虚线表示。

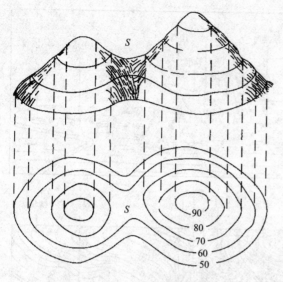

图 4-1-14 鞍部及其等高线

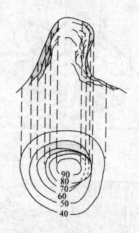

图 4-1-15 悬崖及其等高线

（5）峭壁。近于垂直的山坡称为峭壁或绝壁、陡崖。图 4-1-16 所示为峭壁的等高线，这种地形的等高线一般配合有特定的符号（如该图的锯齿形的断崖符号）来完成。

（6）其他。地面上由于各种自然和人为的原因而形成了多种新的形态，如冲沟、陡坎、崩崖、滑坡、雨裂、梯田坎等。这些形态用等高线难以表示，绘图时可用《地形图图式》规定的符号表示。

识别上述典型地貌的等高线表示方法以后，就基本能够认识地形图上用等高线表示的复杂地貌。图 4-1-17 所示为某一地区综合地貌及其等高线地形图，读者可对照识别。

5. 等高线的特征

为了掌握等高线表示地貌的规律，便于测绘等高线，必须了解等高线的以下特征：

（1）在同一等高线上所有各点的高程都相等。

（2）每一条等高线都必须成一组闭合曲线，因图幅大小限制或遇到地物符号时可以中断，但要绘制到图幅或地物边；不能在图中中断。

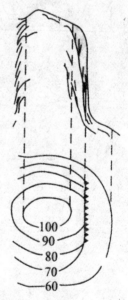

图 4-1-16 峭壁及其等高线

（3）在同一幅地形图上等高距是相同的，因此，等高线密度越大（平距越小），表示地面坡度越陡；反之，等高线密度越小（平距越大），表示地面坡度越缓。等高线密度相同（平距相等），表示坡度均匀。

（4）山脊线、山谷线都要与等高线垂直相交。

（5）等高线跨越河流时，不能直穿而过，要渐渐折向上游，过河后再渐渐折向下游，如图 4-1-18 所示。

（6）等高线通常不能相交或重叠，只有在峭壁和悬崖处才会重叠或相交，如图 4-1-15 所示。

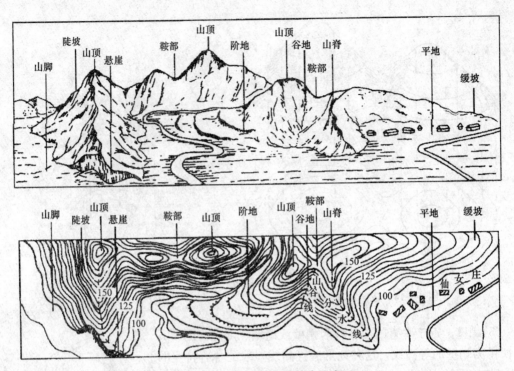

图 4-1-17　综合地貌及其等高线表示

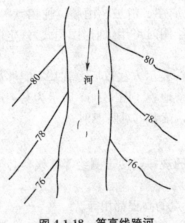

图 4-1-18　等高线跨河

4.2　数字地形图测绘

平板仪测图和经纬仪测图通称白纸测图。其是过去相当长一段时期城市测量和工程测量大比例尺地形图测绘的主要方法。其实质上是将测得的观测值用图解的方法转化为图形，这一转化过程基本是在野外实现的，劳动强度较大，质量管理难；再者，这个转化过程将使测得的数据所达到的精度大幅度降低，变更、修改也极不方便，难以适应当前经济建设的需要。

随着电子技术和计算机技术日新月异的发展及其在测绘领域的广泛应用，20 世纪 80 年代产生了电子速测仪、电子数据终端，并逐步地构成野外数据采集系统，将其与内业机助制图系统结合，形成了一套从野外数据采集到内业制图全过程的、实现数字化和自动化的测量制图系统，通常称作数字化测图。广义的数字化测图主要包括全野外数字测图（或称地面数字测图、内外一体化测图）、地图数字化成图、摄影测量和遥感数字测图；狭义的数字测图是指全野外数字测图。本部分主要介绍全野外数字测图技术。

4.2.1 数字化测图的准备工作

在进行数字化测图之前，要做好详细周密的准备工作。数字化测图前期的准备工作主要包括收集资料、测区踏勘、制定技术方案、仪器准备等。

1. 收集资料

数字化测图的前期，收集资料是很关键的工作。应广泛收集测区各项有关资料，并对资料进行综合分析和研究，作为设计时的依据和参考。资料完整、准确与否，直接关系到能否正确制定技术设计方案及其他后续工作的进展。

除收集测绘活动相关专业的政策性文件外，应重点收集测区有关的各种比例尺地形图和其他有关图纸（如交通图），以及已有控制网的成果资料（如技术总结、控制点网图、点之记、成果表和平差资料等），另外，应收集测区内的社会情况、交通运输、物资供应、风俗习惯、行政区划、气象、植被、水系、土质、建筑物、居民地及特殊地貌等资料。

2. 测区踏勘

测区踏勘的目的是了解测区的位置范围、行政区划；了解测区的自然地理条件、交通运输条件和气象条件等情况；了解测区已有测量控制点的实际位置和保存情况，核对旧有的标石和点之记是否与实地一致；根据地物、地貌与隐蔽情况，以及旧有控制点的密度和分布情况，初步考虑地形控制网（图根控制网）的布设方案和采取的必要措施；了解测区一些特殊地物及其表示方法，同时，还要了解地形图绘制困难类别。

3. 制定技术方案

技术设计是一项技术性和政策性很强的工作，设计时应遵循的原则：技术设计方案应先考虑整体而后局部，且顾及发展；要满足用户的要求，重视社会效益；要从测区的实际情况出发，考虑作业单位的人员素质和装备情况，选择最佳作业方案；广泛收集、认真分析及充分利用已有的测绘成果和资料；尽量采用新技术、新方法和新工艺；当测图面积相当大且需要的时间较长时，可根据用图单位的规划将测区划分为几个小区，分别进行技术设计；当测图任务较小时，技术设计的详略可视具体情况而定。

技术设计主要包括任务概述、控制测量设计、数字测图设计、质量保证及安全措施、工作计划安排和上交资料清单等。

4. 仪器准备

数字化测图实施前应准备好测绘仪器，仪器设备必须经过测绘计量鉴定合格后方可投入使用。除准备仪器外，还应准备图板、皮尺、记录手簿、木桩、钢钉、油漆、斧子等。

4.2.2　数字化测图的外业工作

在进行数字化测图时，外业工作是尤为重要的一个组成部分。外业工作质量的好坏直接决定最终成果的优劣。与传统的白纸测图一样，数字化测图的外业工作包括控制测量和碎部测量。

1. 图根控制测量

图根控制测量主要是在测区高级控制点密度满足不了大比例尺数字测图需求时，适当加密布设而成。当前，数字化测图工作主要是进行大比例尺数字地形图和各种专题图的测绘，因此控制测量部分主要是进行图根控制测量。图根控制测量主要包括平面控制测量和高程控制测量。平面控制测量确定图根点的平面坐标，高程控制测量确定图根点的高程。

图根平面控制和高程控制测量可同时进行，也可分别进行。图根点相对于邻近等级控制点的点位中误差不应大于图上 0.1 mm，高程中误差不应大于基本等高距的 1/10。对于较小测区，图根控制可作为首级控制。表 4-2-1 所示是一般地区解析图根点的数量要求。

表 4-2-1　一般地区解析图根点的数量要求

测图比例尺	图幅尺寸/cm	解析图根点数量/个		
		全站仪测图	GPS-RTK 测图	平板测图
1∶500	50×50	2	1	8
1∶1 000	50×50	3	1~2	12
1∶2 000	50×50	4	2	15
1∶5 000	40×40	6	3	30

注：表中所列数量，是指施测该图幅可利用的全部解析控制点数量。

图根控制目前主要是利用全站仪、GPS 和水准仪等仪器进行施测。其布设形式和具体施测过程随工程需要的精度及使用的仪器而定。

(1)全站仪图根控制测量。利用全站仪进行图根控制测量，对于图根点的布设，可采用图根导线、图根三角和交会定点等方法。由于导线的形式灵活，受地形等环境条件的影响较小，一般采用导线测量法，也可以采用一步测量法。

如图 4-2-1 所示，一步测量法就是在图根导线选点、埋桩以后，将图根导线测量与碎部测量同时作业。在测定导线后，提取各条导线测量数据进行导线平差，然后可按新坐标对碎部点进行坐标重算。目前，许多测图软件都支持这种作业方法。

(2)GPS 控制测量。在相对大面积的测图工程中，选择运用 GPS 进行控制测量更为合适。与常规方法相比，应用 GPS 进行控制测量有许多优点：可以得到高精度的测量结果；点位选择要求灵活，不需要各点之间互相通视；作业效率高，几乎不受天气影响，可以全天候作业；观测数据自动记录等。

2. 碎部点数据采集

在测定的控制点基础上，可以根据实际选择不同的测量方法进行碎部点数据采集。目前，常用的是全站仪测量法和 GPS-RTK 测量法。

无论是用全站仪还是用 GPS-RTK 进行碎部点采集，除采集点位信息（测点坐标）外，

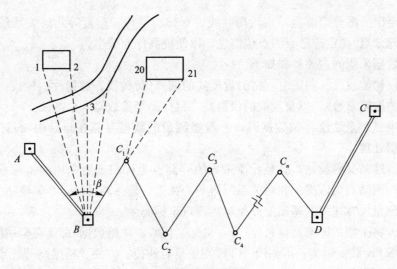

图 4-2-1　一步测量法

还应采集该测点的属性信息及连接信息，以便计算机生成图形文件，进行图形处理。需要注意的是，不同的数字测图软件在数据采集方法、数据记录格式、图形文件格式和图形编辑功能等方面会有所不同。测站点属性和连接信息可以通过草图记录。

（1）工作草图。工作草图是内业绘图的依据，尤其是采用测记法进行野外数据采集时，工作草图是绘图的必需品，也是成果图质量的保证。

　　工作草图的主要内容有地物的相对位置、地貌的地性线、点名、丈量距离记录、地理名称和说明注记等。测量开始之前，绘草图人员首先对测站周围的地形、地物分布情况大概看一遍，及时按近似比例勾绘一份含主要地物、地貌的工作草图，便于开始观测后及时在草图上标明所测碎部点的位置及编号。在随采集数据一块进行时，最好在每到一测站时，整体观察一下周围地物，尽量保证一张草图将一测站所测地物表示完全，对地物密集处标上标记另起一页放大表示。在有电子记录手簿时，一定要和手簿记录的点号一致，如图 4-2-2 所示。

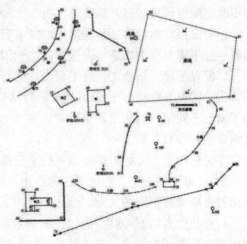

图 4-2-2　工作草图

　　（2）数据采集。

　　1）全站仪数据采集。全站仪数据采集根据极坐标测量的方法，通过测定出已知点与地面上任意一待定点之间相对关系（角度、距离、高差），利用全站仪内部自带的计算程序计算出待定点的三维坐标 $(X，Y，H)$。

　　在使用全站仪采集碎部点点位信息时，因外界条件影响，不可能全部直接采集到碎部点点位信息，且对所有碎部点直接采集的工作量大、效率低，因此必须采用"测、算结合"的方法（在野外数据采集时，利用全站仪通过极坐标的方法采集部分"基本碎部点"，结合勘丈的方法测定出一部分碎部点，再运用共线、对称、平行、垂直等几何关系最终测定出所需要的所有碎部点)测定碎部点的点位信息，以便提高作业效率。

全站仪数据采集的主要步骤如下：

①全站仪初始设置。测量时，将测量模式的选择(免棱镜、放射片、棱镜，当使用棱镜时所用棱镜的棱镜常数)，以及量取的仪器高、目标高等参数输入全站仪。

②建立项目。全站仪存储数据时，一般将测量的数据存储在自己的项目(文件夹)中，以便后续数据处理。

③建站。建站又称设站，就是让所采集的碎部点坐标归于所采用的坐标系，即全站仪所测点是由以测站点为依据的相对关系所得的。在进行坐标测量时，必须建站。

④坐标测量。在建站的基础上开始对待测点坐标测量。

⑤存储。将采集的碎部点信息(点号、坐标、代码、原始数据)存储在全站仪内存中。

2)GPS-RTK 数据采集。因 GPS-RTK 测量具有快捷、方便、精度高等优点，已被广泛用于碎部点数据采集工作中。在大比例尺数字测图工作中，采用 GPS-RTK 技术进行碎部点数据采集，可不布设各级控制点，仅依据一定数量的基准控制点，不要求点间通视(但在影响 GPS 卫星信号接收的遮蔽地带，还应采用常规的测绘方法进行细部测量)，在要测的碎部点上停留几秒钟，能实时测定点的位置并能达到厘米级精度。

GPS-RTK 数据采集的主要步骤如下：

①架设基准站。将基准站 GPS 接收机安置在视野开阔、地势较高的地方，第一次启动基准站时，需要通过手簿对启动参数进行设置，如差分格式等，并设置数据链，以后作业如不改变配置可直接打开基准站主机。

②架设移动站。确认基准站发射成果后，即可开始移动站的架设。移动站架设完成后，需要通过手簿对移动站进行设置才能达到固定解的状态。

③配置手簿。新建工程对工程参数进行设置，如坐标系、中央子午线等。

④求转换参数。由于 GPS 接收机直接输出来的数据是 WGS-84 的经、纬度坐标，因此为了满足不同用户的测量需求，需要将 WGS-84 的经、纬度坐标转化为施工测量坐标，这就需要进行参数转换。

⑤坐标测量。开始对待测点进行坐标测量。

(3)碎部点的确定。在地形图测绘中，能否准确确定和取舍典型地物、地貌点是正确绘制出符合要求地形图的关键。具体规定如下：

1)点状要素(独立地物)能按比例表示时应按实际形状采集，不能按比例表示时应精确测定其定位点或定线点。有方向的点状要素应先采集其定位点，再采集其方向点(线)。

2)线状要素采集时应视其变化情况进行测量，较复杂时可适当增加地物点密度，以保证曲线的准确拟合。具有多种属性的线状要素(线状地物、面状地物公共边，线状地物与面状地物边界线的重合部分)应只采集一次，但应处理好要素之间的关系。

3)水系及其附属物应按实际形状采集。河流应测记水流方向；水渠测记渠顶边和渠底高程；堤、坝应测记顶部及坡脚高程；泉、井应测记泉的出水口及井台高程，并标记井台至水面深度。

4)各类建筑物、构筑物及其主要附属设施均应采集。房屋以墙基为准采集。居民区可视测图比例尺大小或需要适当综合。建筑物、构筑物轮廓凹凸在图上小于 0.5 mm 时，可予以综合。

5)公路与其他双线道路应按实际宽度依比例尺采集。采集时，应同时采集范围内的绿地或隔离带，并正确表示各级道路之间的通过关系。

6)地上管线的转角点应实测，管线直线部分的支架线杆和附属设施密集时，可适当取舍。

7)地貌一般以等高线表示，特征明显的地貌不能用等高线表示时，应以符号表示。高程点一般选择明显地物点或地形特征点，山顶、鞍部、凹地、山脊、谷底及倾斜变换处应测记高程点，所采集高程点密度应符合表 4-2-2 的规定。

8)斜坡、陡坎比高小于 1/2 基本等高距或在图上长度小于 5 mm 时可舍去。当斜坡、陡坎较密时，可适当取舍。

表 4-2-2　地形点间距

比例尺	1：500	1：1 000	1：2 000
地形点平均间距/m	15	30	60

4.2.3　数字化测图的内业工作

数字化测图内业是相对于数字化测图外业而言的，简单地说，就是将野外采集的碎部点数据信息在室内传输到计算机上并进行处理和编辑的过程。数字化测图内业工作与传统白纸测图的模拟法成图相比具有显著的特点，如成图周期短、成图规范化、成图精度高、分幅接边方便、易于修改和更新等。

由于数字化测图的内业处理是根据外业测量的地形信息进行图形编辑、地物属性注记，如果外业采集的地形信息不全面，内业处理就比较困难，因此数字化测图内业工作对外业记录依赖性比较强，并且数字化测图内业工作完成后一般要输出到图纸上，到野外检查、核对。

数字化测图内业包括数据传输、数据格式转换、图形编辑与整饰等。本部分内容结合南方 CASS 软件介绍数字化测图内业处理流程。

1. 数据传输

数据传输主要是指将采集到的数据按一定的格式传输到内业处理计算机上。全站仪的数据通信主要是利用全站仪的输出接口或内存卡，将全站仪内存中的数据文件传送到计算机；GPS-RTK 数据通信是电子手簿与计算机之间进行的数据交换。

2. 数据格式转换

数据格式转换是将数据按一定的格式形成一个文件供内业处理时使用。该文件用来存放从仪器传输过来的坐标数据，也称为坐标数据文件。坐标数据文件名用户可以按需要自行命名，坐标数据文件是 CASS 最基础的数据文件，扩展名是".dat"。该文件数据格式为

1 点点名，1 点编码，1 点 Y(东)坐标，1 点 X(北)坐标，1 点高程

…

N 点点名，N 点编码，N 点 Y(东)坐标，N 点 X(北)坐标，N 点高程

该数据文件可以通过记事本的格式打开查看，如图 4-2-3 所示。其中文件中每一行表示一个点，点名、编码和坐标之间用逗号隔开，当编码为空时其后的逗号也不能省略。逗号不能在全角方式下输入，否则在读取数据文件时系统会提示数据文件格式不对。

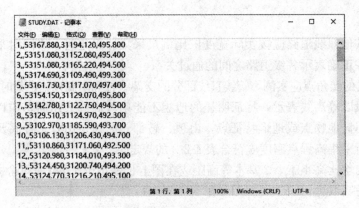

图 4-2-3　CASS 数据文件

3. 图形编辑

(1)定显示区。定显示区的作用是根据输入坐标数据文件的数据大小定义屏幕显示区域的大小，以保证所有碎部点都能显示在屏幕上。在"绘图处理"菜单下拉列表中单击"定显示区"按钮，弹出"输入坐标数据文件名"对话框，如图 4-2-4 所示。指定打开文件的路径，并单击"打开"按钮，完成定显示区操作。命令区显示坐标范围信息。

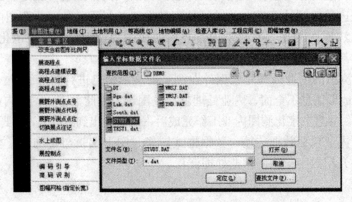

图 4-2-4　"输入坐标数据文件名"对话框

(2)展野外测点点号。展点是将坐标数据文件中的各个碎部点点位及点号显示在计算机的屏幕上。在"绘图处理"菜单下单击"展野外测点点号"按钮，命令提示行显示"绘图比例尺<1:500>"，如果需要绘制其他比例尺的地形图，则输入比例尺分母数值后按[Enter]键。默认绘图比例尺为 1:500，直接按[Enter]键默认当前绘图比例尺为 1:500，弹出"输入坐标数据文件名"对话框，如图 4-2-4 所示，指定打开文件的路径，并单击"打开"按钮，完成展野外测点点号的操作，此时在绘图区域上展出野外测点的点号，如图 4-2-5 所示。

图 4-2-5　展野外测点点号

（3）选择"点号定位"模式。点号定位法成图时，点位的获取是通过点号，而不是利用"捕捉"功能直接在屏幕上捕捉所展的点。选择点号定位模式，是为了后期绘图更加方便、快捷，也可以变换为坐标定位模式。单击绘图区域右侧的地物绘制工具栏列表中的"坐标定位"按钮，在弹出的下拉菜单中选择"点号定位"后，弹出图 4-2-6 所示的"选择点号对应的坐标点数据文件名"对话框，指定打开文件的路径，并单击"打开"按钮，完成"点号定位"模式的选择。

图 4-2-6 "选择点号对应的坐标点数据文件名"对话框

（4）地物绘制。CASS 软件可将所有地物要素分为控制点、水系设施、居民地、交通设施等。所有的地形图图式符号都是按照图层来管理的，每一个菜单都对应一个图层。绘图时，根据野外作业时绘制的工作草图，首先选择右侧菜单中对应的选项，然后从弹出的界面中选择相应的地形图图式符号，单击后根据提示进行绘制。结合 CASS 安装目录内实例 STUDY.dat 文件，下面举例说明。

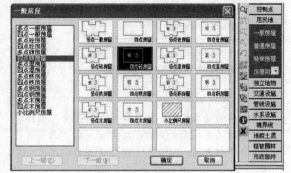

图 4-2-7 "一般房屋"图式列表

1）绘制四点砖房屋。单击地物绘制工具栏"居民地"中"一般房屋"，在弹出的图 4-2-7 所示的"一般房屋"图式列表中选中"四点砖房屋"选项，单击"确定"按钮后，按表 4-2-3 所示的步骤进行绘制。

表 4-2-3 四点砖房屋绘制步骤

步骤	命令提示信息	输入字符	键操作	说明
1	1. 已知三点/2. 已知两点及宽度/3. 已知四点<1>	1	Enter	1—以已知三点方式绘制房屋； 2—以已知两点和宽度方式绘制房屋； 3—以已知四点方式绘制房屋
2	第一点： 鼠标定点 P/<点号>	3	Enter	
3	第二点： 鼠标定点 P/<点号>	39	Enter	依次输入房屋的 3 个已知测点
4	第三点： 鼠标定点 P/<点号>	16	Enter	
5	输入层数：<1>	2	Enter	输入砖房层数，完成房屋绘制

2）绘制平行县道乡道。单击软件右侧的地物绘制工具栏中"交通设施"中的"城际公路"按钮，在弹出的图 4-2-8 所示的"城际公路"图式列表中选中"平行县道乡道"，单击"确定"按钮后，按表 4-2-4 所示的步骤进行绘制。

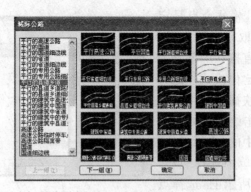

图 4-2-8　城际公路图式列表

表 4-2-4　平行县道乡道绘制步骤

步骤	命令提示信息	输入字符	键操作	说明
1	第一点： 鼠标定点 P/＜点号＞	92	Enter	
2	曲线 Q/边长交会 B/跟踪 T/区间跟踪 N/垂直 距离 Z/平行线 X/两边距离 L/点 P/＜点号＞	45	Enter	使用折线依次连接道路一侧的测 点点号
3		46	Enter	
4	曲线 Q/边长交会 B/跟踪 T/区间跟踪 N/垂直 距离 Z/平行线 X/两边距离 L/隔一点 J/微导线 A/延伸 E/插点 I/回退 U/换向 H/点 P/＜点号＞	13	Enter	
5		47	Enter	
6		48	Enter	
7			Enter	结束道路一侧的测点连续
8	拟合线＜N＞？	Y	Enter	Y—拟合为光滑曲线； N—不拟合为光滑曲线
9	1. 边点式/2. 边宽式/(按[Esc]键退出)	1	Enter	1—要求输入道路一侧测点； 2—要求输入道路宽度
10	对面一点： 鼠标定点 P/＜点号＞	19	Enter	输入道路另一侧测点确定路宽， 完成道路绘制

（5）等高线绘制。在地形图中，等高线是表示地貌起伏的一种重要手段。在数字化自动成图系统中，等高线由计算机自动勾绘。首先，由离散点和一套对地表提供连续描述的算法构建数字地面模型（DTM），即规则的矩形格网和不规则的三角形格网（TIN）；然后，在矩形格网或不规则的三角形格网上跟踪等高线通过点；最后，利用适当的光滑函数对等高线通过点进行光滑处理，从而形成光滑的等高线。

1）展高程点。在"绘图处理"菜单中单击"展高程点"按钮，弹出"输入坐标数据文件名"对话框，指定打开文件的路径，单击"确定"按钮。命令区提示：注记高程点的距离（米），直接按[Enter]键（表示不对高程点注记进行取舍，全部展出来）。

2）建立数字地面模型（DTM）。数字地面模型（DTM）是以数字形式按一定的结构组织在一起，表示实际地形特征的空间分布，是地形属性特征的数字描述。在"等高线"菜单中单击"建立 DTM"按钮弹出"建立 DTM"对话框，如图 4-2-9 所示；然后，在"选择建立 DTM

的方式"选项组中勾选"由数据文件生成"单选按钮,并勾选"建模过程考虑陡坎""建模过程考虑地性线"复选框。

由于地形条件的限制,一般情况下,利用外业采集的碎部点很难一次性生成理想的等高线;另外,因现实地貌的多样性和复杂性,自动构成的数字地面模型与实际地貌不一致,这时可以通过修改三角网来修改这些局部不合理的地方。

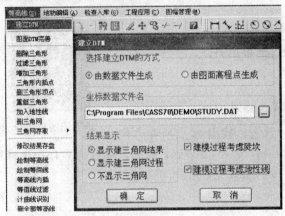

图 4-2-9 "建立 DTM"对话框

3)绘制等高线。在"等高线"菜单中单击"绘制等值线"按钮,弹出"绘制等值线"对话框,如图 4-2-10 所示,设置等高距和拟合方式,单击"确定"按钮,由 DTM 模型自动勾绘出对应的等高线。

4)等高线的编辑。完成等高线绘制后,将建立 DTM 时生成的三角网删除,进行等高线注记、示坡线注记等,还需要处理好等高线与地物之间的关系。这时,就要对等高线进行修剪,如对道路、居民地等进行局部修改,如图 4-2-11 所示。

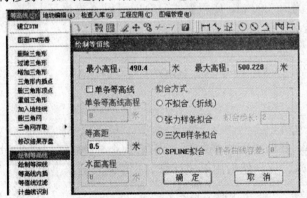

图 4-2-10 "绘制等值线"对话框

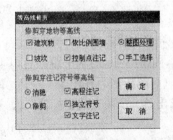

图 4-2-11 "等高线修剪"对话框

(6)地形图整饰。地形图整饰包括文字注记、绘制图框等内容。数字图测绘时,地物、地貌除用一定的符号表示外,还需要加以文字注记,如用文字注明地名、河流、道路的材料等。在绘制图框时,应先设置图框参数,如坐标系、高程系等,图框的大小不仅有标准的,还有任意尺寸的,而且还有斜图框,只要输入所需的参数,指定插入点,即可完成绘制。

4.3 地形图的应用

由于地形图全面、客观地反映了地面的地形情况，因此地形图是工程建设中不可缺少的重要资料。

4.3.1 地形图的基本应用

地形图的应用(一)　　地形图的应用(二)

1. 求点的坐标

如图 4-3-1 所示，A 点的坐标可利用图廓坐标格网的坐标值来求出。首先，找出 A 点所在方格的西南角坐标 $x_0=5\ 200$ m，$y_0=1\ 200$ m；然后，通过 A 点作出坐标格网的平行线 ab、cd，再按测图比例尺(1∶2 000)量取 aA 和 cA 的长度，则

$$\left.\begin{array}{l} x_A=x_0+cA \\ y_A=y_0+aA \end{array}\right\} \tag{4-3-1}$$

若精度要求较高，应考虑到图纸伸缩的影响，则需量出 ab、cd 的长度。从理论上讲：$ab=cd=l$，l 为坐标格网边长(理论值一般为 10 cm)对应的长度。由于图纸伸缩及量测长度有一定误差，式(4-3-1)一般不成立，故 A 点的坐标应按下式计算：

$$\left.\begin{array}{l} x_A=x_0+\dfrac{l}{cd}\times cA \\[2mm] y_A=y_0+\dfrac{l}{ab}\times aA \end{array}\right\} \tag{4-3-2}$$

例如，在图 4-3-1 中，根据比例尺量出 $aA=81.5$ m，$cA=134.3$ m，$ab=200.3$ m，$cd=200.2$ m。已知坐标格网边长的名义长度为 $l=200$ m，则根据式(4-3-2)可得 A 点坐标：

$$\left.\begin{array}{l} x_A=5\ 200+\dfrac{200}{200.2}\times 134.3=5\ 334.2(\text{m}) \\[2mm] y_A=1\ 200+\dfrac{200}{200.3}\times 81.5=1\ 281.4(\text{m}) \end{array}\right\}$$

2. 求两点之间的水平距离

求图上两点的水平距离有以下两种方法：

(1)解析法。在图 4-3-1 中，欲求 A、B 两点的水平距离，先按式(4-3-1)或式(4-3-2)分别求出 A、B 两点的坐标值 x_A、y_A 和 x_B、y_B，然后用下式计算 A、B 两点的水平距离：

$$D_{AB}=\sqrt{(x_B-x_A)^2+(y_B-y_A)^2} \tag{4-3-3}$$

由此算得的水平距离不受图纸伸缩的影响。

(2)图解法。图解法即在图上直接量取 A、B 两点的长度，或用卡规卡出 AB 线段的长度，再与图示比例尺比量，即可得出 AB 间的水平距离。

3. 确定直线的方位角

(1)解析法。如图 4-3-1 所示，欲求 AB 直线的坐标方位角，可按式(4-3-1)或式(4-3-2)分别求出 A、B 两点的坐标，再利用坐标反算求得坐标方位角：

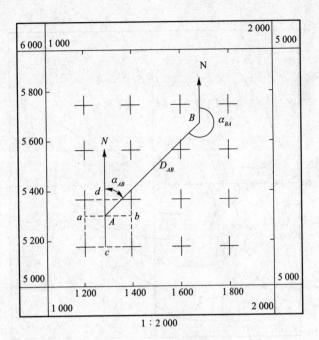

图 4-3-1 确定点的坐标

$$\alpha_{AB} = \arctan \frac{y_B - y_A}{x_B - x_A} \tag{4-3-4}$$

(2)图解法。图解法即在图上直接量取角度。其方法是分别过 A、B 两点作坐标纵轴的平行线，然后用量角器分别量取 AB、BA 的坐标方位角 α_{AB} 和 α_{BA}。此时，若两角相差 $180°$，可取此结果为最终结果；否则，取两者平均值作为最终结果。

4. 求点的高程

在地形图上求任何一点的高程，都可根据等高线和高程注记来完成。如果所求点恰好位于某一根等高线上，则该点的高程就等于该等高线的高程。图 4-3-2 中所示 E 点的高程为 54 m。

如果所求点位于两根等高线之间，则可以按比例关系求得其高程。如图 4-3-2 中所示的 F 点位于 53 m 和 54 m 两根等高线之间，可通过 F 点作一大致与两根等高线相垂直的直线，交两根等高线于 m、n 两点，从图上量得 $mn = d$，$mF = s$，设等高线的等高距为 h（该图 $h =$ 1 m），则 F 点的高程为

$$H_F = H_m + \frac{s}{d} \times h \tag{4-3-5}$$

式中　H_m——m 点的高程（在图 4-3-2 中为 53 m）。

5. 求直线的坡度

地面上两点的高差与其水平距离的比值称为坡度，通常用 i 表示。欲求图上直线的坡度，可按前述的方法求出直线段的水平距离 D 与高差 h，再由下式计算其坡度：

$$i = \frac{h}{D} = \frac{h}{d \times M} \tag{4-3-6}$$

式中　d——图上两点之间的长度；

　　　M——测图比例尺分母。

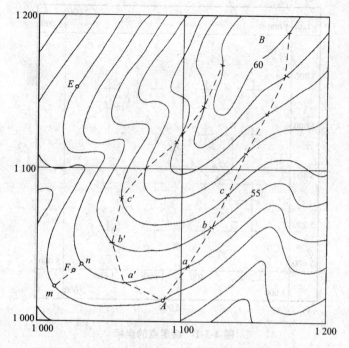

图 4-3-2　确定点的高程及选定等坡路线

坡度常用百分率(%)或千分率(‰)表示，通常直线段所通过的地形有高低起伏，是不规则的，因而，所求的直线坡度实际为平均坡度。

4.3.2　地形图在工程中的应用

1. 按坡度限值选定最短路线

在山地或丘陵地区进行道路、管线等工程设计时，常遇到坡度限值的问题，为了减小工程量、降低施工费用，要求在不超过某一坡度限值 i 的条件下选择一条最短线路。如图 4-3-2 所示，在比例尺为 1∶1 000 的地形图上，等高线的等高距为 1 m，需从 A 点到高地 B 点选出一条最短路线，要求坡度限制为 4%。为了满足坡度限值的要求，先按式(4-3-6)求出符合该坡度限值的两等高线之间的最短平距为

$$D=\frac{h}{i}=\frac{1}{4\%}=25(\text{m})$$

也可用：

$$d=\frac{h}{i\times M}=\frac{1}{4\%\times 1\,000}=2.5(\text{cm})$$

按地形图的比例尺 1∶1 000，用两脚规截取实地 25 m 对应于图上的长度为：25/1 000＝2.5(cm)，然后在地形图上以 A 点(高程为 53 m)为圆心，以 2.5 cm 长为半径作圆弧，圆弧与高程为 54 m 的等高线相交，得到 a 点；再以 a 点为圆心，用同样的方法截交高程为 55 m 等高线，得到 b 点；依此进行直至 B 点；然后，将相邻点连接，便得到 4% 的等坡度路线：$A{\rightarrow}a{\rightarrow}b{\rightarrow}c{\rightarrow}\cdots{\rightarrow}B$。在该图上，按同样方法尚可沿另一方向定出第二条路线 $A{\rightarrow}a'{\rightarrow}b'{\rightarrow}c'{\rightarrow}\cdots{\rightarrow}B$，可以作为一个比较方案。

2. 按一定的方向绘制纵断面图

所谓路线纵断面图，是指过一指定方向（路线方向）的竖直面与地面的交线，它反映了在这一指定方向上地面的高低起伏形态。

在进行道路等工程设计时，为了合理地设计竖向曲线和坡度，或为了对工程的填、挖土石方进行概算，则需要了解线路上地面的起伏情况。这时，可根据地形图中的等高线来绘制纵断面图。

如图 4-3-3(a)所示，要了解 A、B 之间的起伏情况，先在地形图上作 A、B 两点的连线，与各等高线相交，各交点的高程即各等高线的高程，而各交点的平距可以在图上用比例尺量得。作地形纵断面图[图 4-3-3(b)]，先在毫米方格纸上画出两条相互垂直的轴线，以横轴 Ad 表示平距，以纵轴 AH 表示高程；然后，在地形图上量取 A 点至各交点及地形特征点（如 a、b 等点）的平距，并将它们分别转绘在横轴上，以相应的高程作为纵坐标，得到各交点在断面上的位置。连接这些点，即得到 AB 方向上的地形断面图。

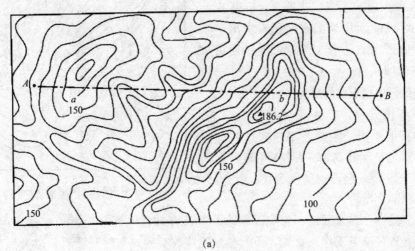

(a)

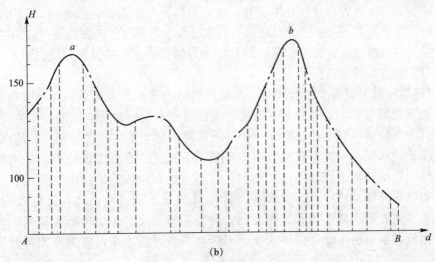

(b)

图 4-3-3　纵断面图的绘制

(a)等高线图；(b)纵断面图

为了更明显地表示地面的高低起伏情况，纵断面图上的高程比例尺一般比平距比例尺大 10 倍。

3. 确定汇水面积

当修筑铁路、公路要跨越河流或山谷时，就必须建造桥梁或涵洞。桥梁、涵洞的大小与形式结构都要取决于这个地区的水流量，而水流量又是根据汇水面积来计算的。所谓汇水面积，是指降雨时有多大面积的雨水汇集起来，且通过设计的桥涵排泄出去。

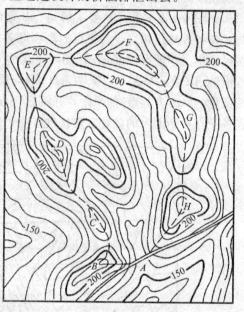

由于雨水是在山脊线（又称分水线）处向其两侧山坡分流，所以汇水面积边界线是由一系列的山脊线连接而成的。如图 4-3-4 所示，一条公路经过一山区，拟在 A 处架桥或修涵洞，需先确定汇水面积。由图中可以看到，山脊线 AB、BC、CD、DE、EF、FG、GH、HA（图中虚线连接）所围成的区域，就是通过桥涵 A 的汇水区，此区域的面积为汇水面积。求出汇水面积后，再依据当地的水文气象资料，便可求出流经 A 点处的水量。

图 4-3-4   确定汇水面积

4. 公路勘测中地形图的应用

道路的路线以平、直较为理想。实际上，由于地形和其他原因的限制，要达到这种理想状态是很困难的。为了选择一条经济而合理的路线，必须进行路线勘测。路线勘测一般可分为初测和定测两个阶段。

路线勘测是一个涉及面广、影响因素多、政策性和技术性都很强的工作。在路线勘测之前，要做好各种准备工作。首先，要收集与路线有关的规划统计资料，以及地形、地质、水文和气象等资料；然后，进行分析研究，在地形图上初步选择路线走向，利用地形图对山区和地形复杂、外界干扰多、牵涉面大的段落进行重点研究。诸如路线可能沿哪些溪流，越哪些垭口；路线通过城镇或工矿区时，是穿过、靠近，还是避开而以支线连接等。研究时，应进行多种方案的比较。

(1)初测是根据上级批准的计划和基本确定的路线走向、控制点和路线等级标准而进行的外业调查勘测工作。通过初测，要求对路线的基本走向和方案做进一步的论证比较，概略地拟订中线位置，提出切合实际的初步设计和修建方案，确定主要工程的概略数量，为编制初步设计和设计概算提供所需的全部资料。因此，在指定的范围内若有现时性强的大比例尺地形图和测量控制网，初测时，就可直接利用该地形图编制路线各方案的带状地形图和纵断面图。然后，若没有现实性很强的大比例尺地形图，就应先布设导线，测量路线各方案的带状地形图和纵断面图；收集沿线水文、地质等有关资料，为纸上定线、编制比较方案的初步设计提供依据。根据初步设计选定某一方案，即可转入路线的定测工作。

(2)定测是具体核定路线方案，实地标定路线，进行路线详细测量，实地布设桥涵等构筑物，并为编制施工图收集资料。在选定设计方案的路线上，进行中线测量、纵断面和横断面测量，以便在实地定出路线中线位置和绘制路线的纵横断面图；对于布设桥涵等构筑物的局部地区，还应提供或测绘大比例尺地形图。这些图件和资料为路线纵坡设计、工程量计算等道路的技术设计提供了详细的测量资料。

由此可见，地形图在道路勘测中起到很重要的作用。

地形图的应用还有许多方面，如场地平整时的填、挖边界的确定和土方量计算、征迁用地等，在此就不一一列举。

思考题与习题

1. 什么是比例尺？什么是比例尺精度？两者有何关系？比例尺精度有何应用？

2. 试述地形图的分幅与编号方法。

3. 什么是等高线？等高线有哪几种类型？如何区别？

4. 按地貌形态而言，地貌可归纳为哪几种典型类型？其等高线有何特点？

5. 叙述等高线的特征。

6. 数字化测图前应做好哪些准备工作？

7. 如何有效合理地选择地物和地貌的特征点？碎部点的密度是如何确定的？

8. 何谓地物？地物一般可分为哪两大类？什么是比例符号、非比例符号、半比例（线型）符号和注记符号？各在什么情况下应用？

9. 数字化测图的外业工作有哪些？

10. 图4-1所示为某地区的等高线地形图，图中单位均为 m。试用解析法解决下列问题：

（1）求 A、B 两点的坐标及 AB 连线的方位角；

（2）求 C 点的高程及 AC 连线的坡度；

（3）从 A 点到 B 点定出一条地面坡度 $i=5\%$ 的路线。

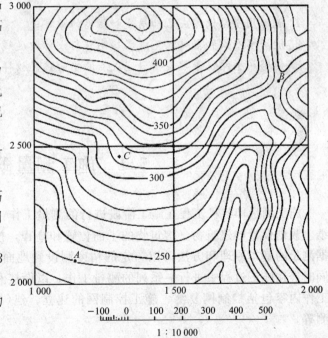

图4-1　某地区的等高线地形图

模块 5　施工测量的基本工作

5.1　施工测量概述

施工测量即各种工程在施工阶段进行的测量工作。施工测量的基本任务是将设计图纸上规划设计的建筑物、构筑物的平面位置和高程,按照设计要求,使用测量仪器,根据测量的基本原理和方法,以一定的精度测设到地面上并设置标志,作为施工的依据;同时,在施工过程中进行一系列的测量工作,以衔接和指导各工序之间的施工。各阶段工作内容包括控制网复测、施工控制网的建立、建(构)筑物放样、竣工测量和变形观测等。

5.1.1　施工测量的特点

施工测量中,主要的工作任务是按设计要求将设计图上的建筑物、构筑物的空间位置测设到实地上,即通常所说的施工放样,简称放样。施工放样采用的方法是测设,地形测量采用的方法是测定。测定与测设在三大基本工作上的区别见表 5-1-1。

表 5-1-1　测定点位与测设点位的区别

测量	水平角度		水平距离		高程	
	已知	求	已知	求	已知	求
测定	三点位置	水平角	两点位置	水平距离	两点位置 一点高程	另一点高程
测设	两点位置 水平角	第三点位置	一点位置 水平距离 方向已知	另一点位置	一点位置 两点高程	另一点位置
注：表中"高程"一栏中"位置"是指高程位置，而非平面位置。						

由表 5-1-1 的对比分析可知，放样是对已知点和设计点的坐标与高程进行反算，从而得到放样所需的角度、距离和高差数据；然后，根据放样数据用测量仪器标定出设计点的实地位置，并埋设标志，与地形测量的工作目的和顺序相反，因此，放样有以下不利因素：

(1)测定时可做多测回重复观测；放样时不便多测回操作。

(2)测定时标志是事先埋好的，可待它们稳定后再开始观测；放样时观测与设点同时进行，标桩埋设地点也不允许选择。

(3)测定时由观测者瞄准固定目标进行读数，一人观测能够眼手协调工作，有利于提高观测速度和精度；放样时往往由观测者指挥助手移动目标进行瞄准，操作时间较长，且观测者与助手间的配合质量会直接影响定点精度。

5.1.2　施工测量的要求

1. 合理选择施工测量精度

施工测量的精度应根据工程性质、设计要求进行合理选择，同时，应尽量满足《工程测量规范》(GB 50026—2007)和专业规范要求。一般情况下，施工测量的精度高于地形图测绘的精度。针对不同的工程，施工测量的精度要求也有所不同，如工业建筑高于民用建筑、钢结构建筑高于钢筋混凝土结构建筑、装配式建筑高于非装配式建筑、高层建筑高于多层建筑。

2. 了解工程相关知识

由于施工测量贯穿施工全过程，施工测量工作直接影响工程质量及施工进度，所以测量人员必须了解工程相关知识。测量人员应详细了解设计内容和工程性质，制定切实可行的施工测量方案，进行图纸复核及放样数据计算，了解施工过程，密切配合施工进度进行工作。

3. 施工测量标志应便于使用和保存

由于施工现场多为地面与高空各工种交叉作业，并有大量的土方填、挖，地面情况变动很大，再加上运输频繁、材料堆放、施工机械使用等很多因素的影响，容易造成测量标志的破坏，所以应妥善保护测量标志，如有损坏应及时修复。

5.1.3　施工测量的方法

任何一项施工测量工作均可认为是由放样依据、放样方法和放样数据三部分组成的。

放样依据就是放样的起始点(施工测量控制点);放样方法是指放样的具体操作步骤;放样数据则是放样时必须具备的数据。

放样的操作过程因使用仪器的不同而有一定的差异。对于构筑物平面位置的放样,常采用的方法有直角坐标法、极坐标法、方向线交会法、前方交会法、轴线交会法、正倒镜投点法、距离交会法、自由设站法和GPS-RTK法等。高程放样的方法通常采用水准测量、钢尺丈量和三角高程测量等。

按照放样精度的要求不同,放样方法可分为直接法和归化法。

1. 直接法

直接法即根据放样起始点和放样数据,在实地直接定出相应的点位。其特点是简单、直接,点位不需要调整。

2. 归化法

归化法是根据放样起始点和放样数据先定出一个点作为过渡点,然后测量该点与已知点的关系(包括夹角、距离、高差),将实测值与理论值进行比较获得差值,然后按照计算的差值对初定点位进行修正,将放样的点位归化到更精确的位置上。

具体实施放样时,应根据工程性质、设计要求等因素,合理选择测设方法。

5.1.4　施工测量的流程

1. 施工前的准备工作

施工前的准备工作主要有交资料、交桩、复测、控制点加密、补桩、征地红线测设、原地面复测等。

(1)交资料。设计单位通过业主将施工图纸等相关资料交给施工单位,包括线路工程沿线的GPS点、三角点、导线点、水准点等资料,中线设计和测设的资料,带状地形图和水文地质资料等。

(2)交桩。设计单位将平面控制点、高程控制点、线路中桩的实际位置在现场移交给施工单位,并办理交接手续。

(3)复测。施工单位应对设计单位移交的所有桩点进行复核,对于线路工程,复测的桩点较多、范围较大,其内容包括以下几项:

1)沿线平面控制点,包括GPS点、三角点、导线点。

2)沿线高程控制点,如水准点。

3)设计单位测设的交点、转点、曲线加桩、桥涵加桩等。

4)原地面复测。复测的目的是检核原有桩点的准确性,对复测结果有两种处理方法:一是若点位偏差在允许范围内,以原有成果为准,不做改动;二是若经多次复测,证明原有成果有误或点位差异较大,应报有关单位,经审核批准后才能改动。

(4)控制点加密。当已有控制点密度不能满足施工需求时,应对控制点进行加密。

1)导线点的密度一般能满足要求,若需加密,应采用支导线、交会定点、全站仪测坐标等方法;

2)对于线路工程,GPS点、三角点和水准点的密度一般不能满足施工的要求,应加密。

(5)补桩。一般情况下,线路工程从勘测到交桩期间,会有一些桩点遭到破坏,为了满足施工测量的要求,施工单位应根据相关的数据重新测设这些桩点的位置。

(6)征地红线测设。建筑工程以建筑红线为基准,按照施工区域确定征地、拆迁的范围;线路工程以中桩为基准,向道路中线两侧放出占地界边桩的位置,为后续的征地、拆迁、施工做准备。

(7)原地面复测。测量施工区域地形,并与设计文件中原地面进行对比,以核对施工图中的数据。

由于从勘测到交桩时间间隔较长,以及征地后拆迁的影响,会使线路沿线的地形或厂区的地形发生变化,为保证工程量的准确计算,施工单位应对线路工程沿线的纵、横断面重新进行测量。

2. 施工中的测量工作

(1)平面位置测设。平面位置测设俗称放线,主要包括以下内容:

1)报据施工现场条件,选择适宜的方法测设建(构)筑物特征点的平面位置;

2)根据建(构)筑物的平面形状,确定基坑、基槽或沟槽的上口开挖边界线;

3)在基坑、基槽或沟槽内恢复测设的点位;

4)底层施工完毕后,将轴线投测到上一层的施工面;

5)弹线,为支模板和安装工程设置基准;

6)矫正模板位置。

(2)高程测设。高程测设俗称抄平,主要包括以下内容:

1)测设基础顶面高程;

2)以基础顶面高程为基准,控制基坑、基槽或沟槽的开挖深度;

3)测量并校正模板顶面高程;

4)底层施工完毕后,将高程传递到上一层的施工面。

(3)施工过程中的变形观测。施工过程中的变形观测由施工单位完成,主要包括以下内容:

1)井点降水与挖土阶段的变形观测。由于井点降水和挖土的影响,施工地区及周围的地面会产生沉降,周边的建(构)筑物也会受其影响而同时下沉,这样就会影响周边建(构)筑物的正常使用。因此,应在周边的建(构)筑物上设置变形观测点,进行变形观测。

2)基础和结构施工阶段的变形观测。在工程施工过程中,由于施工的建(构)筑物的自重增大,施工的附加荷载增加,建(构)筑物必然产生变形。这期间除对建(构)筑物的变形进行观测外,还应进行脚手架、塔式起重机等施工设施的倾斜观测,以保证施工安全。

3. 竣工测量

(1)检查建(构)筑物的平面位置、高程及细部尺寸是否符合设计文件要求;

(2)为后续的安装工程提供测量控制点;

(3)为建(构)筑物在使用阶段的变形观测提供依据。

5.1.5 施工控制测量

施工控制测量的任务有两个:一是对原有的平面控制网、高程控制网及 GPS 网进行复测;二是为了方便施工对控制网进行加密,布设施工控制网。

在施工区域内，由若干个控制点构成的几何图形称为施工控制网。施工控制网的布设是为了满足施工需要而创建，同时也为竣工测量和变形观测提供依据。

1. 施工控制网的特点

与测图控制网相比，施工控制网有以下特点：

(1)控制范围小、控制点密度大、精度要求高；

(2)由于在施工过程中，控制点常常直接用于放样而频繁使用，因此对控制点设置的稳定性、使用的方便性及保存的可能性提出较高要求，一般的做法是在控制点上设置观测墩，或采用顶面带金属标志的混凝土桩，并加以保护；

(3)布设施工控制网时应考虑施工场地布置情况以及施工程序和方法，在进行施工组织设计时，应将控制点的平面位置布置图作为组成部分，体现在施工总平面图上；

(4)施工放样时，应区分施工坐标系与测量坐标系，保证两者的一致性，并在统一的坐标系下进行放样数据的计算；

(5)施工控制网不需要投影到平均海水面或高斯平面上，与工程的高程面一致即可；

(6)可在施工区域布设两级控制网：首级网是布设在施工区域的第一级控制网；次级网是根据工程项目的具体要求而建立的，是对首级网的加密。

2. 常用的施工控制网

控制网的传统建网方法为三角网、导线网、方格网。随着测量技术的发展，大型桥梁、高等级公路、隧道控制网采用 GPS 控制网。

(1)常用的施工平面控制网如下：

1)民用建筑工程常用的控制网为建筑基线、建筑方格网、三角网、单一导线或导线网；

2)工业建筑常用的控制网为矩形控制网；

3)桥梁工程常用的控制网为大地四边形，或由单三角形和大地四边形构成的复杂网型，大型桥梁的控制网为 GPS 网；

4)线路工程常用的控制网为单一附合导线、无定向导线、导线网、GPS 网；

5)水利工程常用的控制网为三角网、导线网、GPS 网。

(2)常用的施工高程控制网一般为单一水准路线、水准网或 GPS 网。

5.2 施工放样基本方法

施工放样时，往往是根据工程设计图纸上待建的建筑物和构筑物的轴线位置、尺寸及其高程，计算出待放点位与控制点(或原有建筑物的特征点)之间的距离、角度、高程等测设数据，然后以控制点位为依据，将待放点位在实地标定出来，以便施工。由此可见，无论采用何种放样方法，施工放样实质上都是通过测设水平距离、水平角和高程(高差)实现的。因此，将水平距离放样、水平角放样和高程(高差)放样称为施工放样的基本操作。

5.2.1 已知距离的放样

距离放样是在量距起点和量距方向确定的条件下，自量距起点沿量距方向丈量已知距离定出直线另一端点的过程。根据地形条件和精度要求的不同，距离放样可采用不同的丈量工具和方法，通常精度要求不高时可用钢尺或皮尺量距放样，精度要求高时可用全站仪或测距仪放样。

1. 钢尺放样

当距离值不超过一尺段时，由量距起点沿已知方向拉平尺子，按已知距离值在实地标定点位。如果距离较长时，则按钢尺量距的方法，自量距起点沿已知方向定线，依次丈量各尺段长度并累加，至总长度等于已知距离时标定点位。为避免出错，通常需要丈量两次，并取中间位置为放样结果。这种方法只能在精度要求不高的情况下使用，当精度要求较高时，应使用测距仪或全站仪放样。

2. 全站仪 (测距仪) 放样

如图 5-2-1 所示，A 为已知点，欲在 AC 方向上定一点 B，使 A、B 间的水平距离为 D，具体放样方法如下：

(1) 在已知点 A 安置全站仪，照准 AC 方向，沿 AC 方向在 B 点的大致位置安置棱镜，测定水平距离，根据测得的水平距离与已知水平距离 D 的差值沿 AC 方向移动棱镜，至测得的水平距离与已知水平距离 D 很接近或相等时钉设标桩 (若精度要求不高，此时钉设的标桩位置即可作为 B 点)。

(2) 由仪器指挥在桩顶画出 AC 方向线，并在桩顶中心位置画垂直于 AC 方向的短线，交点为 B'，在 B' 置棱镜，测定 A、B' 间的水平距离 D'。

(3) 计算差值 $\Delta D = D - D'$，根据 ΔD 用钢卷尺在桩顶修正点位。

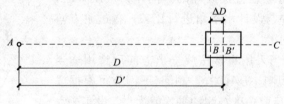

图 5-2-1　已知距离放样

5.2.2　已知角度的放样

角度放样 (这里指水平角) 也称拨角，是在已知点上安置全站仪，以通过该点的某一固定方向为起始方向，按已知角值将该角的另一个方向测设到地面上。

1. 直接法放样水平角

如图 5-2-2 (a) 所示，A、B 为已知点，需要放样出 AC 方向，设计水平角 (顺时针) $\angle BAC = \beta$。

(1) 一般方法 (盘左放样)。当水平角放样精度要求较低时，可安置全站仪于点 A，以盘左位置照准后视点 B，设水平度盘读数为零，再顺时针旋转照准部，使水平度盘读数为 β，则此时视准轴方向即所求。

将该方向测设到实地上，并于适当位置标定出点位 C_0 (先打下木桩，在放样人员的指挥下，使定点标志与望远镜竖丝严格重合，然后在桩顶标定出 C_0 点的准确位置)。

理论上，AC_0 方向应该与 AC 方向严格重合，但由于仪器误差等因素的影响，两方向实际上会有一定偏差，出现水平角放样误差 $\Delta\beta$，如图 5-2-2(b) 所示。

（2）正倒镜分中法（双盘放样）。在以往习惯中，全站仪盘左位置称为正镜，盘右位置称为倒镜。水平角放样时，为了消除仪器误差的影响及校核和提高精度，可用上述同样的操作步骤，分别采用盘左（正镜）、盘右（倒镜）在桩顶标定出两个点位 C_1、C_2，最后取其中点 C_0 作为正式放样结果，如图 5-2-2(c) 所示。

虽然正倒镜分中法比一般方法精度高，但放样出的方向与设计方向相比，仍会有微小偏差 $\Delta\beta$。

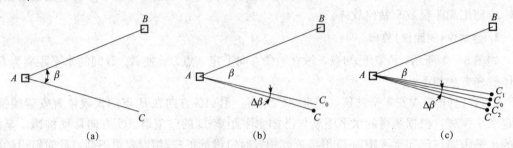

图 5-2-2　直接法放样水平角

(a)放出 AC 方向；(b)放样误差 $\Delta\beta$；(c)双盘放样

2. 归化法放样水平角

归化法实质上是将上述直接放样的方向作为过渡方向，再实测放样水平角，并与设计水平角进行比较，将过渡方向归化到较为精确的方向上。

如图 5-2-3 所示，当采用直接法放样出方向后选用适当的仪器，采用测回法观测 $\angle BAC$ 若干测回（测回数可根据放样精度要求具体确定）后取角度观测的平均值为 β'，设实测水平角与设计水平角之间的差值为 $\Delta\beta$，则有 $\Delta\beta = \beta' - \beta$。

如果 C 点至 A 点的设计水平距离为 D_{AC}，由于 $\Delta\beta$ 较小（一般以秒为单位），故可用以下公式计算垂距 D_{CC1}：

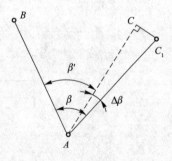

图 5-2-3　归化法放样水平角

$$D_{CC1} \approx \frac{\Delta\beta}{\rho''} D_{AC} \tag{5-2-1}$$

式中　ρ''——206 265″。

AC 即设计方向线。必须注意的是，从 C_0 点起是向外还是向内量取垂距，要根据 $\Delta\beta$ 的正负号来决定。若 $\Delta\beta$ 为负值，则从 C_0 点起向外归化；反之，向内归化。

5.2.3　已知高程的放样

高程放样的任务是将设计高程测设在指定桩位上。在工程施工中，例如，在平整场地、开挖基坑、定路线坡度和定桥墩台的设计标高等场合，经常需要高程放样。高程放样主要采用水准测量的方法，有时也采用钢尺直接量取竖直距离或三角高程测量的方法。

高程放样时，首先需要在测区内布设一定密度的水准点（临时水准点）作为放样的起算点，然后根据设计高程在实地标定出放样点的高程位置。高程位置的标定措施可根据工程要求及现场条件确定：土石方工程一般用木桩或者钢筋标定放样高程的位置，可用记号笔在木桩侧面画水平线或标定在桩顶上；混凝土及砌筑工程一般用红漆做记号，标定在它们的面壁或模板上；钢结构安装等精度要求高的工程一般采用调节螺杆进行高程标注。

1. 一般的高程放样

一般情况下，放样高程位置均低于水准仪视线高且不超出水准尺的工作长度。如图 5-2-4 所示，A 为已知点，其高程为 $H_A = 129.387$ m，欲在 B 点定出高程为 $H_B = 130.089$ m 的位置。具体放样过程如下：

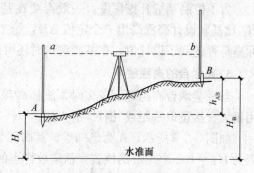

图 5-2-4 一般高程放样

（1）先在 B 点打一长木桩，将水准仪安置在 A、B 点之间，在 A 点立水准尺，后视 A 尺并读数 $a = 2.042$ m，计算 B 点处水准尺应有的前视读数 b：

$$b = H_i - H_B = (H_A + a) - H_B = 129.387 + 2.042 - 130.089 = 1.340 (\text{m})$$

（2）靠 B 点木桩侧面竖立水准尺，上下移动水准尺，当水准仪在尺上的读数 b 恰好为 1.340 m 时，在木桩侧面紧靠尺底画一横线，此横线即设计高程 H_B 的位置。也可在 B 点桩顶竖立水准尺并读取读数 $b' = 1.306$ m，再用钢卷尺自桩顶向下量 $\Delta b = b - b' = 1.340 - 1.306 = 0.034 (\text{m})$，即得高程为 H_B 的位置。

为了提高放样精度，放样前应仔细检校水准仪和水准尺；放样时，尽可能使前、后视距相等；放样后，可按水准测量的方法观测已知点与放样点之间的实际高差，并以此对放样点进行检核和必要的归化改正。

2. 基坑的高程放样

当基坑开挖较深，基底设计高程与基坑边已知水准点的高程相差较大并超出水准尺的工作长度时，可采用水准仪配合悬挂钢尺的方法向下传递高程。如图 5-2-5 所示，A 为已知水准点，其高程为 $H_A = 136.548$ m，欲在 B 点定出高程为 $H_B = 131.039$ m 的位置（H_B 应根据放样时基坑实际开挖深度选择，通常取比基底设计高程高出一个定值，如 1 m），在基坑边用支架悬挂钢尺，钢尺零端朝下并悬挂 10 kg 重物，放样时最好用两台水准仪同时观测。具体方法如下：

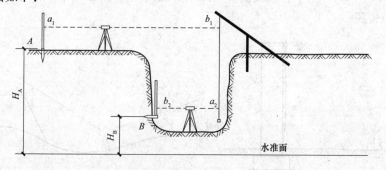

图 5-2-5 基坑高程放样

（1）在 A 点立水准尺，基坑顶的水准仪后视 A 尺并读数 $a_1 = 1.447$ m，前视钢尺读数

$b_1 = 6.851$ m，则钢尺零刻度的高程 $H_0 = H_A + a_1 - b_1 = 131.144$ m。

（2）基坑底的水准仪后视钢尺读数 $a_2 = 0.968$ m，计算 B 处水准尺应有的前视读数 $b_2 = H_0 + a_2 - H_B = 1.573$ m，上下移动 B 处的水准尺，直到水准仪在尺上的读数 b_2 恰好为 1.573 m 时标定点位。

为了控制基坑开挖深度，一般需要在基坑四周定出若干个高程均为 H_B 的点位。如果 H_B 比基底设计高程高出一个定值 ΔH，施工人员就可用长度为 ΔH 的木条方便地检查基底标高是否达到了设计值，在基础砌筑时还可用于控制基础顶面标高。

3. 高墩台的高程放样

当桥梁墩台高出地面较多时，放样高程位置往往高于水准仪的视线高，这时可采用利用钢尺直接量取垂距或"倒尺"的方法。

如图 5-2-6 所示，A 为已知点，其高程为 $H_A = 98.324$ m，欲在 B 点墩身模板上定出高程为 $H_B = 102.266$ m 的位置。欲定放样点的高程 H_B 高于仪器视线高程，首先在基础顶面或墩身（模板）适当位置选择一点，用水准测量的方法测定其高程值；然后，以该点作为起算点，用悬挂钢尺直接量取垂距来标定放样点的高程位置。

当 B 处放样点高程 H_B 的位置高于水准仪视线高，但不超出水准尺工作长度时，可用倒尺法放样。在已知高程点 A 与墩身之间安置水准仪，在 A 点立水准尺，后视 A 尺并读数 $a = 1.732$ m，在 B 处靠墩身倒立水准尺，放样点高程 H_B 对应的水准尺读数 $b_{侧} = H_A + a - H_B = -2.210$ m，靠 B 点墩身竖立水准尺，上下移动水准尺。当水准仪在尺上的读数 $b_{侧}$ 恰好为 2.210 m 时，沿水准尺尺底（零端）画一横线即高程为 H_B 的位置。

4. 全站仪高程放样

如图 5-2-7 所示，当水准点和待放样点高差较大，且放样精度要求不高时，可采用全站仪进行高程放样。具体操作步骤如下：

（1）选择地势高且与水准点和待放样点通视的地点安置全站仪，量取仪器高 i、棱镜高 l，并输入全站仪参数，棱镜立于水准点处；

（2）瞄准水准点棱镜，按测距键，测得测站点与水准点高差 Δh_1，则仪器中心高 $H_i = H_{BM} - \Delta h_1$；

（3）保持棱镜高度不变，棱镜从水准点移至放样点，全站仪瞄棱镜，则放样点与仪器中心高差 $\Delta h_2 = H_B - H_i$，上下移动棱镜，当测距界面高差等于 Δh_2 时，棱镜杆底为满足高程要求的放样点位置。

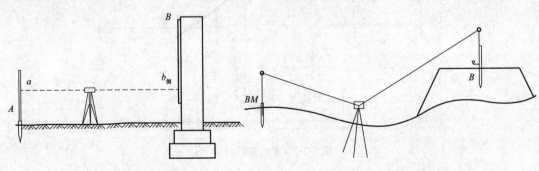

图 5-2-6 墩台高程放样　　　　图 5-2-7 全站仪高程放样

5. 已知设计坡度线的放样

坡度线的测设是根据附近水准点的高程、设计坡度和坡度端点的设计高程，用水准测量的方法将坡度线上各点的设计高程标定在地面上。在道路施工、平整场地及铺设管道等工程中，经常需要在地面上测设设计坡度线。

设计坡度线的放样方法有水平视线法和倾斜视线法两种。

（1）水平视线法。水平视线法是采用水准仪来测设的。如图 5-2-8 所示，A、B 为设计坡度线的两端点，其设计高程已知，同时 A、B 两点之间平距 D 和设计坡度 i_{AB} 已知。为施工方便，要在 AB 方向上每隔距离 d 钉一木桩，现需要在每个木桩上标出该桩点处设计坡度线的位置。施测方法如下：

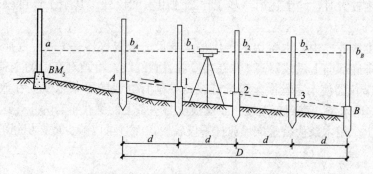

图 5-2-8　水平视线法放样坡度线

1）沿 AB 方向用距离放样的方法定出间距为 d 的中间点 1、2、3 的位置，钉木桩；

2）依次计算出各桩点按设计坡度的设计高程：$H_i = H_{i-1} + d \cdot i_{AB}$；

3）安置水准仪于水准点 BM_5 附近，后视水准点读数为 a，计算仪器视线高程；

4）根据仪器视线高程和各桩点设计高程计算各桩点处水准尺前视读数 b，按"一般高程放样方法"在各桩点处放出该设计高程位置并标注。

（2）倾斜视线法。倾斜视线法测设坡度线一般用全站仪，坡度不大时也可采用水准仪。如图 5-2-9 所示，A、B 为同一坡段上的两点，A 点的设计高程为 H_A，A、B 两点间的水平距离为 D_{AB}，要沿 AB 方向测设一条坡度为 i_{AB} 的坡度线，施测方法如下：

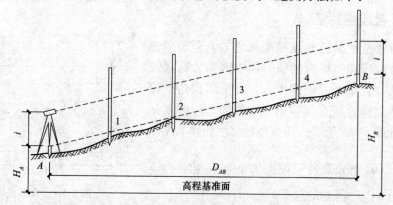

图 5-2-9　已知设计坡度线放样

1)计算 B 点的设计高程为 $H_B=H_A+D_{AB}\cdot i_{AB}$；

2)按上述"一般的高程放样"所述方法分别在 A、B 两点测设出高程为 H_A、H_B 的位置；

3)坡度不大时，将水准仪架在 A 点，使水准仪的一个脚螺旋位于 AB 方向上，另两个脚螺旋的连线与 AB 方向垂直，量出望远镜中心至 A 点(高程为 H_A)的铅垂距离即仪器高 i；

4)在 B 点(高程为 H_B)竖立水准尺，用望远镜瞄准 B 点的水准尺，并转动在 AB 方向上的脚螺旋，使十字丝的横丝对准水准尺上读数为 i 处，这时仪器的视线即平行于设计坡度线；

5)在 A、B 之间的 1、2、3 等点立尺，上下移动水准尺使十字丝的横丝对准水准尺上读数为 i 处，此时尺底的位置即在设计坡度线上。

当设计坡度较大时，除上述第一步工作必须用水准仪外，其余工作可改用全站仪进行测设。

在已知坡度线放样中，也可用木条代替水准尺。量取仪器高 i 后，选择一根长度适当的木条，由木条底部向上量仪器高 i 并在相应位置画红线；将画有红线的木条立在 B 点(高程为 H_B)，调节仪器使十字丝横丝瞄准红线；将画有红线的木条依次立在放样位置 1、2、3 等点，上下移动木条，直到望远镜十字丝横丝与木条上的红线重合为止，这时木条底部即在设计坡度线上。用木条代替水准尺放样不仅轻便，而且可以减少放样出错的机会。

5.3　点的平面位置的测设

任何工程中建筑物的位置、形状和大小，都是通过其特征点在实地上表示出来的。例如，圆形建筑物的中心点、矩形建筑物的四个角点、线形建筑物的端点和转折点等。因此，放样建筑物归根结底是放样点位。常用的设计平面点位放样方法有直角坐标法、极坐标法、自由设站法、方向线交会法、距离交会法、前方交会法、轴线交会法、GPS-RTK 法等。

设地面上至少有两个施工测量控制点，如 A、B…，其坐标已知，实地上也有标志，待定点 P 的设计坐标也为已知。点位放样的任务是在实地上将点 P 标定出来。

5.3.1　直角坐标法

直角坐标法是根据已知纵横坐标之差，测设地面点的平面位置。当建筑场地的施工控制网为方格网或建筑基线形式，且量距方便的地方，宜采用直角坐标法。这时，待放样的点 P 与控制点之间的坐标差就是放样元素，如图 5-3-1 所示。用直角坐标法放样的操作步骤如下：

(1)在 A 点架设全站仪，后视点 B 定线并放样水平距离 $\Delta y=y_P-y_A$ 得垂足点 E；

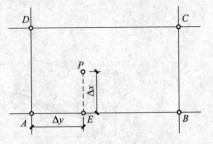

图 5-3-1　直角坐标法

(2)在点 E 架设全站仪，采用水平角放样方法，拨角 $90°$ 得方向 EP，并在此方向上放样水平距离 $\Delta x=x_P-x_A$，即得待定点 P。

放样时注意比较 Δx 和 Δy 的大小，先放数值大的方向。

5.3.2 极坐标法

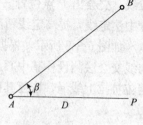

极坐标法是根据已知水平角和水平距离测设地面点的平面位置。极坐标法使用灵活，只要通视条件下都可用，因此其是目前施工现场最常用的一种方法。如图 5-3-2 所示，已知的控制点 A $(X_A，Y_A)$ 和 $B(X_B，Y_B)$，设放样点 P 的设计坐标为 $(X_P，Y_P)$，用极坐标法放样具体操作步骤如下：

图 5-3-2 极坐标法

(1)根据 A、B、P 点的坐标，利用坐标反算原理计算放样数据 β 和 D：

$$\beta = \alpha_{AP} - \alpha_{AB} \tag{5-3-1}$$

$$D = \sqrt{(X_P - X_A)^2 + (Y_P - Y_A)^2} \tag{5-3-2}$$

(2)将全站仪安置于 A 点，后视 B 点，顺时针方向拨角 β 定出 AP 方向，然后沿 AP 方向量距离 D 即得 P 点。

也可用全站仪坐标放样功能直接进行坐标放样。

5.3.3 自由设站法

自由设站法实际上是一种边角后方交会，如图 5-3-3 所示。当测区控制点和放样点之间不通视时，可根据测区的现场条件选择最有利于工作开展的 P 点架设仪器，利用全站仪测距、测角的功能，通过对两个已知点 A 和 B 的观测，得到观测数据 D_1、D_2 和 β，按最小二乘法求测站点 P 的坐标，再根据测站点、已知点和放样点的坐标，采用极坐标法放样各点，该法称为自由设站法。自由设站法加极坐标法是实现施工放样测量一体化的主要方法，达到"一站到位"的工作效果，大大提高了设站的灵活性和便捷性。

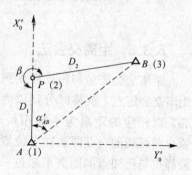

图 5-3-3 自由设站法

5.3.4 方向线交会法

方向线交会法是利用两条互相垂直的方向线相交来定出放样点位的方法。当进行施工控制网为矩形网（矩形网的边与坐标轴平行或垂直）的大型厂矿、厂房立柱定位和基础中心定位时，宜采用方向线交会法。方向线的设立可以用全站仪，也可以是细线绳。

图 5-3-4 所示为矩形控制网，N_1、N_2、N_3 和 N_4 是矩形控制网角点，设以 N_2、N_4 为测站点，放样点为 P，则先用矩形控制网角点 N_2 和 N_4 的坐标和放样点 P 的坐标计算放样元素 Δx 和 Δy，自点 N_2 沿矩形边 N_2N_1 和 N_2N_3 分别量取 $\Delta x_{N2P} = x_P - x_{N2}$ 和 $\Delta y_{N2P} = y_P - y_{N2}$ 得点 1 和点 3，自点 N_4 沿矩形边 N_4N_3 和 N_4N_1 分别量取 $\Delta x_{N4P} = x_{N4} - x_P$ 和 $\Delta y_{N4P} = y_{N4} - y_P$ 得点 2 和点 4。于是，就可以在点 1 和点 3 安置全站仪，分别照准点 2 和点 4，得方向线 1—2 和 3—4，两方向线的交点即放样点 P。

若 P 点要进行基础开挖，其交会点位不能实地直接标出，则可以在基坑开挖范围之外，分别在1—2和3—4方向线上设置定位小木桩 a、b 和 c、d，这样便可随时用 a、b 和 c、d 拉线，交会出 P 点位置。为了消除仪器误差，在测设方向线1—2和3—4时，应用正倒镜分中法定线，提高定线精度。

如图5-3-5所示，根据厂房矩形控制网上相对应的柱中心线端点，以全站仪定向，用方向线交会法测设柱基中心或柱基定位桩。施工过程中，各柱基中心线则可以随时将相应的定位桩拉上线绳，恢复其位置。

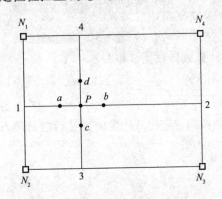

图5-3-4　方向线交会法单点放样

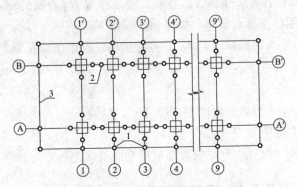

图5-3-5　方向线交会法柱基中心定位

5.3.5　距离交会法

距离交会法是利用放样点到两已知点的距离交会定点。放样时分别以两已知点为圆心，以相应的距离为半径用尺子在实地画弧，两弧线的交点即放样点位置。此法要求放样点与已知点的距离不超过一整尺长，且地面平整、便于量距。

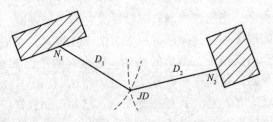

图5-3-6　距离交会法

在公路勘测阶段，需要对路线交点进行固定，并在交点附近的建筑物或树木等物体上做标记，量出标记至交点的距离并记录。施工时，可借助建筑物或树木上所做的标记用距离交会法寻找交点的位置。如图5-3-6所示，N_1、N_2 是勘测阶段在房屋上做的标记，JD 是路线交点，利用已知距离 D_1、D_2 交会可快速找到 JD 桩位。

5.3.6　前方交会法

前方交会法又称角度交会法，是根据坐标反算求出放样边与定向边之间的夹角 β，以 β 为放样数据来放样点位的方法。当工程设计复杂，放样点离控制点较远，点位放样精度要求较高，不便或不能量距时，前方交会法比较方便。

距离交会

1. 两方向前方交会法放样点位

如图5-3-7所示，已知控制点 A、B 坐标及点位，放样点 P 的坐标值已知，利用控制点 A、B 放样设计点 P 的具体步骤如下：

(1)计算放样数据 α、β。根据 A、B、P 点的坐标，分别计算 AB、AP、BP 的方位角，并按下式计算交会角：

$$\alpha = \alpha_{AB} - \alpha_{AP} \tag{5-3-3}$$

$$\beta = \alpha_{BP} - \alpha_{BA} \tag{5-3-4}$$

(2)放样方法。放样时最好采用两台全站仪分别在 A、B 点设站，A 点安置的全站仪后视 B 点，逆时针方向拨角 α，在 P 点两侧钉骑马桩 1 和 1′，在木桩顶用正倒镜分中法得方向线 1—1′；B 点安置的全站仪后视 A 点，顺时针方向拨角 β，同样方法得方向线 2—2′，两方向线的交点即 P 点的正确位置。

P 点的定位精度主要取决于 α、β 的拨角精度，除此之外，还与交会角 $\angle APB$ 的大小有关。当交会角在 90°左右时，交会精度最高。交会角一般不宜小于 60°或大于 150°。

2. 三方向前方交会法放样点位

有时为了加强检核或提高放样精度，还需要在第三个控制点上放样第三条方向线来交会 P 点，如图 5-3-8 所示。当桥墩台中心放样时，第三方向最好选用桥轴线方向。

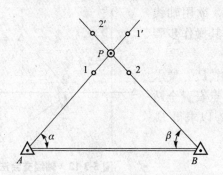

图 5-3-7　两方向前方交会法放样

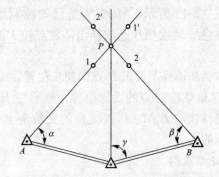

图 5-3-8　三方向前方交会法放样

理论上这三个方向应交汇于一点，但由于测量误差的存在，致使三条方向线未交汇于一点，而是两两相交，形成一个示误三角形。一般情况下可取示误三角形的重心位置(三角形三条边中线的交点)作为放样点 P 的位置，如图 5-3-9 所示，当放样桥墩台中心位置时，为了确保桥墩台中心在桥轴线垂直方向上的精度，一般取桥轴线以外的另两个方向线的交点在桥轴线方向上的垂足作为桥墩台中心的放样位置，如图 5-3-10 所示。

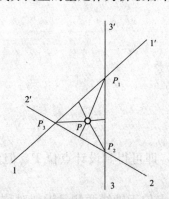

图 5-3-9　一般情况下示误三角形处理

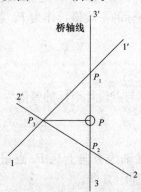

图 5-3-10　桥墩台放样时示误三角形处理

3. 前方交会固定方向法

在施工过程中，随着工程进展，需要多次交会待放点位置时，可以通过控制点 A、C、D 或节点 C'、D' 将交会方向延伸到待放点另一侧，并用觇标牌固定，加以编号。在以后交会时，只需用全站仪照准觇标牌便可直接定向，如图 5-3-11 所示。为了使交会方向更为精确，需要对延伸方向用归化法进行改正，以提高交会精度。

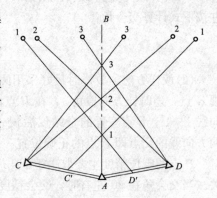

5.3.7 轴线交会法

轴线交会法实质上是一种侧方交会。当放样点位

图 5-3-11　前方交会固定方向法

于坐标轴线上或与坐标轴线相平行的轴线上时，可用轴线交会法来放样点位。轴线交会法多用于水利枢纽工程轴线上的点位放样。

如图 5-3-12 所示，M 和 N 是已知控制点，欲用轴线交会法在已知轴线 AB 上放样出待放点位 P。其操作步骤如下：

先在 AB 轴线上放出 P 点的初步位置，记作 P_0，要求 P_0 点应尽量靠近 P 点的设计位置。然后在 P_0 点安置全站仪，测得轴线与 P_0M、P_0N 之间的夹角 β_1 和 β_2 以求得 P_0 点的坐标值。

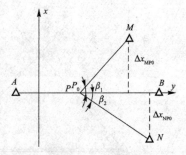

由 M 点求得

图 5-3-12　轴线交会法

$$
\left.
\begin{array}{l}
x'_{P_0} = x_P \\
y'_{P_0} = y_M \pm |\Delta X_{MP_0}| \cot\beta_1
\end{array}
\right\}
\tag{5-3-5}
$$

由 N 点求得

$$
\left.
\begin{array}{l}
x''_{P_0} = x_P \\
y''_{P_0} = y_N \pm |\Delta X_{NP_0}| \cot\beta_2
\end{array}
\right\}
\tag{5-3-6}
$$

式(5-3-5)和式(5-3-6)中的正负号视 y_{P_0} 与 y_M（或 y_N）的大小而选取，若 $y_{P_0} < y_M$（或 $y_{P_0} < y_N$），则 $|\Delta x_{MP_0}|$（或 $|\Delta x_{NP_0}|$）之前取负号，反之取正号。

取两组坐标的平均值，作为 P_0 点的最后坐标：

$$
\left.
\begin{array}{l}
x_{P_0} = x_P \\
y_{P_0} = \dfrac{1}{2}(y'_{P_0} + y''_{P_0})
\end{array}
\right\}
\tag{5-3-7}
$$

则点实测坐标与点设计坐标的差值为

$$
\left.
\begin{array}{l}
\Delta x = 0 \\
\Delta y = y_{P_0} - y_P
\end{array}
\right\}
\tag{5-3-8}
$$

这样，在轴线方向上从 P_0 点量取 $|\Delta y|$ 的长度，即可得到设计点位 P，但要根据式(5-3-8)判断量距方向。

采用轴线交会法放样，选择控制点时要求两控制点位于轴线两侧且近似对称，初放点位 P_0 应尽量位于轴线上，以削弱测量误差的影响。

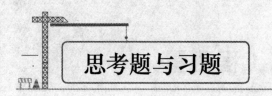

思考题与习题

1. 什么是施工放样？其作业目的和顺序与地形图测图相比有何不同？

2. 施工前的准备工作有哪些？

3. 简述用水准仪进行一般高程放样的方法。

4. 简述全站仪测设制定坡度的方法。

5. 简述平面点位定位方法。

6. 简述方向线交会定点的方法。

7. 简述三方向交会定点的方法。

8. 如图 5-1 所示，用水准仪水平视线法测设坡度为 −6‰ 的直线，已知 $H_A = 32.461$ m，水准尺在 A 点的读数为 0.857 m，请计算：

(1) 水准尺在 1、2、3、B 各点上的读数；

(2) 1、2、3、B 点的高程。

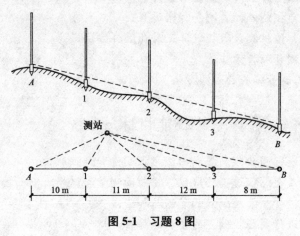

图 5-1　习题 8 图

9. 如图 5-2 所示，已知控制点 A(343.775，677.834) 和 B(603.147，599.310)，放样点 P(550.364，744.371)。求以 A、B 为测站点角度交会法放样 P 点的放样数据 α 和 β。

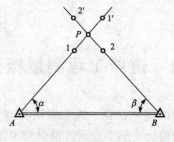

图 5-2　习题 9 图

模块 6　道路工程测量

- 学习目标 -

1. 了解道路选线测量、控制测量和大比例尺带状地形图测绘的方法;
2. 掌握路线交点、转点的测设方法,转角的计算方法,里程桩的设置与书写;
3. 掌握单圆曲线和缓和曲线内业测设数据的计算和外业放样方法;
4. 熟悉特殊线型平曲线内业测设数据的计算和外业放样方法;
5. 掌握路线纵、横断面外业测量和内业绘图的方法;
6. 了解道路施工测量阶段施工测量的准备和常用资料;
7. 熟悉道路施工前控制点的复测和加密过程;
8. 掌握路基中桩、边桩测设数据计算及外业放样方法;
9. 熟悉路面施工测量放样方法;
10. 熟悉涵洞施工测量轴线的放样方法。

- 技能目标 -

1. 能够用全站仪进行圆曲线与缓和曲线主点测设和详细测设;
2. 能够用水准仪或全站仪进行路线纵、横断面测量和纵横、断面图的绘制;
3. 能够用全站仪进行平面控制点的复测与加密;
4. 能够用水准仪进行高程控制点的复测与加密;
5. 能够进行道路恢复中线测量;
6. 能够进行路基施工、路面施工和涵洞施工测量。

6.1　道路工程测量概述

道路工程测量贯穿道路工程的规划设计、施工建设和运营管理三个阶段,呈现全线性的特点。在每一个阶段又必须为设计、施工、运营提供技术资料(各种测绘图件、工程测设与安装、变形观测等),以保证设计的可行性和精确性、指导和监督施工的正确性、保障运营管理的安全性。

道路工程测量包括路线勘测设计测量和道路施工测量两大部分。

6.1.1 路线勘测设计测量

1. 路线勘测设计测量的任务

路线勘测设计测量的主要任务是为道路的设计提供详细、准确的测量资料，使其设计合理、经济、适用。新建或改建道路之前，为了选择一条合理的线路，必须进行路线勘测设计测量。

勘测选线是根据道路的使用任务、性质和等级，合理利用沿途地质、地形条件，选定最佳的路线位置。选线的程序是先在图上选线，然后根据图上所选路线，到现场实地勘测选定。

2. 路线勘测设计测量的分类

我国道路勘测可分为两阶段勘测和一阶段勘测两种。两阶段勘测就是对路线进行踏勘测量(初测)和详细测量(定测)；一阶段勘测则是对路线做一次定测。

(1)初测阶段的基本任务是在指定范围内布设导线，测量路线各方案的带状地形图和纵断面图，并收集沿线水文、地质等有关资料，为图上定线、编制比较方案等初步设计提供依据。

(2)定测阶段的基本任务是为解决路线的平、纵、横三个面上的位置问题，也就是在指定的区域内或在批准的方案路线上进行中线测量、纵横断面测量，以及进一步收集有关资料，为路线平面图绘制、纵坡设计、工程量计算等有关施工技术文件的编制提供重要的数据。

3. 路线勘测设计测量的内容

(1)中线测量：根据选线确定的定线条件，在实地标定出道路中心线位置。

(2)纵断面测量：测绘沿道路中线方向各中桩的地形起伏状态。

(3)横断面测量：测绘道路中线上各里程桩垂直于中线方向两侧的地形起伏状态。

(4)地形图测量：测绘道路中线附近带状的地形图和局部地区地形图，如重要交叉口、大中型桥址和隧道等处的地形图。

6.1.2 道路施工测量

道路工程属于线形工程。所谓道路线形，是指道路的面貌形象。其是由直线和曲线及路面宽度、路堑、路堤等平面和高程要素组成的。

(1)道路工程施工测量的任务就是按照设计与施工要求，用导线测量方法加密线路平面控制施工导线点，用坐标放样方法来控制道路的线形外观，用水准测量的方法加密线路施工高程控制水准点，用水准测量放样方法来控制线路的纵向坡度和横向路拱坡度。

(2)道路施工测量的具体内容是在道路施工前和施工中，恢复中线，测设边坡、桥涵、隧道等的位置和高程，作为施工的依据，以保证工程按图施工。当工程逐项结束后，还应进行竣工验收测量，以检查施工成果是否符合设计要求，并为工程竣工后的使用、养护提供必要的资料。

6.2 道路两阶段勘测设计测量

6.2.1 道路初测

道路初测的主要工作是沿小比例尺地形图上选定的路线进行道路控制测量，并实测沿线大比例尺带状地形图。其主要测量工作包括选线测量、控制测量和大比例尺带状地形图测绘。

1. 选线测量

选线测量是一项技术性、综合性很强的工作，一般由线路设计、测量、水文、地质和土地、资源部门的技术人员组队完成。其任务是根据初步方案在实地选定线路的大致位置确定线路的经由及转向点，并树立标志，尤其是特殊位置（如垭口、跨大河和大沟谷桥梁和隧道两端等），应设立永久或半永久性标志，或即时测定这些位置。

2. 控制测量

按照《中华人民共和国测绘法》的规定，大中型建设工程项目的坐标系统应与国家坐标系统一致，或与国家坐标系统相联系。现在二级以上公路和高速铁路的勘测设计都是先建立控制网，然后依据布设的控制点坐标和高程进行线路测设和施工放样。

（1）平面控制测量。

1）平面控制点位置的选定。平面控制点位置的选定应符合下列要求：

①相邻点之间必须通视，点位能长期保存，相邻边长相差不宜过大；

②观测视线超越（或旁离）障碍物应在 1.3 m 以上；平面控制点位置应沿路线布设，在距离路中心线两侧 50～300 m 范围之内，同时，应便于测角、测距及地形测量和定测放线；

③平面控制点的设计应考虑沿线桥梁、隧道等构筑物布设控制网的要求。

2）平面控制测量的方法。传统的道路平面控制主要是导线测量，大部分测绘单位均采用全站仪来进行观测。由于导线延伸很长，为了避免误差累积并进行检核，要求每隔一定的距离（一般不大于 30 km）应与国家控制点或线路首级平面控制点联测。在与国家控制点进行联测检核时，要注意控制点与检核线路的起始点是否位于同一个投影带内，否则应进行换带计算；坐标检核时，必须将利用地面丈量的距离计算的坐标增量先投影到线路高程面上，再改化到高斯投影面上。

由于道路控制网大多以狭长形式布设，并且很多工程穿越山林，周围已知控制点很少，使得导线测量方法在网形布设、误差控制等多方面存在很大问题。现在线路平面控制测量一般采用沿设计线路建立带状 GPS 控制网，主要有两种情况：一种是全线控制点都采用 GPS 施测；另一种是应用 GPS 定位技术加密国家控制点或建立首级控制网，然后进行导线加密。在实际生产中较多采用后者。

（2）高程控制测量。水准路线应沿路线布设，水准点宜设于距离路中心线两侧 50～300 m 范围。水准点间距宜为 1～1.5 km，山岭重丘区可以根据需要适当加密，大桥、隧道口及其他大型构筑物两端应增设水准点。平坦地区的水准点一般和平面控制点共用同一个点位，山岭重丘区可分开布设。

高程控制测量常用的方法是水准测量，并采用 DS₃ 型以上的水准仪进行往返观测或单程双转点观测。水准测量应与国家水准点或等级相当的其他水准点联测，应不远于 30 km 联测一次，构成附合水准路线。

3. 地形图测绘

地形图测绘即沿所选定的线路方向测绘带状地形图和桥涵等工程专用地形图。

测图比例尺平坦地区一般为 1∶2 000～1∶5 000，困难地区为 1∶2 000；短程或重点地段的线路可为 1∶500 和 1∶1 000。带状地形的宽度视线路工程要求而定，通常比例尺 1∶2 000 的为 100～150 m，1∶5 000 的为 200～300 m。绘制带状地形图的图纸长边应大致平行于线路中线，接图时应严格用坐标格网线进行。

6.2.2 道路定测

道路定测阶段测量的主要工作包括定线测量、中桩测量及线路纵、横断面测量。其中，定线测量和中桩测量合称为中线测量。

定线测量

道路工程一般由路基、路面、桥涵、隧道及各种附属设施等构成。无论是公路还是城市道路，平面线形均要受到地形、地物、水文、地质及其他因素的限制而改变路线方向。为保证行车舒适、安全，并使路线具有合理的线形，在直线转向处必须用曲线连接起来，这种曲线称为平曲线。平曲线包括圆曲线和缓和曲线两种。如图 6-2-1 所示，圆曲线是具有一定半径的圆的一部分，即一段圆弧，它又可分为单曲线、复曲线、回头曲线等。缓和曲线是直线和圆曲线之间加设的一段曲线，其曲率半径由无穷大逐渐变化为圆曲线半径。

由上述分析可知，道路中线是由直线和平曲线两部分组成的。道路中线测量是通过直线和平曲线的测设，将道路中心线的平面位置用木桩具体地标定在现场，并测定路线的实际里程。道路中线测量是道路工程测量中关键性的工作，其是测绘纵、横断面图和平面图的基础，也是道路设计、施工和后续工作的依据。

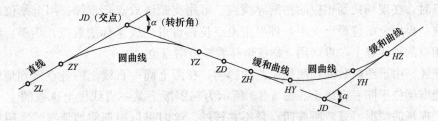

图 6-2-1 道路折线与中线表示

从图 6-2-1 中可以看出，中线测量的重要控制点是交点和转点。所谓交点是指路线改变方向的转折点，通常以 JD 表示；而转点是指当相邻两交点之间距离较长或互不通视时，需要在其连线或延长线上定出的一点或数点，以供交点、测角、量距或延长直线瞄准之用，通常以 ZD 表示。定线测量就是要将线路以折线的方式表示在实地，即需要测设线路起点、终点和各交点的位置，并根据实地情况加设转点。

1. 交点的测设

对于一般低等级线路，通常采用一次定测的方法直接放线，在现场标定交点位置。对于高等级线路或地形复杂的地段，需要用已知控制点放出交点位置，具体方法有放点穿线法和极坐标法。

(1) 放点穿线法。放点穿线法是纸上定线放样时常用的方法。其是以初测时测绘的带状地形图上就近的导线点为依据，按照地形图上设计的路线与导线之间的角度和距离关系，在实地将路线中线的直线段测设出来；然后将相邻直线延长相交，定出交点桩的位置。具体测设步骤如下：

1) 放点。简单易行的放点方法有支距法和极坐标法两种。在地面上测设路线中线的直线部分，只需要定出直线上若干个点，就可以确定这一直线的位置。如图 6-2-2 所示，欲将纸上定出的两段直线 $JD_3 - JD_4$ 和 $JD_4 - JD_5$ 测设于地面，只需要在地面上定出 1、2、3、4、5、6 等临时点即可。这些临时点可以选择支距点，即垂直于初测导线边垂足为导线点的直线与纸上所定路线的直线相交的点，如 1、2、4、6 点；也可选择初测导线边与纸上所定路线的直线相交的点，如 3 点；或选择能够控制中线位置的任意点，如 5 点。为便于检查核对，一条直线应选择三个以上的临时点。这些点一般应选择在地势较高、通视良好、距离初测导线点较近、便于测设的地方。临时点选定之后，即可以在地形图上量取点所用的坐标或者距离和角度，如图 6-2-2 中距离 l_i 和角度 β，然后绘制放点示意图，表明点位和数据作为放点的依据。

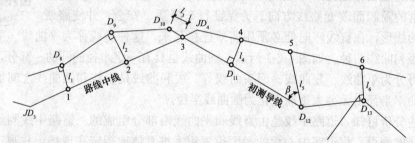

图 6-2-2　初测导线与纸上所定路线

放点时，在现场找到相应的初测导线点。可用支距法放点，步骤：用全站仪定出导线垂线方向，再用全站仪量出支距 l_i 即可定出点位；也可用极坐标法放点，步骤：将全站仪安置在相应的导线点上，直接用全站仪坐标放样定出点位。

2) 穿线。由于图解数据和测量误差的影响，在图上同一直线上的各点放到地面后，一般均不能准确位于同一直线上。图 6-2-3 所示为在图纸上某一直线段上选取的 1、2、3、4 点放样到现场的情况，显然所放四点是不共线的。这时可以根据实地情况，采用目估或全站仪法穿线，通过比较和选择定出一条尽可能多地穿过或靠近临时点的直线 AB，在 A、B 或其方向线上打下两个或两个以上的方向桩，随即取消临时点，这种确定直线位置的工作称为穿线。

图 6-2-3　穿线

3)交点。当相邻两直线 AB、CD 在地面上定出后，即可以延长直线进行交会定出交点，如图 6-2-4 所示。按下述操作步骤进行：

①将全站仪安置于 B 点，盘左瞄准 A 点，倒转望远镜沿视线方向，在交点的概略位置前后打下两个木桩，俗称"骑马桩"，并沿视线方向用铅笔在两桩顶上分别标出 a_1 和 b_1。

②盘右仍瞄准 A 点后，再倒转望远镜，用与上述同样的方法在两桩顶上又标出 a_2 和 b_2 点。

③分别取 a_1 和 a_2、b_1 和 b_2 的中点并钉上小钉得 a 和 b 两点，用细线将 a 和 b 两点连接。这种以盘左、盘右两个盘位延长直线的方法称为正倒镜分中法。

④将仪器置于 C 点，瞄准 D 点，同法定出 c 和 d 两点，拉上细线。

图 6-2-4　交点

⑤在两条细线 ab 和 cd 相交处打下木桩，并在桩顶钉以小钉，便得到交点。

（2）极坐标法。极坐标法是先在地形图上量算出纸上所定路线的交点坐标，然后在野外将仪器置于初测导线点或已确定的交点上，用全站仪采用坐标放样的方法依次定出各交点的位置。

如图 6-2-5 所示，N_1、N_2 等为初测导线点，在 N_1 点安置全站仪，以 N_2 点为定向，根据 JD_1 的坐标便可放出交点 JD_1。然后在 JD_1 上安置全站仪，以 N_1 点为定向点，便可以放出交点 JD_2。同法依次可定出其他交点。

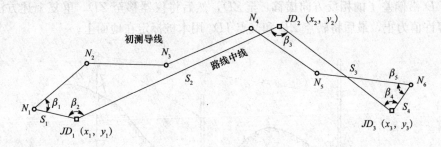

图 6-2-5　拨角放线法定线

这种方法工作效率高，适用于测量导线点较少的线路，缺点是放点的次数越多，累计误差也越大，故每隔一定距离（一般每隔 3～5 个交点）应将测设的交点与测图导线联测，以检查放点的质量，然后重新以初测导线点开始放出以后的交点。检查满足要求则可以继续观测；否则应查明原因予以纠正。

2. 转点的测设

（1）在两交点之间设转点。如图 6-2-6 所示，设 JD_5、JD_6 为相邻不通视的交点，ZD' 为初定转点，现欲在不移动交点的条件下精确定出转点 ZD，具体方法如下：将全站仪安置于 ZD'，后视 JD_5，用正倒镜分中法得 JD_6'，测量前后交点与 ZD' 的视距分别为 a、b。如果 JD_6' 与 JD_6 的偏差为 f，则 ZD' 应横移的距离 e 可用下式计算：

$$e = \frac{a}{(a+b)}f \qquad (6\text{-}2\text{-}1)$$

将 ZD' 沿偏差 f 的相反方向横移 e 至 ZD。将仪器移至 ZD，延长直线 JD_5—ZD 看是否通过 JD_6 或偏差 f 是否小于容许值；否则应再次设置转点，直至符合要求为止。

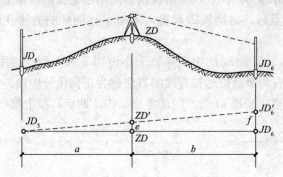

图 6-2-6　两不通视交点间设置转点

(2)在两交点延长线设转点。如图 6-2-7 所示，设 JD_8、JD_9 互不通视，ZD' 为其延长线上转点的目估位置。仪器置于 ZD' 处，盘左瞄准 JD_8，在 JD_9 附近标出一点，盘右再瞄准 JD_8，在 JD_9 附近又标出一点，取两次所标点的中点得 JD_9'。若 JD_9' 和 JD_9 重合或偏差 f 在容许范围内，即可将 JD_9' 代替 JD_9 作为交点，ZD' 即作为转点。若偏差 f 超出容许范围或 JD_9 为死点，不许移动，则应调整 ZD' 的位置。

$$e = \frac{a}{(a-b)}f \qquad (6\text{-}2\text{-}2)$$

将 ZD' 沿偏差 f 的相反方向横移 e 至 ZD，然后将仪器移至 ZD，重复上述方法，直至 f 小于容许值为止，最后将转点 ZD 和交点 JD_9 用木桩标定在地面上。

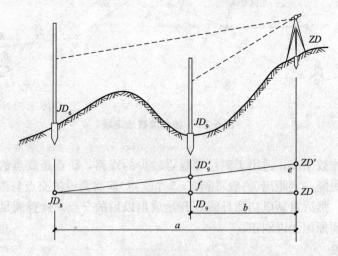

图 6-2-7　两不通视交点延长线上设置转点

3. 转角的测定

转角是路线由一个方向偏转到另一方向时偏转后的方向与原方向延长线的水平夹角。

转角有左、右之分，如图 6-2-8 所示，偏转后的方向位于原方向延长线左侧的转角称为左转角，用 α_z 表示；位于原方向延长线右侧的转角称为右转角，用 α_y 表示。转角一般不直接测定，而是根据实测的路线右角 $\beta_右$ 按下式计算而得：

路线转角的测定和
里程桩的设置

$$若\ \beta_右 < 180° 时\ \alpha_y = 180° - \beta_右 \tag{6-2-3}$$
$$若\ \beta_右 > 180° 时\ \alpha_z = \beta_右 - 180° \tag{6-2-4}$$

$\beta_右$ 通常采用全站仪以测回法观测，两个半测回所测角值的不符值视线路等级而定：如高速公路、一级公路限差为 $\pm20''$，满足要求取平均值，取位至 $1''$；二级及二级以下的公路限差为 $\pm60''$，满足要求取平均值，取位至 $30''$（$10''$ 舍去，$20''$、$30''$、$40''$ 取为 $30''$，$50''$ 进为 $1'$）。

4. 测定右角分角线方向

为了测设平曲线中点桩，需要在测右角的同时测定右角分角线方向。如图 6-2-9 所示，在观测右角后不变动仪器，首先计算分角线方向在水平度盘上的读数值，然后转动照准部使水平度盘读数为分角线方向读数值，这时望远镜正镜或倒镜方向即分角线的方向，在此方向上钉桩即曲线中点方向桩。

在图 6-2-9 中，若后视方向水平度盘读数为 b，前视方向水平度盘读数为 a，则分角线方向的水平度盘读数 k 为

$$k = (a+b)/2 \ 或\ k = a + (\beta_右/2) \tag{6-2-5}$$

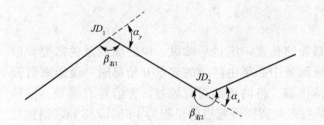

图 6-2-8　转角测定示意图

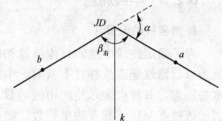

图 6-2-9　分角线方向示意图

5. 路线控制桩固定

为便于以后施工时恢复路线及放样，对于中线控制桩，如路线起点桩、终点桩、交点桩、转点桩，大中桥桥位桩及隧道起点、终点桩等重要桩志，均须妥善固定和保护，以防止丢失和破坏。

桩志固定方法应因地制宜地采取埋土堆、垒石堆、设护桩（也称"栓桩"）等。护桩方法很多，如距离交会法、方向交会法、导线延长法等，具体采用什么方法应根据实际情况灵活掌握。公路工程测量通常多采用距离交会法定位。护桩一般设三个，护桩之间的夹角不宜小于 $60°$，以减少交会误差，如图 6-2-10 所示。

护桩应尽可能利用附近固定的地物点，如房基墙角、电杆、树木、岩石等设置。如无此条件，则可埋设混凝土桩或钉设大木桩。护桩位置的选择应考虑不致为日后施工或车辆行人所毁坏。在护桩或在作为控制的地物上用红油漆画出标记和方向箭头，写明所控制的固定桩志名称、编号及与桩志的斜向距离，并绘制出示意草图，记录在手簿上，供日后编制"路线固定护桩一览表"。

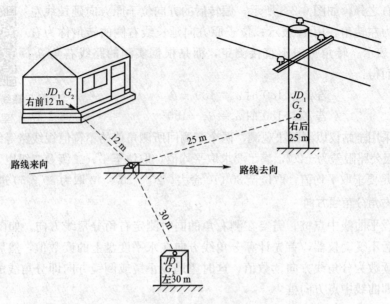

图 6-2-10　距离交会法护桩

6.2.3　中线测量

1. 里程桩的设置

为了确定路线中线的具体位置和路线的长度，满足后续纵、横断面测量的需要，以及为以后路线施工放样打下基础，中线测量中必须由路线的起点开始每隔一段距离钉设木桩标志，其桩点表示路线中线的具体位置。桩的正面写有桩号，背面写有编号。桩号表示该桩点至路线起点的里程数。如某桩点距离路线起点的里程为 4 656.738 m，则桩号记为 K4+656.738。编号反映桩间的排列顺序，宜按 0～9 为一组循环标注，以避免后续工作里程桩漏测。由于桩号即里程数，故称里程桩。又因里程桩设在路线中线上，表示中线位置，所以也称中桩。

(1)里程桩的类型。里程桩可分为整桩和加桩两种。

1)整桩。在路线中线的直线段上和曲线段上，按相应规定要求桩距而设置的桩称为整桩。其里程桩号均为整数，且为要求桩距的整倍数。如《公路勘测规范》(JTG C10—2007)规定，路线中桩间距不应大于表 6-2-1 的规定。在实测过程中，为了测设方便，里程桩号应尽量避免采用零数桩号，一般宜采用 20 m 或 50 m 及其倍数。当量距至每百米及每千米时，要钉设百米桩及千米桩。

表 6-2-1　中桩间距

直线/m		曲线/m			
平原、微丘	重丘、山岭	不设超高的曲线	$R>60$	$30<R<60$	$R<60$
50	25	25	20	10	5
注：表中 R 为平曲线半径(m)。					

2)加桩。加桩又可分为地形加桩、地物加桩、曲线加桩、地质加桩、行政区域加桩和断链加桩等。

①地形加桩：沿路线中线在地面起伏突变处，横向坡度变化处及天然河沟处等均应设置的里程桩。

②地物加桩：沿路线中线在有人工构筑物处（如拟建桥梁、涵洞、隧道、挡土墙等构筑物处，路线与其他公路、铁路、渠道、高压线、地下管道等交叉处，拆迁建筑物处、占用耕地及经济林的起终点处），均应设置的里程桩。

③曲线加桩：曲线上设置的起点桩、中点桩、终点桩等。

④地质加桩：沿路线在土质变化处及地质不良地段的起点、终点处要设置的里程桩。

⑤行政区域加桩：在省、地（市）县级行政区分界处应加桩。

⑥断链加桩：中线测量一般是分段进行，由于地形地质等各种情况常常会进行局部改线或者由于计算或丈量发生错误时，会造成已测量好的各段里程不能连续，这种情况称为断链。

如图 6-2-11 所示，由于交点 JD_3 改线后移至 JD_3'，原中线改线至图中虚线位置，使得从起点至转点 ZD_{3-1} 的距离比原来减少。而从 ZD_{3-1} 往前已进行了中线测量，如将所有里程改动或重新进行中线测量，则外业工作量太大。为此，可在现场断链处（转点 ZD_{3-1}）的实地位置设置断链桩，用一般的中线桩钉设，并注明两个里程。将新里程写在前面，也称来向里程；将原来的里程写在后面，也称去向里程，并在断链桩上注明新线比原来道路长或短了多少。如果改线后道路缩短，来向里程小于去向里程，则称为短链。如果改线后新道路变长，使得来向里程大于去向里程，那么就称为长链。断链的处理方法如图 6-2-12 所示。

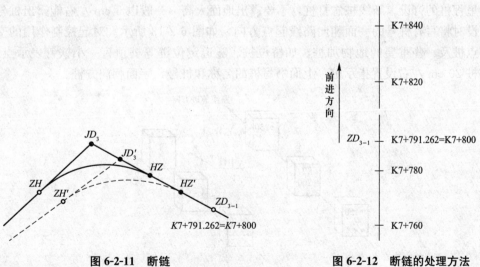

图 6-2-11　断链　　　　图 6-2-12　断链的处理方法

断链桩一般应设置在百米桩或整 10 m 桩处，不要设置在有桥梁、村庄、隧道和曲线的范围内，并做好详细的断链记录，供初步设计和计算道路总长度时参考。

（2）里程桩的书写及钉设。对于中线控制桩，如路线起（终）点桩、千米桩、转点桩、大中桥位桩以及隧道起（终）点等重要桩，一般采用尺寸为 5 cm×5 cm×30 cm 的方桩；其余里程桩一般多用(1.5~2)cm×5 cm×25 cm 的板桩。

1)里程桩的书写。所有中桩均应写明桩号和编号，在桩号书写时，除百米桩、千米桩和桥位桩要写明千米数外，其余桩可不写。另外，对于交点桩、转点桩及曲线基本桩还应在桩号之前标明桩号(一般标其缩写名称)。目前，我国公路工程上桩名采用汉语拼音的缩写名称，见表 6-2-2。

表 6-2-2　路线主要标志桩名称表

标志桩名称	简称	汉语拼音缩写	英文缩写	标志桩名称	简称	汉语拼音缩写	英文缩写
转角点	交点	JD	IP	公切点	—	GQ	CP
转点	—	ZD	TP	第一缓和曲线起点	直缓点	ZH	TS
圆曲线起点	直圆点	ZY	BC	第一缓和曲线终点	缓圆点	HY	SC
圆曲线中点	曲中点	QZ	MC	第二缓和曲线起点	圆缓点	YH	CS
圆曲线终点	圆直点	YZ	EC	第二缓和曲线终点	缓直点	HZ	ST

桩志一般用红色油漆或记号笔书写(在干旱地区或马上施工的路线也可用墨汁书写)，书写字迹应工整醒目，一般应写在桩顶以下 5 cm 范围内，否则将被埋于地面以下无法判别里程桩号。

2)里程桩的钉设。新线桩志打桩，不要露出地面太高，一般以 5 cm 左右能露出桩号为宜。钉设时将写有桩号的一面朝向路线起点方向，如图 6-2-13 所示。对起控制作用的交点桩、转点桩及一些重要的地物加桩，如桥位桩、隧道定位桩等桩顶钉一小铁钉表示点位。在距方桩 20 cm 左右设置指示桩，上面书写桩的名称和桩号，字面朝向方桩。

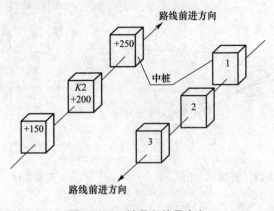

图 6-2-13　桩号和编号方向

改建桩志位于旧路上时，由于路面坚硬，故不宜采用木桩，此时常采用大帽钢钉。钉桩时一律打桩至与地面齐平，然后在路旁一侧打上指示桩，桩上注明与中线的横向距离及其桩号,并以箭头指示中桩位置。在直线上,指示桩应钉在路线的同一侧;交点桩的指示桩应在圆心和交点连线方向的外侧,字面朝向交点;曲线主点桩的指示桩均应钉在曲线的外侧,字面朝向圆心。

遇到岩石地段无法钉桩时,应在岩石上凿刻"+"标记,表示桩位并在其旁边写明桩号、编号等。在潮湿或有虫蚀地区,特别是近期不施工的路线,对重要桩位(如路线起点、终点、交点、转点等)可改埋混凝土桩,以利于桩的长期保存。

2. 道路中线放样

中线放样的主要任务是通过直线和曲线的测设,将道路中线的平面位置测设标定在实地上,并测定路线的实际里程。

路线中线测设可采用极坐标法、GPS-RTK 法、链距法、偏角法、支距法等方法进行。高速公路、一级公路、二级公路宜采用极坐标法、GPS-RTK 法,直线段可采用链距法,但链距长度不应超过 200 m。

采用极坐标法、GPS-RTK 方法敷设中线时,应符合以下要求:

(1)中桩钉好后宜测量并记录中桩的平面坐标,测量值与设计坐标的差值应小于中桩测量的桩位限差。

(2)可不设置交点桩而一次放出整桩与加桩,也可只放直、曲线上的控制桩,其余桩可用链距法测定。

(3)采用极坐标法时,测站转移前,应观测检查前、后相邻控制点之间的角度和边长,角度观测一测回,测得的角度与计算角度互差应满足相应等级的测角精度要求。距离测量一测回,其值与计算距离之差应满足相应等级的距离测量要求。测站转移后,应对前一测站所放桩位重放 1~2 个桩点,桩位精度应满足要求。

(4)采用 GPS-RTK 方法时,求取转换参数采用的控制点应涵盖整个放线段,采用的控制点应大于 4 个,流动站至基准站的距离应小于 5 km,流动站至最近的高等级控制点应小于 2 km,并应利用另外一个控制点进行检查,检查点的观测坐标与理论值之差应小于桩位检测之差的 70%。放桩点不宜外推。

6.3 圆曲线的测设

当路线由一个方向转到另一个方向时,在平面上必须用曲线连接。曲线的形式较多,其中圆曲线是最基本的一种平面曲线,其是具有一定半径的一段圆弧线。圆曲线的测设一般可分为以下两步进行:

圆曲线的测设

(1)测设曲线的主点,称为圆曲线的主点测设,即测设曲线的起点(称为直圆点,以 *ZY* 表示)、中点(称为曲中点,以 *QZ* 表示)和终点(称为圆直点,以 *YZ* 表示)。

(2)在已测定的主点之间进行加密,按规定桩距测设曲线上的其他各桩点,称为曲线的详细测设。

6.3.1　圆曲线主点的测设

1. 圆曲线测设元素的计算

如图 6-3-1 所示，设交点（JD）的转角为 α，圆曲线半径为 R，则曲线的测设元素可按下列公式计算：

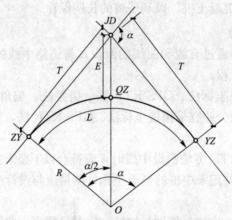

图 6-3-1　圆曲线的主点测设

$$
\left.
\begin{aligned}
&\text{切线长：} T = R \cdot \tan\frac{\alpha}{2} \\
&\text{曲线长：} L = R \cdot \alpha \cdot \frac{\pi}{180°} \\
&\text{外距：} E = \frac{R}{\cos\dfrac{\alpha}{2}} - R = R\left(\sec\frac{\alpha}{2} - 1\right) \\
&\text{切曲差：} D = 2T - L
\end{aligned}
\right\}
\tag{6-3-1}
$$

2. 主点里程的计算

交点（JD）的里程由中线丈量中得到，根据交点的里程和计算的曲线测设元素，即可以计算出各主点的里程。由图 6-3-1 可知：

$$
\left.
\begin{aligned}
&ZY\,\text{里程} = JD\,\text{里程} - T \\
&YZ\,\text{里程} = ZY\,\text{里程} + L \\
&QZ\,\text{里程} = YZ\,\text{里程} - \frac{L}{2} \\
&JD\,\text{里程} = QZ\,\text{里程} + \frac{D}{2}\,（\text{校核}）
\end{aligned}
\right\}
\tag{6-3-2}
$$

需要注意的是，圆曲线终点里程 YZ 应为圆曲线起点里程 ZY 加上圆曲线长 L，而不是交点里程加切线长 T，即 YZ 里程 $\neq JD$ 里程 $+T$。因为在路线转折处道路中线的实际位置应为曲线位置，而非切线位置。

【例 6-1】 已知某 JD 的里程为 K3＋182.76，测得转角 $\alpha_右 = 25°48'$，拟定圆曲线半径 $R = 300$ m，求各测设元素及主点桩里程。

【解】 由式(6-3-1)代入数据计算得 $T = 68.71$ m；$L = 135.09$ m；$E = 7.77$ m；$D =$

2.33 m。主点里程的计算，由式(6-3-2)得：

JD 里程	K3+182.76
−T	−68.71
ZY 里程	K3+114.05
+L	+135.09
YZ 里程	K3+249.14
−L/2	−67.54
QZ 里程	K3+181.60
+D/2	+1.16（校核）
JD 里程	K3+182.76（计算无误）

3. 主点的测设

圆曲线的测设元素和主点里程计算出后，便可以按下述步骤进行主点测设：

(1)ZY 的测设：测设 ZY 时，将全站仪置于交点 JD_i 上，望远镜照准后一交点 JD_{i-1} 或此方向上的转点，沿望远镜视线方向量取切线长 T，得 ZY，先插一测钎标志。然后用钢尺丈量 ZY 至最近一个直线桩的距离，如两桩号之差等于所丈量的距离或相差在容许范围内，即可在测钎处打下 ZY 桩。如超出容许范围，应查明原因，重新测设，以确保桩位的正确性。

(2)YZ 的测设：在 ZY 点测设完成后，转动望远镜照准前一交点 JD_{i+1} 或此方向上的转点，往返丈量切线长 T，得 YZ 点，打下 YZ 桩。

(3)QZ 的测设：可自交点 JD_i 沿分角线方向量取外距 E，打下 QZ 桩。

6.3.2 圆曲线的详细测设

在圆曲线测设时，除设置圆曲线的主点桩及地形、地物等加桩外，当圆曲线较长时，应按曲线上中桩桩距的规定进行加桩，即进行圆曲线的详细测设。

按桩距 l_0 在曲线上设桩，通常有以下两种方法：

(1)整桩号法。将曲线上靠近起点 ZY 的第一个桩的桩号凑整成为 l_0 倍数的整桩号，且与 ZY 点的桩距小于 l_0，然后按桩距 l_0 连续向曲线终点 YZ 设桩。这样设置的桩号均为整桩。

(2)整桩距法。从曲线起点 ZY 和终点 YZ 开始，分别以桩距 l_0 连续向曲线中点 QZ 设桩。由于这样设置的桩号一般为零数桩号，因此，在实测中应注意加设百米桩和千米桩。

中线测量中一般均采用整桩号法。

圆曲线详细测设的方法很多，下面介绍三种常用方法。

1. 切线支距法

切线支距法是以圆曲线 ZY 点或 YZ 点为坐标原点，以过 ZY 点或 YZ 点的切线为 x 轴，过原点的半径为 y 轴，建立直角坐标系。按曲线上各点坐标 x、y 设置曲线。

如图 6-3-2 所示，设 P_i 为曲线上欲测设的点位，该 ZY 点或 YZ 点的弧长为 l_i，φ_i 为 l_i 所对的圆心角，R 为圆曲线半径，则 P_i 点的坐标按下式计算：

$$\left.\begin{array}{l} x_i = R \cdot \sin\varphi_i \\ y_i = R \cdot (1-\cos\varphi_i) = x_i \cdot \tan\dfrac{\varphi_i}{2} \end{array}\right\} \quad (6\text{-}3\text{-}3)$$

$$\varphi_i = \frac{l_i}{R} \cdot \frac{180°}{\pi} \tag{6-3-4}$$

【例 6-2】 例 6-1 若采用切线支距法，并按整桩号设桩，试计算各桩坐标。

【解】 例 6-1 中已计算出主点里程，在此基础上按整桩号法列出详细测设的桩号，并计算其坐标。具体计算见表 6-3-1。

表 6-3-1 切线支距法计算表

桩号	桩点至曲线起(终)点的弧长 l_i/m	圆心角 φ_i	横坐标 x_i/m	纵坐标 y_i/m
ZY 桩：K3+114.05	0	0°00′00″	0	0
+120	5.95	1°08′11″	5.95	0.06
+140	25.95	4°57′22″	25.92	1.12
+160	45.95	8°46′33″	45.77	3.51
+180	65.95	12°35′44″	65.42	7.22
QZ 桩：K3+181.60				
+200	49.14	9°23′06″	48.92	4.02
+220	29.14	5°33′55″	29.09	1.41
+240	9.14	1°44′44″	9.14	0.14
YZ 桩：K3+249.14	0	0°00′00″	0	0

切线支距法详细测设圆曲线，为了避免支距过长，一般是由 ZY 点和 YZ 点分别向 QZ 点施测。其测设步骤如下：

(1)从 ZY 点(或 YZ 点)用钢尺或皮尺沿切线方向量取 P_i 点的横坐标 x_i 得垂足 N_i。

(2)在垂足点 N_i 上，用方向架或全站仪定出切线的垂直方向，沿垂直方向量出 y_i，即得到待测定点 P_i。

(3)曲线上各点测设完毕后，应量取相邻各桩之间的距离，并与相应的桩号之差做比较，若较差均在限差之内，则曲线测设合格；否则应查明原因，予以纠正。

切线支距法适用于平坦开阔地区，具有测点误差不累积的优点，但测设的点位精度较低。

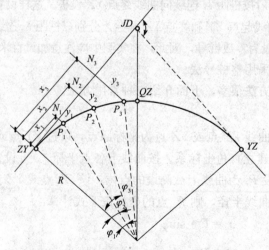

图 6-3-2 切线支距法详细测设圆曲线

2. 偏角法

偏角法是以曲线起点(ZY)或终点(YZ)至曲线上待测设点 P_i 的弦线与切线之间的弦切角(这里称为偏角)Δ_i 和弦长 c_i 来确定 P_i 点的位置。

如图 6-3-3 所示，根据几何原理，偏角 Δ_i 等于相应弧长所对的圆心角 φ_i 的一半，即 $\Delta_i = \dfrac{\varphi_i}{2}$，则

$$\Delta_i = \frac{l_i}{R} \cdot \frac{90°}{\pi} \tag{6-3-5}$$

式中 l_i——P_i 点至 ZY 点(或 YZ 点)的曲线长度。

弦长 c_i 可按下式计算：

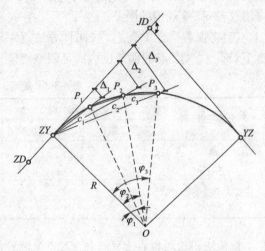

图 6-3-3　偏角法详细测设圆曲线

$$c_i = 2R\sin\frac{\varphi_i}{2} = 2R\sin\Delta_i \tag{6-3-6}$$

【例 6-3】 仍以例 6-1 为例，采用偏角法按整桩号法设桩，计算各桩的偏角和弦长。

【解】 设曲线由 ZY 点和 YZ 点分别向 QZ 点测设，计算见表 6-3-2。

表 6-3-2　偏角法计算表

桩号	桩点至 ZY(YZ) 的曲线长 l_i/m	偏角值 Δ_i /° ′ ″	弦长 c_i /m	备注
ZY 桩：K3+114.05	0	0　00　00	0	
+120	5.95	0　34　05	5.95	
+140	25.95	2　28　41	25.94	
+160	45.95	4　23　16	45.90	
+180	65.95	6　17　52	65.82	
QZ 桩：K3+181.60	67.55	6　27　00	67.41	
+200	49.14	4　41　33	49.08	
+220	29.14	24　6　58	29.13	
+240	9.14	0　52　22	9.14	
YZ 桩：K3+249.14	0	0　00　00	0	

如果偏角的增加方向是顺时针方向，则全站仪水平度盘置为 HR 状态；反之，置为 HL 状态。具体测设步骤如下：

(1)安置全站仪于曲线起点(ZY)上，盘左瞄准交点(JD)，将水平度盘读数设置为 $0°00'00''$。

(2)转动照准部，使水平度盘读数为：+120 桩的偏角值 $\Delta_1 = 0°34'05''$，然后从 ZY 点开始，沿望远镜视线方向量测出弦长 $c_1 = 5.95$ m，定出 P_1 点，即为 K3+120 的桩位。

(3)再继续转动照准部，使水平度盘读数为：+140 桩的偏角值 $\Delta_2 = 2°28'41''$，从 ZY 点开始，沿望远镜视线方向量弦长 $c_2 = 25.94$ m，定出 P_2 点；以此类推，测设 P_3、P_4，直

至 QZ 点。此时定出的 QZ 点应与主点测设时定出的 QZ 点重合，如不重合，则其闭合差不得超过表 6-3-3 规定的限差。

（4）将仪器移至 YZ 点，按同样方法逐一定出 K3＋240、K3＋220 和 K3＋200 的桩位，直至 QZ 点。QZ 点的偏差也应满足限差规定。

表 6-3-3　距离、偏角测量闭合差

公路等级	纵向相对闭合差		横向闭合差/cm		角度闭合差/″
	平原、微丘	重丘、山岭	平原、微丘	重丘、山岭	
高速公路、一、二级公路	1/2 000	1/1 000	10	10	60
三级及三级以下公路	1/1 000	1/500	10	15	120

偏角法不仅可以在 ZY 点和 YZ 点上测设曲线，而且可在 QZ 点上测设，也可在任一点上测设。它是一种灵活性大、测设精度较高、适用性较强的常用方法。但是当仪器安置点与曲线加桩点视线受阻时，偏角法搬站次数较多。

3. 极坐标法

用极坐标法测设圆曲线的细部点是用全站仪进行路线测量时最合适的方法。仪器可以安置在任何控制点上，包括路线上的交点、转点等已知坐标的点，其测设的速度快、精度高。

极坐标法的测设数据主要是圆曲线上主点和细部点的坐标，然后根据控制点（测站）和圆曲线细部点的坐标反算出极坐标法的测设数据，即测站至细部点的方位角和平距。

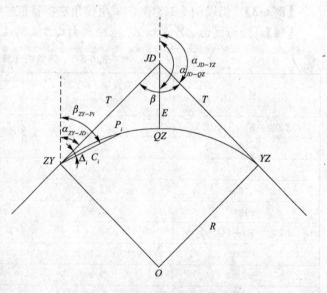

图 6-3-4　极坐标法详细测设圆曲线

（1）主点坐标计算。根据路线交点及转点的坐标，按坐标反算公式计算出第一条切线的方位角，按路线的偏角推算第二条切线的方位角。根据交点坐标、切线方位角和切线长（T），用坐标正算公式算得圆曲线起点（ZY）和终点（YZ）的坐标（图 6-3-4）如下：

$$\left.\begin{array}{l} x_{ZY}=x_{JD}+T \cdot \cos\alpha_{JD-ZY} \\ y_{ZY}=y_{JD}+T \cdot \sin\alpha_{JD-ZY} \end{array}\right\} \tag{6-3-7}$$

$$\left.\begin{array}{l} x_{YZ}=x_{JD}+T \cdot \cos\alpha_{JD-YZ} \\ y_{YZ}=y_{JD}+T \cdot \sin\alpha_{JD-YZ} \end{array}\right\} \tag{6-3-8}$$

再根据切线的方位角和路线的转折角（β），算得图 6-3-4 所示极坐标法详细测设圆曲线 β 角分线方向的方位角，根据分角线方位角和外矢距（E）用坐标正算公式算得曲线中点（QZ）的坐标。

$$x_{QZ}=x_{JD}+E \cdot \cos\alpha_{JD-QZ} \atop y_{QZ}=y_{JD}+E \cdot \sin\alpha_{JD-QZ}\Bigg\} \tag{6-3-9}$$

(2)细部点坐标计算。根据已经算得的第一条切线的方位角加偏角(Δ_i)推算曲线起点至细部点的方位角，再根据弦长(c_i)和起点坐标用坐标正算公式计算细部点的坐标。

$$x_i=x_{ZY}+c_i \cdot \cos(\alpha_{ZY-JD}+\Delta_i) \atop y_i=y_{ZY}+c_i \cdot \sin(\alpha_{ZY-JD}+\Delta_i)\Bigg\} \tag{6-3-10}$$

【例 6-4】 已知 JD_5 的坐标为(6 848.320，5 634.240)，里程桩号为 K3＋135.12 m，$\alpha_{右}=40°20'$，路线设计圆曲线半径 $R=120$ m，根据路线上转点 ZD 和交点 JD_5 的坐标，算得第一条切线的方位角 $\alpha_0=52°16'30''$，按整桩号法加桩，桩距 $l_0=20$ m，计算该圆曲线细部点极坐标法测设数据。

【解】 由式(6-3-1)代入数据计算得 $T=44.072$ m；$L=84.474$ m；$E=7.837$ m；$D=3.670$ m。由式(6-3-2)计算各主点里程：ZY＝K3＋091.05 m，QZ＝K3＋133.29 m，YZ＝K3＋175.52 m。

分别根据式(6-3-7)～式(6-3-9)，计算得到 ZY 点坐标(6 821.35，5 599.38)，YZ 点坐标(6 846.31，5 678.27)，QZ 点坐标(6 840.85，5 636.60)。根据式(6-3-10)，计算细部点坐标(表 6-3-4)。

表 6-3-4 圆曲线极坐标法细部点坐标计算

曲线里程桩号	桩点至 ZY 点的曲线长 l_i/m	偏角 Δ_i /° ′ ″	方位角 α_i /° ′ ″	弦长 c_i/m	坐标 x_i/m	坐标 y_i/m
ZY：K3＋091.05	0	00 000	52 16 30	0	6 821.35	5 599.38
＋100	8.95	2 08 12	54 24 42	8.95	6 826.56	5 606.66
＋120	28.95	6 54 41	59 11 11	28.88	6 836.15	5 624.18
QZ：K3＋133.29	42.24	10 05 00	62 21 30	42.02	6 840.85	5 636.60
＋140	48.95	11 41 10	63 57 40	48.61	6 842.69	5 643.06
＋160	68.95	16 27 39	68 44 09	68.01	6 846.02	5 662.76
YZ：K3＋175.52	84.47	20 10 00	72 26 30	82.74	6 846.31	5 678.27

6.4 缓和曲线的测设

汽车在行驶过程中，由直线进入圆曲线是通过驾驶员转动转向盘，从而使前轮逐渐发生转向，其行驶轨迹是一条曲率连续变化的曲线。同时，汽车在直线上的离心力为零，而在曲线上的离心力为一定值，直线与圆曲线直接相连曲率发生突变，对行车安全不利，也会影响行车的稳定和舒适。尤其是汽车高速行驶时，这种现象更为明显。为了使路线的平面线形更加符合汽车的行驶轨迹、离心力逐渐变化，确保行车的安全和舒适，需要在直线和圆曲线之间插入一段曲率半径由无穷大逐渐变化到圆曲线半径的过渡性曲线，此曲线称为缓和曲线。

缓和曲线的形式可采用回旋线、三次抛物线及双纽线等。目前我国公路在设计中，以回旋线作为缓和曲线。

6.4.1 缓和曲线公式

1. 基本公式

如图 6-4-1 所示，回旋线是曲率半径 r 随曲线长度 l 的增大而成反比地均匀减小的曲线，即在回旋线上任一点的曲率半径 r 为

$$r=\frac{c}{l} \text{ 或 } c=r \cdot l \tag{6-4-1}$$

式中　c——常数，表示缓和曲线曲率半径 r 的变化率，与行车速度有关。

目前我国公路采用 $c=0.035v^3$（v 为设计速度，以 km/h 为单位）。

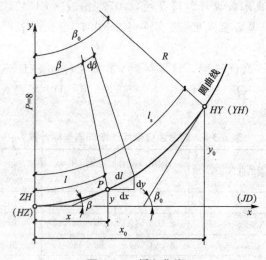

图 6-4-1　缓和曲线

而在曲线上，c 值又可按以下方法确定，在第一缓和曲线终点即 HY 点（或第二缓和曲线起点 YH 点）的曲率半径等于圆曲线半径 R，即 $r=R$，该点的曲线长度即缓和曲线的全长 l_s。由式(6-4-1)可得

$$c=R \cdot l_s \tag{6-4-2}$$

而

$$c=0.035v^3$$

故有缓和曲线的全长为

$$l_s=\frac{0.035v^3}{R} \tag{6-4-3}$$

当公路平曲线半径小于设计超高的最小半径时，应设缓和曲线。缓和曲线采用回旋曲线。缓和曲线的长度应根据其设计速度 v 求得，并尽量采用大于表 6-4-1 所列的数值。

表 6-4-1　缓和曲线最小长度

设计速度/(km·h⁻¹)	120	100	80	60	40	30	20
缓和曲线最小长度/m	100	85	70	50	35	25	20

2. 切线角公式

缓和曲线上任一点 P 处的切线与曲线的起点(ZY)或终点(HZ)切线的交角 β 与缓和曲线上该点至曲线起点或终点的曲线长所对应的中心角相等。为求切线角 β，可在曲率半径为 r 的 P 点处取一微分弧段 $\mathrm{d}l$，其所对应的中心角 $\mathrm{d}\beta$ 为

$$\mathrm{d}\beta = \frac{\mathrm{d}l}{\rho} = \frac{l \cdot \mathrm{d}l}{c}$$

积分并顾及式(6-4-2)得

$$\beta = \frac{l^2}{2c} = \frac{l^2}{2Rl_s}(\mathrm{rad}) \tag{6-4-4}$$

当 $l = l_s$ 时，则缓和曲线全长 l_s 所对应中心角即缓和曲线的切线角 β_0 为

$$\beta_0 = \frac{l_s}{2R}(\mathrm{rad})$$

以角度表示为

$$\beta_0 = \frac{l_s}{2R} \times \frac{180°}{\pi} \tag{6-4-5}$$

3. 参数方程

如图 6-4-1 所示，设以缓和曲线的起点(ZH 点)为坐标原点，过 ZH 点的切线为 x 轴，半径方向为 y 轴，缓和曲线上任意一点 P 的坐标为$(x、y)$，仍在 P 点处取一微分弧段 $\mathrm{d}l$，由图可知，微分弧段在坐标轴上的投影为

$$\left. \begin{array}{l} \mathrm{d}x = \mathrm{d}l \times \cos\beta \\ \mathrm{d}y = \mathrm{d}l \times \sin\beta \end{array} \right\} \tag{6-4-6}$$

将式(6-4-6)中 $\cos\beta$、$\sin\beta$ 按级数展开，并将式(6-4-4)代入，积分后略去高次项得缓和曲线的参数方程为

$$\left. \begin{array}{l} x = l - \dfrac{l^5}{40R^2 l_s^2} \\[2mm] y = \dfrac{l^3}{6Rl_s} - \dfrac{l^7}{336R^3 l_s^3} \end{array} \right\} \tag{6-4-7}$$

当 $l = l_s$ 时，得到缓和曲线终点坐标为

$$\left. \begin{array}{l} x_0 = l_s - \dfrac{l_s^3}{40R^2} \\[2mm] y_0 = \dfrac{l_s^2}{6R} - \dfrac{l_s^4}{336R^3} \end{array} \right\} \tag{6-4-8}$$

6.4.2　带有缓和曲线的平曲线主点测设

1. 内移值 p 和切线增长值 q 的计算

如图 6-4-2 所示，在直线与圆曲线之间插入缓和曲线时，必须将原有的圆曲线向内移动距离 p(称为内移值)，才能使缓和曲线的起点位于直线方向上，这时曲线发生变化，使切线增长距离 q(称为切线增长值)。未设缓和曲线时的圆曲线为 FG，其半径为$(R+p)$。插入两段缓和曲线 AC 和 DB 后，圆曲线内移，保留部分为 CDM 段，半径为 R，该段所对应的圆心角为$(\alpha-2\beta_0)$。

带有缓和曲线的
平曲线主点测设

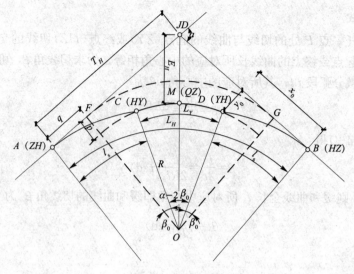

图 6-4-2 主点测设

测设时必须满足的条件为 $\alpha \geqslant 2\beta_0$，否则应缩短缓和曲线长度或加大圆曲线半径使之满足条件。

在图 6-4-2 中由几何关系可知：

$$\left.\begin{array}{l} p = y_0 - R \cdot (1 - \cos\beta_0) \\ q = x_0 - R \cdot \sin\beta_0 \end{array}\right\} \tag{6-4-9}$$

将式（6-4-9）中的 $\cos\beta_0$、$\sin\beta_0$ 展开为级数，略去积分高次项并将式（6-4-5）中的 β_0 和式（6-4-8）中的 x_0、y_0 代入后整理可得

$$\left.\begin{array}{l} p = \dfrac{l_s^2}{24R} \\ q = \dfrac{l_s}{2} - \dfrac{l_s^3}{240R^2} \end{array}\right\} \tag{6-4-10}$$

2. 平曲线测设元素

当通过测算得到转角 α，圆曲线半径 R 与缓和曲线长 l_s 确定后，即可按上述公式求得切线角 β_0、内移值 p 和切线增长值 q，在此基础上计算平曲线测设元素。如图 6-4-2 所示，平曲线测设元素可按下列公式计算：

$$\left.\begin{array}{l} \text{切线长：} T_H = (R+p) \cdot \tan\dfrac{\alpha}{2} + q \\[2mm] \text{曲线长：} L_H = R(\alpha - 2\beta_0)\dfrac{\pi}{180°} + 2l_s \\[2mm] \text{其中圆曲线长：} L_Y = R(\alpha - 2\beta_0)\dfrac{\pi}{180°} \\[2mm] \text{外距：} E_H = (R+p) \cdot \sec\dfrac{\alpha}{2} - R \\[2mm] \text{切曲差：} D_H = 2T_H - L_H \end{array}\right\} \tag{6-4-11}$$

3. 主点里程计算与测设

根据交点里程和平曲线测设元素，计算各主点里程：

$$直缓点：ZH \text{ 里程}=JD \text{ 里程}-T_H$$
$$缓圆点：HY \text{ 里程}=ZH \text{ 里程}+l_s$$
$$圆缓点：YH \text{ 里程}=HY \text{ 里程}+L_Y$$
$$缓直点：HZ \text{ 里程}=YH \text{ 里程}+l_s \qquad (6\text{-}4\text{-}12)$$
$$曲中点：QZ \text{ 里程}=HZ \text{ 里程}-L_H/2$$
$$交点：JD \text{ 里程}=QZ \text{ 里程}+D_H/2（校核）$$

主点 ZH、HZ、QZ 的测设方法与圆曲线主点测设方法相同。HY、YH 点是根据缓和曲线终点坐标$(x_0，y_0)$用切线支距法测设。

6.4.3 带有缓和曲线的平曲线的详细测设

1. 切线支距法

切线支距法是以 ZH 点或 HZ 点为坐标原点，以过原点的切线为 x 轴、过原点的半径为 y 轴，利用缓和曲线段和圆曲线段上的各点的坐标$(x、y)$测设曲线。

在缓和曲线上各点坐标$(x、y)$可按缓和曲线的参数方程求得，即

$$\left. \begin{array}{l} x=l-\dfrac{l^5}{40R^2 l_s^2} \\[3mm] y=\dfrac{l^3}{6Rl_s}-\dfrac{l^7}{336R^3 l_s^3} \end{array} \right\} \qquad (6\text{-}4\text{-}13)$$

在圆曲线上各点的坐标，可由图 6-4-3 按几何关系求得

$$\left. \begin{array}{l} x=R \cdot \sin\varphi+q \\[2mm] y=R(1-\cos\varphi)+p \end{array} \right\} \qquad (6\text{-}4\text{-}14)$$

式中 φ——$\varphi=\dfrac{l}{R}\times\dfrac{180°}{\pi}+\beta_0(°)$；

         l——该点至 HY 点或 YH 点的曲线长。

在计算出缓和曲线段上和圆曲线段上各点的坐标$(x、y)$后，即可以按与用切线支距法测设圆曲线同样的方法进行测设。

另外，圆曲线上各点也可以缓圆点 HY 或圆缓点 YH 为坐标原点，用切线支距法进行测设。此时只要将 HY 点或 YH 点的切线定出，如图 6-4-4 所示，计算出 T_d 的长度后，HY 点或 YH 点的切线即可确定。T_d 可由下式计算：

$$T_d=x_0-\frac{y_0}{\tan\beta_0}=\frac{2}{3}l_s+\frac{l_s^3}{360R^2} \qquad (6\text{-}4\text{-}15)$$

2. 偏角法

用偏角法详细测设带有缓和曲线的平曲线时，其偏角应分为缓和曲线段上的偏角与圆曲线段上的偏角两部分。

（1）缓和曲线段上各点测设。对于测设缓和曲线段上的各点，可将全站仪安置于缓和曲线的 ZH 点（或 HZ 点）上进行测设。如图 6-4-5 所示，设缓和曲线上任一点 P 的偏角值为 δ，由图可知：

$$\tan\delta=\frac{y}{x} \qquad (6\text{-}4\text{-}16)$$

式中 x、y——P 点的直角坐标，可由曲线参数方程求得。

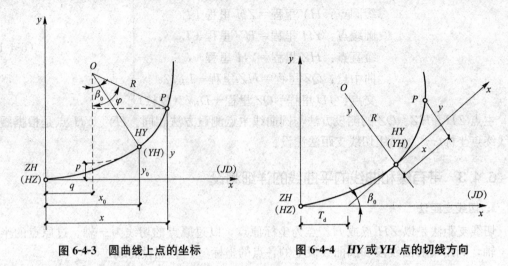

图 6-4-3　圆曲线上点的坐标　　　　　图 6-4-4　*HY* 或 *YH* 点的切线方向

在实测中，因偏角 δ 较小，一般取

$$\delta \approx \tan\delta = \frac{y}{x} \tag{6-4-17}$$

将 x、y 代入式(6-4-17)得

$$\delta = \frac{l^2}{6Rl_s} \tag{6-4-18}$$

在式(6-4-18)中，当 $l = l_s$ 时，得 HY 点或 YH 点的偏角值 δ_0，称为缓和曲线的总偏角，即

$$\delta_0 = \frac{l_s}{6R} \tag{6-4-19}$$

由于 $\beta_0 = \frac{l_s}{2R}$，所以得

$$\delta_0 = \frac{1}{3}\beta_0 \tag{6-4-20}$$

由式(6-4-18)和式(6-4-19)并结合式(6-4-20)可得

$$\delta = \left(\frac{l}{l_s}\right)^2 \delta_0 = \frac{1}{3}\left(\frac{l}{l_s}\right)^2 \beta_0 \tag{6-4-21}$$

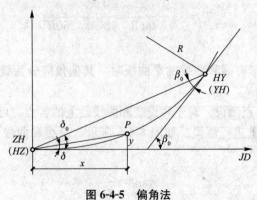

图 6-4-5　偏角法

在按式(6-4-18)或式(6-4-21)计算出缓和曲线上各点的偏角值后，采用与偏角法测设圆曲线同样的步骤进行缓和曲线的测设。

由于缓和曲线上弦长 $c = l - \dfrac{l^5}{90R^2 l_s^2}$，近似地等于相应的弧长，因而在测设时，弦长一般就取弧长值。

(2)圆曲线段上各点测设。对于圆曲线段上各点的测设，应将仪器安置于 HY 点或 YH 点上进行。这时只需要定出 HY 点或 YH 点的切线方向，就可按前面所讲的无缓和曲线的圆曲线的测设方法进行。如图 6-4-5 所示，关键是计算 b_0，显然有

$$b_0 = \beta_0 - \delta_0 = \frac{2}{3}\beta_0 \text{（或 } b_0 = 2\delta_0） \tag{6-4-22}$$

求得 b_0 后，将仪器安置于 HY 点上，瞄准 ZH 点，将水平度盘读数配置为 b_0（当曲线右转时，应配置为 $360° - b_0$）后，旋转照准部，使水平度盘的读数为 $00°00'00''$ 后倒镜，此时视线方向即 HY 点的切线方向，然后按前述偏角法测设圆曲线段上各点。

3. 极坐标法

由于全站仪在公路工程中的广泛使用，极坐标法已成为曲线测设的一种简便、迅速、精确的方法。如图 6-4-6 所示，交点 JD 的坐标 X_{JD}、Y_{JD} 已经测定，路线导线的坐标方位角 A 和边长 S 按坐标反算求得。在选定各圆曲线半径 R 和缓和曲线长度 l_s 后，根据各桩的里程桩号，按下述方法即可求出相应的坐标值 X、Y：

道路中线逐桩坐标计算

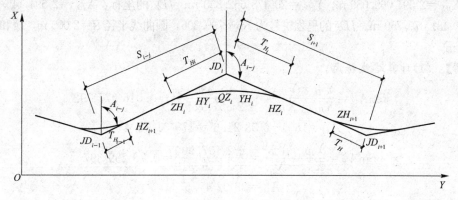

图 6-4-6　极坐标法

(1)HZ 点（包括路线起点）至 ZH 点之间的中桩坐标计算如图 6-4-6 所示，此段为直线，桩点的坐标按下式计算：

$$\left.\begin{array}{l} X_i = X_{HZ_{i-1}} + D_i \cos A_{i-1,i} \\ Y_i = Y_{HZ_{i-1}} + D_i \sin A_{i-1,i} \end{array}\right\} \tag{6-4-23}$$

式中　$A_{i-1,i}$——路线导线 JD_{i-1} 至 JD_i 的坐标方位角；

　　　D_i——桩点至 HZ_{i-1} 点的距离，即桩点里程与 HZ_{i-1} 里程之差；

　　　$X_{HZ_{i-1}}$，$Y_{HZ_{i-1}}$——HZ_{i-1} 的坐标，由下式计算：

$$\left.\begin{array}{l} X_{HZ_{i-1}} = X_{JD_{i-1}} + T_{H_{i-1}} \cos A_{i-1,i} \\ Y_{HZ_{i-1}} = Y_{JD_{i-1}} + T_{H_{i-1}} \sin A_{i-1,i} \end{array}\right\} \tag{6-4-24}$$

式中 $X_{JD_{i-1}}$，$Y_{JD_{i-1}}$——交点 JD_{i-1} 的坐标；

$T_{H_{i-1}}$——切线长。

ZH 点为直线的起点，除可按式(6-4-23)计算外，也可按下式计算：

$$\left.\begin{array}{l}X_{ZH_i}=X_{JD_{i-1}}+(S_{i-1,i}-T_{H_i})\cos A_{i-1,i}\\Y_{ZH_i}=Y_{JD_{i-1}}+(S_{i-1,i}-T_{H_i})\sin A_{i-1,i}\end{array}\right\} \tag{6-4-25}$$

式中 $S_{i-1,i}$——路线导线 JD_{i-1} 至 JD_i 的边长。

(2)ZH 点至 YH 点之间的中桩坐标计算。此段包括第一缓和曲线及圆曲线，可按切线支距公式先计算出切线支距坐标 x、y，然后通过坐标变换将其转换为测量坐标 X、Y。坐标变换公式为

$$\begin{bmatrix}X_i\\Y_i\end{bmatrix}=\begin{bmatrix}X_{ZH_i}\\Y_{ZH_i}\end{bmatrix}+\begin{bmatrix}\cos A_{i-1,i}&-\sin A_{i-1,i}\\\sin A_{i-1,i}&\cos A_{i-1,i}\end{bmatrix}\begin{bmatrix}x_i\\y_i\end{bmatrix} \tag{6-4-26}$$

在运用式(6-4-26)计算时，当曲线为左转角时，应以 $y_i=-y_i$ 代入。

(3)YH 点至 HZ 点之间的中桩坐标计算。此段为第二缓和曲线，仍可按切线支距公式先计算出切线支距坐标，再按下式转换为测量坐标：

$$\begin{bmatrix}X_i\\Y_i\end{bmatrix}=\begin{bmatrix}X_{HZ_i}\\Y_{HZ_i}\end{bmatrix}+\begin{bmatrix}\cos A_{i,i+1}&-\sin A_{i,i+1}\\\sin A_{i,i+1}&\cos A_{i,i+1}\end{bmatrix}\begin{bmatrix}x_i\\y_i\end{bmatrix} \tag{6-4-27}$$

当曲线为右转角时，应以 $y_i=-y_i$ 代入。

【例 6-5】 路线交点 JD_2 的坐标：$X_{JD_2}=2\ 588\ 711.270$ m，$Y_{JD_2}=20\ 478\ 702.880$ m；JD_3 的坐标：$X_{JD_3}=2\ 591\ 069.056$ m，$Y_{JD_3}=20\ 478\ 662.850$ m；JD_4 的坐标：$X_{JD_4}=2\ 594\ 145.875$ m，$Y_{JD_4}=20\ 481\ 070.750$ m。JD_3 的里程桩号为 K6+790.306，圆曲线半径 $R=2\ 000$ m，缓和曲线长 $l_s=100$ m。

【解】 (1)计算路线转角。

$$\tan A_{32}=\frac{Y_{JD_2}-Y_{JD_3}}{X_{JD_2}-X_{JD_3}}=\frac{+40.030}{-2\ 357.786}=-0.016\ 977\ 792$$

$$A_{32}=180°-0°58'21.6''=179°01'38.4''$$

$$\tan A_{34}=\frac{Y_{JD_4}-Y_{JD_3}}{X_{JD_4}-X_{JD_3}}=\frac{+2\ 407.900}{+3\ 076.819}=0.78\ 259\ 397$$

$$A_{34}=38°02'47.5''$$

右角 $\qquad \beta=179°01'38.4''-38°02'47.5''=140°58'50.9''$

$$\beta<180°，为右转角$$

转角 $\qquad \alpha=180°-140°58'50.9''=39°01'9.1''$

(2)计算曲线测设元素。

$$\beta_0=\frac{l_s}{2R}\cdot\frac{180°}{\pi}=1°25'56.6''$$

$$p=\frac{l_s^2}{24R}=0.208\ \text{m}$$

$$q=\frac{l_s}{2}-\frac{l_s^3}{240R^2}=49.999\ \text{m}$$

$$T_H=(R+p)\tan\frac{\alpha}{2}+q=758.687\ \text{m}$$

$$L_H = R(\alpha - 2\beta_0)\frac{\pi}{180°} + 2l_s = 1\ 462.027\ \text{m}$$

$$L_Y = R(\alpha - 2\beta_0)\frac{\pi}{180°} = 1\ 262.027\ \text{m}$$

$$E_H = (R+p) \cdot \sec\frac{\alpha}{2} - R = 122.044\ \text{m}$$

$$D_H = 2T_H - L_H = 55.347\ \text{m}$$

（3）计算曲线主点里程。

$$ZH = JD_3 - T_H = \text{K6}+790.306 - 758.687 = \text{K6}+031.619$$
$$HY = ZH + l_s = \text{K6}+031.619 + 100 = \text{K6}+131.619$$
$$YH = HY + L_Y = \text{K6}+131.619 + 1\ 262.027 = \text{K7}+393.646$$
$$HZ = YH + l_s = \text{K7}+393.646 + 100 = \text{K7}+493.646$$
$$QZ = HZ - L_H/2 = \text{K7}+493.646 - 731.014 = \text{K6}+762.632$$
$$JD_3 = QZ + D_H/2 = \text{K6}+762.632 + 27.674 = \text{K6}+790.306（校核）$$

（4）计算曲线主点及其他中桩坐标。

ZH 点的坐标：

$$S_{23} = \sqrt{(X_{JD_3} - X_{JD_2})^2 + (Y_{JD_3} - Y_{JD_2})^2} = 2\ 358.126\ \text{m}$$
$$A_{23} = A_{32} + 180° = 359°01'38.4''$$
$$X_{ZH_3} = X_{JD_2} + (S_{23} - T_{H_3})\cos A_{23} = 2\ 590\ 310.479\ \text{m}$$
$$Y_{ZH_3} = Y_{JD_2} + (S_{23} - T_{H_3})\sin A_{23} = 20\ 478\ 675.729\ \text{m}$$

第一缓和曲线上的中桩坐标计算：

如中桩 K6+100 的支距法坐标为

$$x = l - \frac{l^5}{40R^2 l_s^2} = 68.380\ \text{m}$$

$$y = \frac{l^3}{6Rl_s} = 0.266\ \text{m}$$

按式(6-4-26)转换坐标：

$$X = X_{ZH_3} + x\cos A_{23} - y\sin A_{23} = 2\ 590\ 378.854\ \text{m}$$
$$Y = Y_{ZH_3} + x\sin A_{23} + y\cos A_{23} = 20\ 478\ 674.834\ \text{m}$$

圆曲线部分的中桩坐标计算：

如中桩 K6+500 的切线支距法坐标为

$$x = R\sin\varphi + q = 465.335\ \text{m}$$
$$y = R(1 - \cos\varphi) + p = 43.809\ \text{m}$$

代入式(6-4-26)得 K6+500 的坐标：

$$X = X_{ZH_3} + x\cos A_{23} - y\sin A_{23} = 2\ 590\ 776.491\ \text{m}$$
$$Y = Y_{ZH_3} + x\sin A_{23} + y\cos A_{23} = 20\ 478\ 711.632\ \text{m}$$

QZ 点坐标为（同 K6+500 计算相同）

$$X_{QZ} = 2\ 591\ 666.257\ \text{m}$$
$$Y_{QZ} = 20\ 478\ 778.562\ \text{m}$$

HZ 点的坐标为

$$X_{HZ_3} = X_{JD_3} + T_{H_3} \cos A_{34} = 2\ 591\ 666.530 \text{ m}$$
$$Y_{HZ_3} = Y_{JD_3} + T_{H_3} \sin A_{34} = 20\ 479\ 130.430 \text{ m}$$

YH 点的支距法坐标与 HY 点完全相同：
$$x_0 = 99.994 \text{ m}$$
$$y_0 = 0.833 \text{ m}$$

按式(6-4-27)转换坐标，并顾及曲线为右转角，$y = -y_0$ 代入：
$$X_{YH_3} = X_{HZ_3} - x_0 \cos A_{34} - y_0 \sin A_{34} = 2\ 591\ 587.270 \text{ m}$$
$$Y_{YH_3} = Y_{HZ_3} - x_0 \sin A_{34} - (-y_0) \cos A_{34} = 20\ 479\ 069.460 \text{ m}$$

第二缓和曲线上的中桩坐标计算：

如中桩 K7+450 的支距法坐标为
$$x = 43.646 \text{ m}$$
$$y = 0.069 \text{ m}$$

按式(6-4-26)转换坐标，y 以负值代入得：
$$X = 2\ 591\ 632.116 \text{ m}$$
$$Y = 20\ 479\ 195.976 \text{ m}$$

直线上的中桩坐标计算：

如 K7+600，$D = 106.354$，代入公式得
$$X = X_{HZ_3} + D \cos A_{34} = 2\ 591\ 750.285 \text{ m}$$
$$Y = X_{HZ_3} + D \sin A_{34} = 20\ 479\ 195.976 \text{ m}$$

6.5 特殊线形测设

6.5.1 虚交

虚交是道路中线测量中常见的一种情形。其是指路线的交点(JD)处不能设桩，更无法安置仪器(如交点落入河中、深谷中、峭壁上和建筑物上等)，此时测角、量距都无法直接按前述方法进行。有时交点虽可设桩和安置仪器，但因转角较大，交点远离曲线，故也可做虚交处理。

1. 圆外基线法

如图 6-5-1 所示，路线交点落入河里不能设桩，这样便形

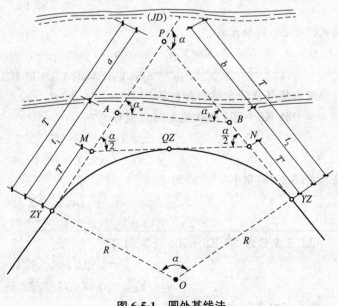

图 6-5-1　圆外基线法

成虚交点(JD)，为此在曲线外侧沿两切线方向各选择一辅助点 A、B，将经纬仪分别安置在 A、B 两点测算出 α_a 和 α_b，用钢尺往返丈量得到 A、B 两点的距离 $\overline{AB}$，所测角度和距离均应满足规定的限差要求。由图 6-5-1 可知，在由辅助点 A、B 和虚交点(JD)构成的三角形中，应用边角关系及正弦定理可得

$$\left.\begin{array}{l}\alpha=\alpha_a+\alpha_b \\ a=\overline{AB}\dfrac{\sin\alpha_b}{\sin(180°-\alpha)}=\overline{AB}\dfrac{\sin\alpha_b}{\sin\alpha} \\ b=\overline{AB}\dfrac{\sin\alpha_a}{\sin(180°-\alpha)}=\overline{AB}\dfrac{\sin\alpha_a}{\sin\alpha}\end{array}\right\} \qquad (6\text{-}5\text{-}1)$$

根据转角 α 和选定的半径 R，即可算得切线长 T 和曲线长 L，再由 a、b、T 分别计算辅助点 A、B 至曲线起点 ZY 点和终点 YZ 点的距离 t_1 和 t_2：

$$\left.\begin{array}{l}t_1=T-a \\ t_2=T-b\end{array}\right\} \qquad (6\text{-}5\text{-}2)$$

式中，$T=R\cdot\tan\dfrac{\alpha_a+\alpha_b}{2}$。

如果计算出的 t_1 和 t_2 出现负值，说明曲线的 ZY 点或 YZ 点位于辅助点与虚交点之间。根据 t_1 和 t_2 即可以定出曲线的 ZY 点和 YZ 点。A 点的里程得出后，曲线主点的里程也可计算出。

曲线中点 QZ 的测设，可采用以下方法：

如图 6-5-1 所示，设 MN 为 QZ 点的切线，则

$$T'=R\cdot\tan\frac{\alpha}{4} \qquad (6\text{-}5\text{-}3)$$

测设时，由 ZY 点和 YZ 点分别沿切线量出 T' 得 M 和 N 点，再由 M 点和 N 点沿 MN 或 NM 方向量出 T' 得 QZ 点。

【例 6-6】 如图 6-5-1 所示，测得 $\alpha_a=15°18'$，$\alpha_b=18°22'$，$\overline{AB}=54.68$ m，选定半径 $R=300$ m，A 点的里程桩号为 K6+048.53。试计算测设主点的数据及主点的里程桩号。

【解】 由 $\alpha_a=15°18'$，$\alpha_b=18°22'$ 得

$$\alpha=\alpha_a+\alpha_b=33°40'=33.667°$$

根据 $\alpha=33.667°$，$R=300$ m，计算 T 和 L：

$$T=R\cdot\tan\frac{\alpha}{2}=300\times\tan\frac{33.667°}{2}=90.77(\text{m})$$

$$L=R\cdot\alpha\cdot\frac{\pi}{180°}=300\times33.667°\times\frac{\pi}{180°}=176.28(\text{m})$$

又

$$a=\overline{AB}\cdot\frac{\sin\alpha_b}{\sin\alpha}=54.68\times\frac{\sin18.367°}{\sin33.667°}=31.08(\text{m})$$

$$b=\overline{AB}\cdot\frac{\sin\alpha_a}{\sin\alpha}=54.68\times\frac{\sin15.3°}{\sin33.667°}=26.03(\text{m})$$

因此

$$t_1=T-a=90.77-31.08=59.69(\text{m})$$

$$t_2=T-b=90.77-26.03=64.74(\text{m})$$

为测设 QZ 点，计算 T'：

$$T' = R \cdot \tan \frac{\alpha}{4} = 300 \times \tan \frac{33.667°}{4} = 44.39(\text{m})$$

计算主点里程如下：

A 点里程	K6+048.53
$-t$	−59.69
ZY 点里程	K5+988.84
$+L$	+176.28
YZ 点里程	K6+165.12
$-L/2$	−88.14
QZ 点里程	K6+076.98

曲线三主点测定后，即可采用上一节的方法进行曲线的详细测设，在此不再赘述。

2. 切基线法

如图 6-5-2 所示，设定根据地形需要，曲线通过 GQ 点（GQ 点为公切点），则圆曲线被分为两个同半径的圆曲线，其切线长分别为 T_1 和 T_2，过 GQ 点的切线 AB 称为切基线。

现场施测时，应根据现场的地形和路线的最佳位置，在两切线方向上选取 A、B 两点，构成切基线 AB，并量测 A、B 两点之间的长度 $\overline{AB}$，观测计算出角度 α_1 和 α_2。

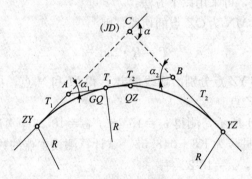

图 6-5-2 切基线法

因
$$T_1 = R \cdot \tan \frac{\alpha_1}{2}$$

$$T_2 = R \cdot \tan \frac{\alpha_2}{2} \tag{6-5-4}$$

将以上两式相加得
$$\overline{AB} = T_1 + T_2$$

整理后得

$$R = \frac{T_1 + T_2}{\tan \frac{\alpha_1}{2} + \tan \frac{\alpha_2}{2}} = \frac{\overline{AB}}{\tan \frac{\alpha_1}{2} + \tan \frac{\alpha_2}{2}} \text{（算至厘米）} \tag{6-5-5}$$

由式(6-5-5)求得 R 后，即可根据 R、α_1 和 α_2 求得 T_1、T_2 和 L_1、L_2，将 L_1 与 L_2 相加即得到圆曲线的总长 L。

现场测设时，在 A 点安置仪器，分别沿两切线方向量测长度 T_1，便得到曲线的起点 ZY 点和 GQ 点；在 B 点安置仪器，分别沿两切线方向量测长度 T_2，便得到曲线的起点 YZ

点和 GQ 点，以 GQ 点进行校核。

曲中点 QZ 可在 GQ 点处用切线支距法测设。由图可知 GQ 点与 QZ 点之间的弧长如下：

(1)当 QZ 点在 GQ 点之前时，弧长 $l=L/2-L_1$。

(2)当 QZ 点在 GQ 点之后时，弧长 $l=L/2-L_2$。

在运用切基线法测设时，当求得的曲线半径 R 不能满足规定的最小半径或不适用于地形时，说明切基线位置选择不当，可将已定的 A、B 点作为参考点进行调整，使其满足要求。

曲线三主点定出后，即可以采用前述的方法进行曲线的详细测设。

3. 弦基线法

在某些地区，当曲线的交点无法测定，而已给定了曲线的起点（或终点）的位置，在测设圆曲线时，可运用"同一圆弧段两端点弦切角相等"的原理来确定曲线的终点（或起点）。连接曲线起点、终点的弦线，称为弦基线。

如图 6-5-3 所示，A 为给定的曲线起点，E 为后视方向上的一点，设 B' 点为曲线终点的初定位置，F 为其前视方向上的一点。具体测设曲线终点 B 的步骤如下：将全站仪安置于 B' 点上，通过对 A 点和 F 点的观测计算出 α_2 的大小，并在 FB' 的延长线上估计 B 点位置的前后标出 a、b 两点，然后将全站仪安置于 A 点上，通过对 E 点和 B' 点的观测计算出 α_1 的大小，则此虚交的转角 $\alpha=\alpha_1+\alpha_2$。

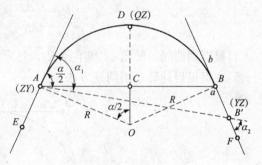

图 6-5-3　弦基线法

仪器在 A 点，后视 E 点或其方向上的交点（或转点），然后纵转望远镜（倒镜）拨出弦切角 $\alpha/2$，得弦基线的方向，该方向线与已设置的 ab 线的交点即 $B(YZ)$ 点。量测出 AB 的长度 $\overline{AB}$，则曲线的半径 R 可按下式求得

$$R=\frac{\overline{AB}}{2\sin\dfrac{\alpha}{2}} \tag{6-5-6}$$

为测设曲中点 QZ，可按下式求得 CD 的长度 $\overline{CD}$：

$$\overline{CD}=R \cdot \left(1-\cos\frac{\alpha}{2}\right)=2R\sin^2\frac{\alpha}{4} \tag{6-5-7}$$

从弦基线 AB 的中点 C 量出垂距 $\overline{CD}$，即可定出 QZ 点。

曲线的主点确定后，即可选用前述的方法进行详细测设。

6.5.2　复曲线的测设

复曲线是由两个和两个以上不同半径的同向圆曲线和缓和曲线相互衔接而成的曲线，一般多用于地形较复杂的地区。

1. 不设缓和曲线的复曲线测设

不设缓和曲线的复曲线，一般仅由两个不同半径的同向圆曲线相互

复曲线的测设

衔接而成。

在测设时，必须先定出其中一个圆曲线的半径，该曲线称为主曲线；另一个圆曲线称为副曲线。副曲线的半径则是通过主曲线半径和测量的有关数据求得。

(1)同向复曲线。如图 6-5-4 所示，主、副曲线的交点为 A、B 两曲线相接于公切点 GQ 点。将经纬仪分别安置于 A、B 两点，测算出转角 α_1、α_2，用测距仪或钢尺往、返丈量得到 A、B 两点的距离 $\overline{AB}$，在选定图 6-5-4 所示切基线法测设复曲线主曲线的半径 R_1 后，即可按以下步骤计算副曲线的半径 R_2 及测设元素：

1)根据主曲线的转角 α_1 和半径 R_1，计算主曲线的测设元素 T_1、L_1、E_1、D_1。

2)根据基线 AB 的长度 $\overline{AB}$ 和主曲线切线长 T_1，计算副曲线的切线长 T_2。

$$T_2 = \overline{AB} - T_1 \tag{6-5-8}$$

3)根据副曲线的转角 α_2 和切线长 T_2，计算副曲线半径 R_2。

$$R_2 = \frac{T_2}{\tan\dfrac{\alpha_2}{2}} （计算至厘米） \tag{6-5-9}$$

4)根据副曲线的转角 α_2 和半径 R_2，计算副曲线的测设元素 T_2、L_2、E_2、D_2。

5)主点里程计算采用前述方法。

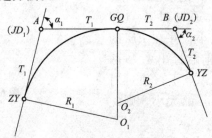

图 6-5-4　同向复曲线

测设曲线时，由 A 沿切线方向向后量 T_1 得 ZY 点；沿 AB 方向向前量 T_1 得 GQ 点；由 B 点沿切线方向向前量 T_2 得 YZ 点。曲线的详细测设仍可用前述的有关方法。

(2)反向复曲线(简单 S 形复曲线)。当由地形条件结合技术标准在两相邻的反向交点处分别设两个不同半径的平曲线后，造成中间的直线段太短，从而形成断背曲线时应将两个曲线对接形成反向复曲线。

计算反向复曲线的前提条件是：路线相邻两个反向交点处的两个转角分别已知(外业勘测通过测定右角而推算的；纸上定线是以正切法反算的)、两交点的位置(选线组选定再经测角组标定)和距离及路线来向的第一个交点的桩号(由中线组丈量而得)和交点两侧的导线的位置都是已知的。在此基础上，将反向复曲线准确地布置到实地上。布置方法是先设主点，然后加密。简单 S 形复曲线主点包括 ZY、GQ、YZ。设置时，应先计算曲线元素。

1)简单 S 形复曲线半径的反算。如图 6-5-5 所示，设 JD_n 到 JD_{n+1} 的距离为 $T_{基}$，选定半径的曲线称为主曲线；反算半径的曲线称为副曲线。即主曲线半径一般是先选定，副曲线半径一般是反算。

当 R_1R_2 已定时：

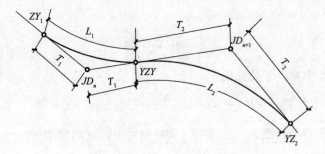

图 6-5-5　简单 S 形复曲线计算

$$R_1 = \frac{T_{\text{基}} - T_2}{\tan \frac{\alpha_1}{2}} = \frac{T_{\text{基}} - R_2 \tan \frac{\alpha_2}{2}}{\tan \frac{\alpha_1}{2}}$$

$$R_2 = \frac{T_{\text{基}} - T_1}{\tan \frac{\alpha_2}{2}} = \frac{T_{\text{基}} - R_1 \tan \frac{\alpha_1}{2}}{\tan \frac{\alpha_2}{2}}$$

(6-5-10)

2)简单 S 形复曲线的曲线元素计算。

$$T_1 = R_1 \tan \frac{\alpha_1}{2}$$

$$T_2 = R_2 \tan \frac{\alpha_2}{2}$$

$$L_1 = R_1 \cdot \alpha_1 \cdot \frac{\pi}{180}$$

$$L_2 = R_2 \cdot \alpha_2 \cdot \frac{\pi}{180}$$

(6-5-11)

3)简单 S 形复曲线主点桩号推算。

$$ZY_1 \text{桩号} = JD \text{桩号} - T_1$$

$$GQ \text{桩号} = ZY_1 \text{桩号} + L_1$$

$$YZ_2 \text{桩号} = GQ \text{桩号} + L_2$$

(6-5-12)

2. 设置缓和曲线的复曲线测设

中间设置缓和曲线的复曲线,一般在实地地形条件限制下选定的主、副曲线半径相差悬殊超过 1.5 倍时采用。在实际工程测量中,应尽量避免采用这种曲线。因此,在这里主要介绍两端设有缓和曲线中间用圆曲线直接连接的复曲线测设。

(1)同向复曲线。如图 6-5-6 所示,设主、副曲线两端分别设有两段缓和曲线,其缓和曲线长分别为 l_{s1}、l_{s2}。为使两个不同半径的圆曲线在原公切点(GQ)直接衔接,两缓和曲线的内移值必须相等,即 $p_{\text{主}} = p_{\text{副}} = p$。

由前述式(6-4-2)并顾及式(6-4-10)有

$$C_1 = R_{\text{主}} \cdot l_{s1} = R_{\text{主}} \cdot \sqrt{24 R_{\text{主}} \, p}$$

$$C_2 = R_{\text{副}} \cdot l_{s2} = R_{\text{副}} \cdot \sqrt{24 R_{\text{副}} \, p}$$

(6-5-13)

如果 $R_{\text{主}} > R_{\text{副}}$,则 $C_1 > C_2$。因此,在选择缓和曲线长度时,必须使 $C_2 \geqslant 0.035 v^3$。对于

已选定的 l_{s2}，可得

$$l_{s2} = l_{s1} \cdot \sqrt{\frac{R_\text{副}}{R_\text{主}}} \tag{6-5-14}$$

另外，图 6-5-6 中有以下关系式：

$$T_\text{基} = (R_\text{主} + p) \cdot \tan\frac{\alpha_\text{主}}{2} + (R_\text{副} + p) \cdot \tan\frac{\alpha_\text{副}}{2} \tag{6-5-15}$$

测设时，通过测得的数据 $\alpha_\text{主}$、$\alpha_\text{副}$ 和 $T_\text{基}$ 及根据要求拟定的数据 $R_\text{主}$、l_{s1}，采用式(6-5-15) 反算 $R_\text{副}$，其中，$p = p_\text{主} = \dfrac{l_{s1}^2}{24R_\text{主}}$；采用式(6-5-14)反算副曲线缓和段长度 l_{s2}。

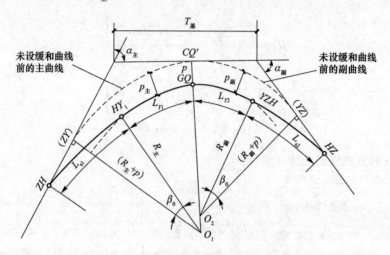

图 6-5-6 两边皆设缓和曲线的复曲线法

主、副曲线的半径、转角和缓和段长度均已设定的情况下，可按前述 6.4 节中的方法进行测设元素及主点里程的计算。

(2)反向复曲线(基本 S 形复曲线)。

1)主、副曲线半径及缓和曲线长度的确定。复曲线半径确定包括主曲线半径缓和曲线长度的选择和副曲线半径缓和曲线长度的反算。主曲线缓和曲线长和半径可以根据地形条件结合技术标准直接选定，副曲线半径及缓和曲线长度则要根据曲线对接要求和连接特征反算。如图 6-5-7 所示，设主、副曲线分别设有缓和曲线 L_{s1} 和 L_{s2}，为使两圆曲线在原公切点(GQ)直接衔接，两曲线的切线长相加必须等于两交点间距。

以主、副曲线的切线长相加等于基线总长的几何条件作为对接条件：

$$T_{H1} + T_{H2} = T_\text{基} \tag{6-5-16}$$

有

$$\left. \begin{array}{l} T_{H1} = (R_1 + p_1)\tan\dfrac{\alpha_1}{2} + q_1 \\[2mm] T_{H2} = (R_2 + p_2)\tan\dfrac{\alpha_2}{2} + q_2 \end{array} \right\} \tag{6-5-17}$$

$$\left[(R_1 + p_1)\tan\frac{\alpha_1}{2} + q_1 \right] + \left[(R_2 + p_2)\tan\frac{\alpha_2}{2} + q_2 \right] = T_\text{基} \tag{6-5-18}$$

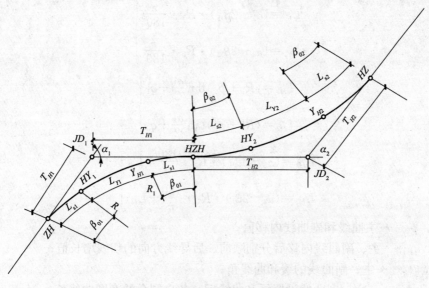

图 6-5-7 基本 S 形复曲线计算示意

$$\left.\begin{aligned}
p_1 &= \frac{L_{s1}^2}{24R_1} \\
q_1 &= \frac{L_{s1}}{2} - \frac{L_{s1}^3}{240R_1^2} \\
p_2 &= \frac{L_{s2}^2}{24R_2} \\
q_2 &= \frac{L_{s2}}{2} - \frac{L_{s2}^3}{240R_2^2}
\end{aligned}\right\} \tag{6-5-19}$$

式中　p_1、p_2——主、副曲线内移值；

　　　q_1、q_2——主、副曲线的切线增长值；

　　　L_{s1}、L_{s2}——主、副曲线的缓和曲线长，对应的主、副曲线的缓和曲线角为 β_{01}、β_{02}；

　　　R_1、R_2——主、副曲线的圆曲线半径；

　　　α_1、α_2——主、副曲线处的"顺路导线"转角（即偏角）。

　　根据选定的 L_{s1} 和 L_{s2} 及 R_1 解由式(6-5-19)和式(6-5-20)组成的方程组，可求出 R_2。特别指出：如 $R_{主}>R_{副}$，则 $C_{主}>C_{副}$。因此，在选择缓和曲线长度时，必须使 $C_{副} \geqslant 0.035 v^3$。

　　2)基本 S 形复曲线元素计算

$$\left.\begin{aligned}
q_1 &= \frac{L_{s1}}{2} - \frac{L_{s1}^3}{240R_1^2} \\
q_2 &= \frac{L_{s2}}{2} - \frac{L_{s2}^3}{240R_2^3}
\end{aligned}\right\} \tag{6-5-20}$$

$$\left.\begin{aligned}
\beta_{01} &= \frac{L_{s1}}{2R_1} (\text{rad}) = \frac{L_{s2}}{\pi R_1} \cdot 90° \\
\beta_{02} &= \frac{L_{s2}}{2R_2} (\text{rad}) = \frac{L_{s2}}{\pi R_2} \cdot 90°
\end{aligned}\right\} \tag{6-5-21}$$

$$L_{Y_1} = (\alpha_1 - 2\beta_{01}) \cdot R_1 \cdot \frac{\pi}{180°} \\ L_{Y_2} = (\alpha_2 - 2\beta_{02}) \cdot R_2 \cdot \frac{\pi}{180°} \Bigg\} \tag{6-5-22}$$

$$T_{H1} = (R_1 + p_1)\tan\frac{\alpha_1}{2} + q_1 \\ T_{H2} = (R_2 + p_2)\tan\frac{\alpha_2}{2} + q_2 \Bigg\} \tag{6-5-23}$$

$$L_{H1} = (\alpha_2 - 2\beta_{01}) \cdot R_1 \cdot \frac{180}{\pi} + L_{s1} \\ L_{H2} = (\alpha_2 - 2\beta_2) \cdot R_2 \cdot \frac{180}{\pi} + L_{s2} \Bigg\} \tag{6-5-24}$$

式中　p_1，p_2——主曲线和副曲线内移值；

　　　q_1，q_2——主、副曲线内移后分别顺前、后导线方向的切线增长值；

　　　β_{01}，β_{02}——主、副曲线的缓和曲线角；

　　　L_{Y1}，L_{Y2}——主、副曲线设置缓和曲线后，各自剩余的净圆曲线长；

　　　T_{H1}，T_{H2}——主、副曲线设缓后分别沿前、后导线方向的切线长；

　　　L_{H1}，L_{H2}——主、副曲线的曲线长。

3）基本 S 形复曲线主点桩号推算：

$$ZH\text{ 桩号} = JD_1\text{ 桩号} - T_{H1} \\ HY_1\text{ 桩号} = ZH\text{ 桩号} + L_{s1} \\ YH_1\text{ 桩号} = HY_1\text{ 桩号} + L_{Y1} \\ HZH\text{ 桩号} = YH_1\text{ 桩号} + L_{s1} \\ HY_2\text{ 桩号} = HZH\text{ 桩号} + L_{s2} \\ YH_2\text{ 桩号} = HY_2\text{ 桩号} + L_{Y2} \\ HZ\text{ 桩号} = YH_2\text{ 桩号} + L_{s2} \tag{6-5-25}$$

有了曲线元素和主点桩号就可以布置曲线主点，有了主点位置结合导线位置就可以布置曲线。

6.5.3　椭圆曲线的测设

在建筑工程中，将场区设计为椭圆，在公路桥的桥台锥坡放样中也应用椭圆测设。常用的椭圆测设方法为拉线法、纵横等分图解法和支距法。

1. 拉线法

拉线法一般用于在开阔的场区放样整个椭圆线型。如图 6-5-8 所示，拉线法椭圆测设的步骤如下：

（1）按设计位置确定 AB 方向及长半轴尺寸 a 确定 A、O、B 三点的位置；

（2）确定直线 AOB 的垂线 COD 的方向，根据短半轴尺寸 b 定出 C、D 两点；

（3）根据焦距 $c = \sqrt{a^2 - b^2}$ 确定焦点 F_1 和 F_2 的位置；

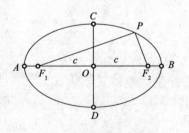

图 6-5-8　拉线法椭圆测设

(4)取一根没有弹性的细绳，使其长度为 $2a$，两端分别固定在 F_1 和 F_2 上；

(5)用圆棍套住细绳后，在 AB 两边画曲线；

(6)检核：观察曲线是否通过 A、B、C、D 四个点。

2. 纵横等分图解法

纵横等分图解法测设椭圆时，不需要进行计算，只需等分直线，应用比较灵活。

如图 6-5-9 所示，图 6-5-9(a)和图 6-5-9(b)的测设方法相同，四分之一椭圆的测设步骤如下：

(1)定出轴线 OA 和 OD 的方向；

(2)测设矩形 $AODE$ 或平行四边形 $AODE$；

(3)将直线 AE 和 ED 进行 10 等分，并从直线的起点开始进行编号 1、2、…、9；

(4)以直线 AE 上的各点为起点，依次连接直线 ED 上的各点，连接的直线分别为 A—1、1—2、2—3、…、9—D；

(5)直线两两相交的交点分别为 Ⅰ、Ⅱ、Ⅲ、…、Ⅷ、Ⅸ；

(6)将 A、Ⅰ、Ⅱ、Ⅲ、…、Ⅷ、Ⅸ、D 各点用光滑的曲线连接，观察曲线的形状，在点疏的地方可以用相同的方法进行加密。

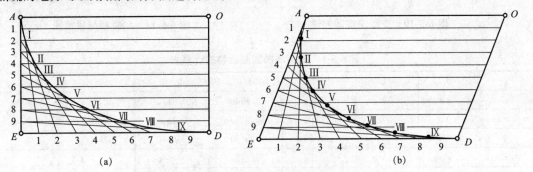

图 6-5-9　纵横等分图解法椭圆测设

(a)矩形图解；(b)平行四边形图解

3. 支距法

支距法即独立直角坐标法。如图 6-5-10 所示，以椭圆的中心为坐标原点，以长半轴为 x 轴，以短半轴为 y 轴建立直角坐标系。

测设椭圆曲线，计算的测设数据为椭圆方程 $\dfrac{x^2}{a^2}+\dfrac{y^2}{b^2}=1$，若以 y 轴为自变量，以 x 为函数，则按公式 $x=\dfrac{a}{b}\sqrt{b^2-y^2}$ 计算测设数据。

如图 6-5-10 所示，支距法测设椭圆的步骤如下：

(1)建立直角坐标系；

(2)测设矩形 $AOCD$；

(3)将短半轴 10 等分，等分点的编号为 1、2、…、9；

(4)计算测设数据，见表 6-5-1；

(5)以短半轴为基准，垂直量出 x 或 $a-x$，定出椭圆上的点；

(6)检核：观察曲线的形状，在点疏的地方用相同的方法进行加密，加密椭圆的测设数

据为表中自变量 y：$\frac{19}{20}b$、$\frac{39}{40}b$、$\frac{79}{80}b$、$\frac{59}{150}b$。

【例 6-7】 如图 6-5-11 所示的组合图形为斜桥桥墩的横截面，桥墩纵、横轴线的夹角为 70°，要求根据图中所示数据，在平行四边形的两端分别测设半个椭圆。

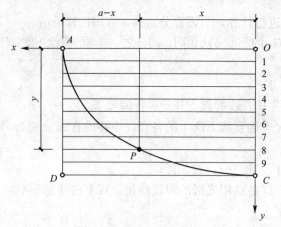

图 6-5-10 支距法椭圆测设

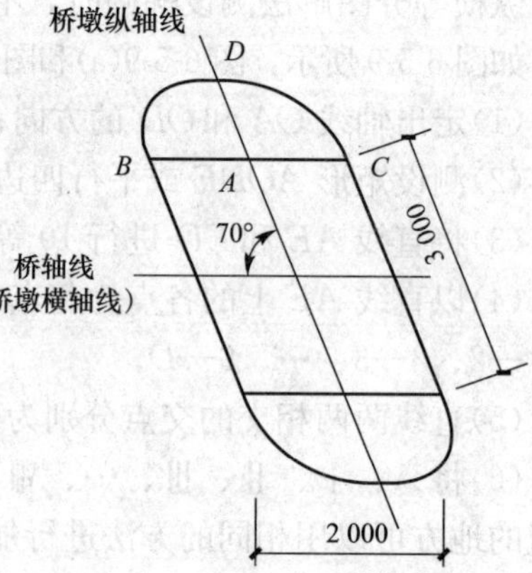

图 6-5-11 斜桥桥墩横截面

表 6-5-1 支距法椭圆测设数据计算表

y	0	$b/10$	$2b/10$	$3b/10$	$4b/10$	$5b/10$	$6b/10$
x	a	$0.995a$	$0.980a$	$0.954a$	$0.917a$	$0.866a$	$0.800a$
$a-x$	0	$0.005a$	$0.020a$	$0.046a$	$0.083a$	$0.134a$	$0.200a$
y	$8b/10$	$9b/10$	$19b/20$	$39b/40$	$79b/80$	$59b/160$	b
x	$0.600a$	$0.436a$	$0.312a$	$0.222a$	$0.158a$	$0.079a$	0
$a-x$	$0.400a$	$0.564a$	$0.688a$	$0.778a$	$0.842a$	$0.921a$	a

【解】 可以用多种方法测设椭圆曲线。

方法一：支距法

支距法测设椭圆的步骤如下：

(1)如图 6-5-12(a)所示，建立直角坐标系；

(2)以 x 为变量，以 $y=\sqrt{1-x^2}$ 为函数计算测设数据，见表 6-5-2；

表 6-5-2 支距法椭圆测设数据计算表

x	1/6	2/6	3/6	4/6	5/6	11/12	23/24	47/48	95/96
y	0.986	0.943	0.866	0.745	0.553	0.400	0.286	0.203	0.144

(3)如图 6-5-12(b)所示，取直线 BC 的中点 A，测设直线 AD，使 $\angle BAD=70°$；

(4)设直线 BC 为 x 轴，将其 12 等分，设直线 AD 为 y 轴，根据表 6-5-2 的数据，在斜轴坐标系中，确定定位点；

(5)将各定位点连接成光滑的曲线，即测设的椭圆曲线。

方法二：拉线法

(1)如图 6-5-12(b)所示，测设 $\angle BAD$ 的分角线方向，定出 E 点；

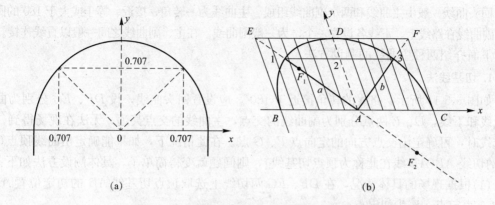

(a)　　　　　　　　　　　　　　(b)

图 6-5-12　椭圆测设例题—支距法、拉线法
(a)支距法；(b)拉线法

(2)测设与分角线 AE 垂直的方向，定出 F 点；

(3)计算测设数据：

在△$A12$ 中，长半轴 $a=\dfrac{\dfrac{\sqrt{2}}{2}\times\sin110°}{\sin35°}=1.158(\mathrm{m})$；

在△$A23$ 中，短半轴 $b=\dfrac{\dfrac{\sqrt{2}}{2}\times\sin70°}{\sin55°}=0.811(\mathrm{m})$；

焦距 $c=\sqrt{1.158^2-0.811^2}=0.827(\mathrm{m})$。

(4)沿 AE 方向量 0.827 m，定出 F_1 点，沿 EA 的延长线方向量 0.827 m，定出 F_2 点；

(5)设置拉线长度为 2.316 m，两端分别固定在 F_1 和 F_2 上，用圆棍套住细绳，用拉线的方法在地面上画出椭圆曲线。

方法三：纵横等分图解法

如图 6-5-13 所示，分别将 BE、ED、DF、FC 四条直线 12 等分，用纵横等分图解的方法在椭圆曲线上定出若干点。

将三种方法测设的椭圆曲线进行对比发现：拉线法和支距法测设的椭圆曲线完全相同，而纵横等分图解法测设的椭圆曲线较前两种稍有不同。

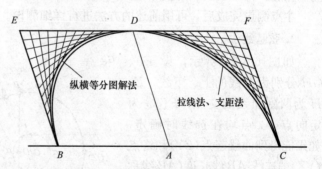

图 6-5-13　多种方法测设的椭圆图形对比

6.5.4　回头曲线的测设

山区低等级公路，当路线跨越山岭时，为了克服距离短、高差大的展线困难，或跨越深沟、绕过山嘴时，路线方向需做较大转折，往往需要设置回头曲线。

回头曲线一般由主曲线和两个副曲线组成。主曲线为一转角 α 接近、等于或大于 $180°$ 的圆曲线；副曲线在路线上、下线各设置一个，为一般圆曲线。在主、副曲线之间一般以直线连接。

下面介绍两种主曲线的测设方法。

1. 切基线法

如图 6-5-14 所示，路线的转角接近 $180°$，应设置回头曲线，设 DF、EG 分别为曲线的上线和下线，D、E 两点分别为副曲线的交点，主曲线的交点甚远，无法在现场得到。但在选线时，可确定出交点方向的定向点 F、G 点。在此情况下，如果能确定出曲线顶点（QZ 点）的切线 AB（AB 线在此称为顶点切基线），则问题就变得简单了，具体测设方法如下：

（1）根据现场的具体情况，在 DF、EG 两切线上选取顶点切基线 AB 的初定位置 AB'，其中 A 为定点，B' 为初定点。

（2）将仪器安置于初定点 B' 上，观测出角 α_B，并在 EG 线上的 B 点的估计位置前后设置 a、b 两骑马桩。

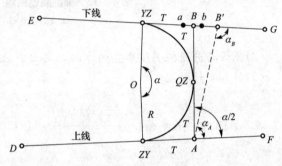

（3）将仪器安置于 A 点，观测出角 α_A，则路线的转角 $\alpha = \alpha_A + \alpha_B$，后视定向点 F，反拨角值 $\alpha/2$，由此得到视线与骑马桩 a、b 连线的交点，即 B 点的点位。

（4）量测出顶点切基线 AB 的长度 $\overline{AB}$。并取 $T = \dfrac{\overline{AB}}{2}$，从 A 点沿 AD、AB

图 6-5-14　定点切基线法

方向分别量测出长度 T，便定出 ZY 点和 QZ 点；从 B 点沿 BE 方向量测出长度 T，便定出 YZ 点。

（5）计算主曲线的半径 $R = \dfrac{T}{\tan\dfrac{\alpha}{4}}$。再由半径 R 和转角 α 求出曲线的长度 L，并根据 A

点的里程，计算出曲线的主点里程。

主点测设完成后，可用前述的方法进行详细测设。

2. 弦基线法

如图 6-5-15 所示，设 EF、GH 分别为曲线的上、下线，E、H 为两副曲线的交点，F、G 为定向点，4 点均在选线时确定，如果能得到曲线起点（ZY）和终点（YZ）的连线 AB 线长度（AB 线称为弦基线），则问题也可解决。其具体测设方法如下：

（1）根据现场的具体情况，在 EF、GH 两切线上选取弦基线 AB 的初定位置 AB'，其中 A（ZY

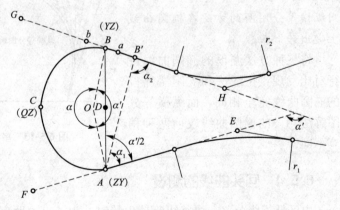

图 6-5-15　弦基线法

点)为定点，B' 为初定点。

（2）将仪器安置于初定点 B' 上，观测出角 α_2，并在 GH 线上 B 点的概略位置前后，设置 a、b 两骑马桩。

（3）将仪器安置于初定点 A 点，观测出角 α_1，则 $\alpha'=\alpha_1+\alpha_2$。以 AE 为起始方向，反拨角值 $\alpha'/2$，由此得到视线与骑马桩 a、b 连线的交点，即 $B(YZ)$ 点的点位。

（4）量测出弦基线 AB 的长度 $\overline{AB}$，按式(6-5-5)计算曲线的半径 R。

（5）由图可知，主曲线所对应的圆心角为 $\alpha=360°-\alpha'$。根据 R 和 α 便可求得主曲线长度 L，并由 A 点的里程计算主点里程。

（6）曲线的中点(QZ)可按弦线支距法设置。

支距长：

$$DC=R \cdot \left(1+\cos \frac{\alpha'}{4}\right)=2R \cdot \cos^2 \frac{\alpha'}{4} \tag{6-5-26}$$

测设时从 AB 的中点向圆心做垂线，量测出 DC 的长度，即得曲线的中点 $C(QZ)$。

主点测设完成后，可用前述的方法进行详细测设。

6.6　路线的纵、横断面测量

路线纵断面测量的任务是测定道路中线上各里程桩(简称"中桩")的地面高程，绘制路线纵断面图，供路线纵坡设计之用。路线横断面测量是测定中桩两侧垂直于中线方向各坡度变化点的距离和高差，供路线横断面图点绘地面线、路基设计、土石方数量计算及施工边桩放样等使用。传统的路线纵、横断面测量是用水准仪进行，因此又称为路线水准测量。目前又增加了用全站仪或 GNSS 的方法进行路线纵、横断面测量。

6.6.1　纵断面测量

为了保证测量精度和成果检查，根据"从整体到局部"的原则，路线水准测量可分两步进行：首先是沿路线方向设置水准点，并测定其高程，从而建立路线的高程控制，称为基平测量；然后是根据基平测量建立的水准点的高程分别在相邻的两个水准点之间进行水准测量，测定各里程桩的地面高程，称为中平测量。基平测量的精度要求比中平测量高，一般至少按四等水准的精度要求，中平测量只做单程观测，可按普通的工程水准测量精度要求，但水准路线的两端必须附合于由基平测量测定高程的水准点，作为检验。

1. 基平测量

路线水准点可分为永久性水准点和临时性水准点两种，其是路线高程测量的控制点，在勘测和施工阶段都要使用。因此，水准点应选择在地基稳固、易于进行联测、施工时不易受破坏的地方。永久性水准点一般每隔 25～30 km 布设一点；一般在路线的起点和终点、大桥两岸、隧道两端，以及一些需要长期观测高程的重点工程附近，均应设置永久性水准点。永久性水准点在道路竣工通车后的维护工作中还需要使用。

基平测量

临时性水准点的密度应根据地形和工程需要而定。一般情况下，水准点间距宜为 1～1.5 km，山岭重丘区可以根据需要适当加密；水准点点位应选择在稳固、醒目、易于引测，以及施工时不易遭受破坏的地方；水准点与路线中线的距离应大于 50 m，宜小于 300 m。

基平测量时，首先应将起始水准点与附近国家水准点进行联测，以获取水准点的绝对高程，如有可能，应构成附合水准路线。在沿线水准测量中，也应尽量与附近国家水准点进行联测，以便获得更多的检核。

水准点高程的测定，通常按三、四等水准测量的方法和精度要求，采用一台水准仪往、返测量或两台仪器同向测量。

2. 用水准仪进行中平测量

中平测量是以相邻水准点为一测段，从一个水准点出发，沿道路中线逐个测定中桩的地面高程，最后附合到下一个水准点上。测量时，在每一个测站上，应尽量多地观测中桩，另外，需要在一定距离内设置转点。相邻两转点之间所观测的中桩，称为中间点。由于转点起着传递高程的作用，为了削弱高程传递的误差，在测站上应先观测转点，后观测中间点。观测转点时读数至毫米，视线长度一般应不大于 100 m。在转点上水准尺应立于尺垫、稳固的桩顶或坚石上。观测中间点时读数即中视读数可读至厘米，视线也可适当放长，立尺应在紧靠桩边的地面上。

用水准仪进行中平测量

如图 6-6-1 所示，以水准点 A 为后视点（高程 H_A 已知），以 B 点为前视转点，K_i 点为中间点。在施测过程中，将水准仪安置在测站上，首先观测立于 A 点的水准尺读数为 a，然后观测立于前视转点 B 点的水准尺读数为 b，最后观测立于中间点 K_i 点上的水准尺读数为 k，则可用视线高法求得前视转点 B 的高程 H_B 和中桩点的高程 H_K：

$$\left.\begin{array}{l} \text{测站视线高} = \text{后视点高程 } H_A + \text{后视读数 } a \\ \text{前视转点 } B \text{ 的高程 } H_B = \text{视线高} - \text{前视读数 } b \\ \text{中桩高程 } H_K = \text{视线高} - \text{中视读数 } k \end{array}\right\} \qquad (6\text{-}6\text{-}1)$$

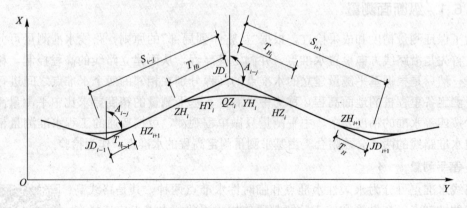

图 6-6-1　视线高法测高程

各站观测记录后，应立即计算各点高程，最后附合到下一个水准点，并计算这一测段的高差闭合差 f_h。容许的高差闭合差为

$$f_{h允} = \pm 50\sqrt{L}\,\text{mm} \tag{6-6-2}$$

式中 L——测段的水准路线长度(km)。

如果符合要求，则不需要进行高差闭合差的调整，而以原计算的各中桩点高程作为绘制纵断面图的数据。中平测量的实施如图 6-6-2 所示，前视点高程及中桩处地面高程应由公式(6-6-1)按所属测站的视线高进行计算(表 6-6-1)。

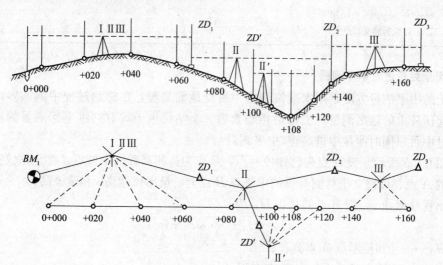

图 6-6-2 中平测量

表 6-6-1 中平测量记录计算表

工程名称：_____   日期：_____   观测员：_____
仪器型号：_____   天气：_____   记录员：_____

测点	水准尺度数/m			视线高/m	测点高程/m	备注
	后视 a	中视 k	前视 b			
BM_1	2.317			106.573	104.256	基平测得
K0+000		2.16			104.41	
+020		1.83			104.74	
+040		1.20			105.37	
+060		1.43			105.14	
ZD_1	0.744		1.762	105.555	104.811	
+080		1.90			103.66	
ZD_2	2.116		1.405	106.266	104.150	沟内分开测
+140		1.82			104.45	基平测得 BM_2 点高程为：104.795 m
+160		1.79			104.48	
ZD_3			1.834		104.432	
…	…	…	…	…	…	
K1+480		1.26			104.21	
BM_2			0.716		104.754	

复核：$\Delta h_{测}=104.754-104.256=0.498(\mathrm{m})$

$\sum a-\sum b=(2.317+0.744+2.116+\cdots)-(1.762+1.405+1.834+\cdots+0.716)=0.498(\mathrm{m})$

说明高程计算无误。

$f_h=104.754-104.795=-0.041(\mathrm{m})=-41(\mathrm{mm})$

$f_{h容}=50\sqrt{L}=50\sqrt{1.48}=61(\mathrm{mm})$

显然 $f_h < f_{h容}$，说明满足精度要求。

3. 用全站仪进行中平测量

传统的中平测量方法是用水准仪测定中桩处地面高程，在施测过程中测站多，特别是在地形起伏较大的地区测量，工作量相当繁重。全站仪由于具有三维坐标测量的功能，在中线测量中可以同时测量中桩高程(中平测量)。

如图 6-6-3 所示，设 A 点为已知控制点，B 点为待测高程的中桩点。将全站仪安置在已知高程的 A 点、棱镜立于待测高程的中桩点 B 点上，量出仪器高 i 和棱镜高 l，全站仪照准棱镜测出视线倾角 α，则 B 点的高程 H_B 为

$$H_B=H_A+S \cdot \sin\alpha+i-l \tag{6-6-3}$$

式中　H_A——已知控制点 A 点高程；

　　　　H_B——待测高程的中桩点 B 点高程；

　　　　i——仪器高；

　　　　l——棱镜高；

　　　　S——仪器至棱镜斜距离；

　　　　α——视线倾角。

在实际测量中，只需要将安置仪器的 A 点高程 H_A、仪器高 i、棱镜高 l 及棱镜常数直接输入全站仪，就可测得中桩 B 点高程 H_B。

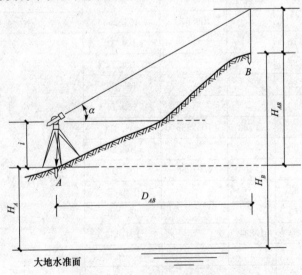

图 6-6-3　全站仪高程测量原理

该方法的优点是在中桩平面位置测设过程中直接完成中桩高程测量，而不受地形起伏及高差大小的限制，并能进行较远距离的高程测量。高程测量数据可从仪器中直接读取，或存入仪器并在需要时调入计算机处理。

4. 路线的纵断面图

纵断面图是表示沿路线中线方向的地面起伏状态和设计纵坡的线状图，其反映出各路段纵坡的大小和中线位置处的填、挖尺寸，是道路设计和施工中的重要文件资料。

路线的纵断面图的绘制工作

(1)纵断面图。如图 6-6-4 所示，上半部从左至右有两条贯穿全图的线，一条是细的折线，表示中线方向的实际地面线，它是以里程为横坐标、高程为纵坐标，根据中平测量的中桩地面高程绘制的；另一条是粗线，也是包含竖曲线在内的纵坡设计线，还是在设计时绘制的。另外，图上注有水准点的位置和高程，桥涵的类型、孔径、跨数、长度、里程桩号和设计水位，竖曲线示意图及其曲线元素，同公路、铁路交叉点的位置、里程及有关说明。图的下部注有有关测量及纵坡设计的资料，主要包括以下内容：

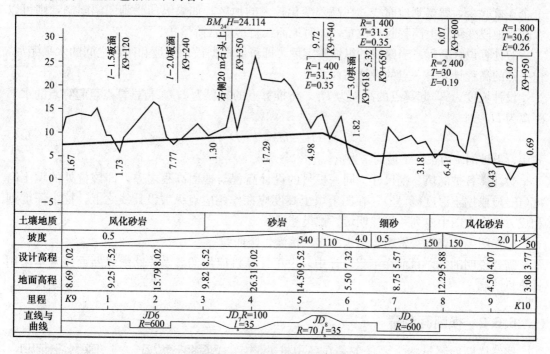

图 6-6-4 路线设计纵断面图

1)直线与曲线。根据中线测量资料绘制的中线示意图。图中路线的直线部分用直线表示；圆曲线部分用折线表示，上凸表示路线右转，下凹表示路线左转，并注明交点编号和圆曲线半径；带有缓和曲线的平曲线还应注明缓和段的长度，在图中用梯形折线表示。

2)里程。根据中线测量资料绘制的里程数。为使纵断面清晰起见，图上按里程比例尺只标注百米桩里程(以数字 1～9 注写)和公里桩的里程(以 Ki 注写，如 K9、K10)。

3)地面高程。根据中平测量成果填写相应里程桩的地面高程数值。

4)设计高程。即设计出的各里程桩处的对应高程。

5)坡度。从左至右向上倾斜的直线表示上坡(正坡),向下倾斜的表示下坡(负坡),水平的表示平坡。斜线或水平线上面的数字是以百分数表示的坡度的大小,下面的数字表示坡长。

6)土壤地质说明。标明路段的土壤地质情况。

(2)纵断面图的绘制。纵断面图的绘制一般可按下列步骤进行:

1)按照选定的里程比例尺和高程比例尺(一般对于平原微丘区里程比例尺常用1:5 000或1:2 000,相应的高程比例尺为1:500或1:200;山岭重丘区里程比例尺常用1:2 000或1:1 000,相应的高程比例尺为1:200或1:100),打格制表,填写里程、地面高程、直线与曲线、土壤地质说明等资料。

2)绘制出地面线。首先选定纵坐标的起始高程,使绘制出的地面线位于图上适当位置。一般是以10 m整数倍的高程定在5 cm方格的粗线上,以便于绘图和阅图。然后根据中桩的里程和高程,在图上按纵、横比例尺依次点出各中桩的地面位置,再用直线将相邻点一个个连接起来,就得到地面线。在高差变化较大的地区,如果纵向受到图幅限制,则可以在适当地段变更图上高程起算位置,此时地面线将形成台阶形式。

3)计算设计高程。当路线的纵坡确定后,即可以根据设计纵坡和两点之间的水平距离,由一点的高程计算另一点的设计高程。

设计坡度为i,起算点的高程为H_0,待推算点的高程为H_P,待推算点至起算点的水平距离为D,则

$$H_P = H_0 + i \cdot D \qquad (6\text{-}6\text{-}4)$$

式中,上坡时i为正,下坡时i为负。

4)计算各桩的填、挖尺寸。同一桩号的设计高程与地面高程之差,即该桩处的填土高度(正号)或挖土深度(负号)。在图上填土高度应在作相应点纵坡设计线之上,挖土深度则相反。也有在图中专列一栏注明填、挖尺寸的。

5)在图上注记有关资料,如水准点、桥涵、竖曲线等。

需要说明的是,目前在工程设计中,由于计算机应用的普及,路线纵断面图基本采用计算机绘制。

6.6.2 横断面测量

路线横断面测量的主要任务是在各中桩处测定垂直于中线方向上的地面起伏情况,然后绘制成横断面图,供路基、边坡、特殊构筑物的设计、土石方的计算和施工放样之用。横断面测量的宽度由路基宽度和地形情况确定,一般应在公路中线两侧各测15～50 m。

路线的横断面测量 路线横断面图的绘制工作

横断面上中桩的地面高程已在纵断面测量时测出,横断面上各个地形特征点相对于中桩的平距和高差可用下述方法测定。

1. 横断面测量方法

(1)水准仪皮尺法。水准仪皮尺法是利用水准仪和皮尺，按水准测量的方法测定各变坡点与中桩点之间的高差，用皮尺丈量两点的水平距离的方法。如图 6-6-5 所示，水准仪安置后，以中桩点为后视点，在横断面方向的变坡点上立尺进行前视读数，并用皮尺量出各变坡点至中桩的水平距离。水准尺读数准确到厘米，水平距离准确到分米，记录格式见表 6-6-2。此法适用于断面较宽的平坦地区，其测量精度较高。

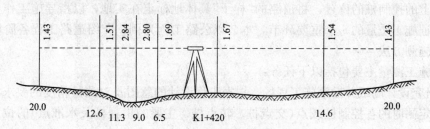

图 6-6-5　水准仪皮尺法测横断面

表 6-6-2　水准仪皮尺法横断面测量记录计算

桩号	各变坡点至中桩点的水平距离/m		后视读数/m	前视读数/m	各变坡点与中桩点间的高差/m	备注
K1+420	左侧	0.00	1.67	—	—	
		6.5		1.69	−0.02	
		9.0		2.80	−1.13	
		11.3		2.84	−1.17	
		12.6		1.51	+0.15	
		20.0		1.43	+0.24	
	右侧	14.6		1.54	+0.13	
		20.0		1.43	+0.24	

(2)全站仪法。置全站仪于道路中桩或任意控制点上，用三维坐标测量的方法测定横断面上的地形特征点的平面坐标和高程，并自动记录。与计算机联机通信后，可以用绘图仪绘制路线横断面图。

2. 横断面图的绘制

横断面图一般采取在现场边测边绘，这样既可省略记录工作，也能及时在现场核对，减少差错。如遇不便现场绘图的情况，须做好记录工作，带回室内绘图，再到现场核对。

横断面图的比例尺一般是 1：200 或 1：100，横断面图绘制在厘米方格纸上，图幅为 350 mm×500 mm，每厘米有一细线条，每 5 cm 有一粗线条，细线间一小格是 1 mm。

绘图时以一条纵向粗线为中线，以纵线、横线相交点为中桩位置，向左右两侧绘制。先标注中桩的桩号，再用铅笔根据水平距离和高差，将变坡点点在图纸上，然后用小三角板将这些点连接起来，就得到横断面的地面线。显然一幅图上可以绘制多个断面图，一般规定，绘图顺序是从图纸左下方起，自下而上、由左向右，依次按桩号绘制。

目前，横断面绘图大多采用计算机，选用合适的软件进行绘制。

6.7 道路工程施工测量

道路工程施工测量就是利用测量仪器和设备，依据有关道路施工技术规范和经过批准的施工设计文件、图纸，按照设计图纸中的各项元素（如道路平、纵、横元素），依据控制点或路线上的控制桩的位置，将道路的"样子"具体地标定在实地，以指导施工作业。施工测量是保证施工质量的一个重要环节，本节以公路工程为例，介绍道路工程各阶段施工测量内容及施测方法。

公路施工测量主要包括以下任务：

(1)研究设计图纸并勘察施工现场。根据工程设计的意图及对测量精度的要求，在施工现场找出定测时的各控制桩或点（交点桩、转点桩、主要的里程桩及水准点）的位置，为施工测量做好充分准备。

(2)恢复公路中线的位置。公路中线定测后，一般情况要过一段时间才能施工，在这段时间内，部分标志桩被破坏或丢失，因此，施工前必须进行一次复测工作，以恢复公路中线的位置。

(3)测设施工控制桩。由于定测时设立的及恢复的各中桩，在施工中都要被挖掉或掩埋，为了在施工中控制中线的位置，需要在不受施工干扰、便于引用、易于保存桩位的地方测设施工控制桩。

(4)复测、加密控制点。在施工前应对破坏的控制点进行恢复定测，为了施工中测量方便，在一定范围内应加密水准点和导线点。

(5)路基边坡桩的放样。根据设计要求，施工前应测设路基的填筑坡脚边桩和路堑的开挖坡顶边桩。

(6)路面施工放样。路基施工后应测出路基设计高度，放样出铺筑路面的高程，作为路面铺设依据。

另外，还包括对排水设施、附属设施等工程的放样，主要应放出边沟、排水沟、截水沟、跌水井、急流槽、护坡、挡土墙等的位置和开挖或填筑断面线等。

为了确保公路施工质量，交通运输部发布了《公路路基施工技术规范》(JTG/T 3610—2019)、《公路路面基层施工技术细则》(JTG/T F20—2015)（以下简称《细则》）、《公路勘测规范》(JTG C10—2007)。这些规范中有关施工测量的规定条款就是公路工程施工测量的重要依据，公路工程施工测量必须按照这些规定条款执行。

6.7.1 道路施工测量的准备工作

1. 施工测量仪器的准备

道路工程施工测量常用仪器及工具如下：

(1)常用仪器：GPS、全站仪、水准仪。

(2)常用工具：对讲机、钢尺、编程计算器、坡度尺（控制边坡）。

(3)常用材料：钢钎、钢钉、记号笔（油性）、石灰、红布、铁锤、油漆、细绳、凿子等。

所有测量仪器在使用前应交由具有相应测量仪器检测资质的部门进行检验、校正，并出具检校合格证后才可以使用。

2. 施工测量常用资料

通常情况下，公路施工测量人员应查看收集的设计文件、图表及需要熟悉的内容，具体如下：

（1）查看公路平面总体设计图和路线平面图，熟悉线路整体情况和施工段起点、终点。

（2）查看路线纵断面图，获取路线填、挖方段起点、终点里程桩号、线路纵坡度、竖曲线要素、变坡点里程和高程、各中桩地面高程和设计高程及填、挖高度等数据。

（3）查看路基标准横断面图，熟悉各类路基结构设计尺寸。

（4）查看各中桩路基横断面图，获取各中桩路基施工宽度、横坡度、填方边坡坡度、挖方边坡坡度等数据。

（5）查看路面结构图，熟悉路面宽度、路面各结构层的厚度、超高、加宽、横坡。

（6）收集路基设计表，获取各中桩路基填挖高度、路幅宽度、横断设计高等数据。

（7）收集直线、曲线及转角表，熟悉交点和曲线主点的里程和坐标、曲线测设元素、交点间距、交点边方位角、线路转角等数据。

（8）收集导线点和水准点成果表，熟悉已知导线点、水准点编号及实地位置和可利用程度。

（9）收集逐桩坐标表，获取施工段线路逐桩坐标值。

3. 施工现场勘察

在施工队伍进驻施工现场后，测量技术人员应在全面熟悉设计图表文件的基础上还应到施工标段现场勘察核对。现场勘察的主要内容包括以下几项：

（1）现场明确施工标段起点、终点里程位置及标段四周地貌，确定取土、弃土位置及运输便道位置，制定临时排水措施等。

（2）对照路线设计纵横断面图查看沿线地形，清楚填、挖方地段。

（3）查看公路沿线导线点、交点和水准点完好程度是否满足放样要求。

（4）查看公路设计定测时的中线桩点位情况，为恢复中桩做准备。

（5）考察该施工标段沿线应加密的施工导线点、施工水准点的实地位置，并拟订联测方案。

（6）考察沿线涵洞、桥梁等附属构筑物实地现状，拟订放样方案。

4. 施工测量的其他准备工作

（1）为了及时掌握和了解施工进展情况，便于监控挖、填工作量，可绘制一张大比例尺的"施工进度一览图"。

（2）为了方便施工测量工作的进行，可绘制施工标段"控制点图"。坐标采用设计图样的坐标系统，图的大小根据施工标段长度选用比例尺。

（3）绘制施工天气一览图。

（4）填写施工日志。

6.7.2 控制点的复测与加密

控制点复测是施工测量前必不可少的准备工作，其包括导线控制点、路线控制桩和水准点的复测。另外，由于人为或其他原因，导线控制点、路线控制桩和水准点有丢失或遭到破坏情况，要对其进行补测；有的导线点在路基施工范围以内，需要将其移至路基施工范围以外。只有当这一切都完成无误时，方能进行施工放样工作。另外，在施工过程中也要定期检核控制点数据。

1. 导线控制点复测

(1)施工导线点选点要求。

1)通视良好，选择在路堑堑顶适当位置及路线结构物附近，不易受施工干扰；既要导线点之间通视，又要保证能够通视路线上中桩、边桩、坡脚桩，便于放点，不需要转站。

2)点位桩要埋设牢固，便于保护，大木桩用水泥加固，桩顶钉钢钉。

3)施工导线点密度能够满足施工现场需要，施工导线点间距为 400～800 m，视野开阔。

4)点位桩号醒目，易于识别。点位桩号码前冠以公路里程，如 K128＋600 左—Ⅱ，则表示Ⅱ号点位于 K128＋600 桩左侧，供其前后桩放样。

(2)导线点复测精度要求。如图 6-7-1 所示，导线控制点复测时，应按相关规范规定的精度要求逐点实测导线转折角 β_i 和导线边长 S_i。首先，应利用观测数据(β_i 和 S_i)进行导线平差，检查复测导线的方位角闭合差和导线全长相对闭合差是否符合相关规范规定。当两项闭合差全部合限时，说明复测导线本身的观测精度满足规范要求。再利用设计图纸上提供的控制点坐标反算出导线转折角 β_i' 和导线边长 S_i'，当观测值与反算值满足式(6-7-1)时，则认为设计图纸上提供的导线控制点的平面坐标和位置是正确的。

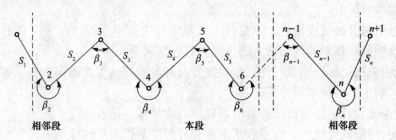

图 6-7-1 复测导线控制点示意

$$|\beta_i - \beta_i'| \leqslant 2m_\beta$$
$$\left|\frac{S_i - S_i'}{S_i}\right| \leqslant \frac{1}{T}$$

$(6\text{-}7\text{-}1)$

式中 m_β——相应导线等级的测角中误差；

$\dfrac{1}{T}$——相应等级的边长相对中误差。

2. 施工控制桩的测设

因道路施工时，必然将原测设的中桩挖掉或掩埋，为了在施工中能够有效地控制中桩的位置，就需要在不能被施工破坏，便于利用、引测，易于保存桩位的地方测设施工控制桩。常用的测设方法有平行线法和延长线法两种。

(1)平行线法。平行线法是在实际的路基范围以外，测设两排平行于道路中线的施工控制桩，如图 6-7-2 所示。此法多用于地势平坦、直线段较长的地区。

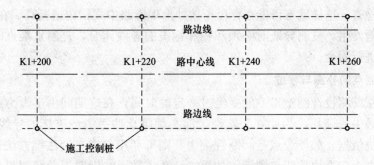

图 6-7-2　平行线法设置施工控制桩

（2）延长线法。延长线法是在路线转折处的中线延长线或者在曲线中点与交点的连线的延长线上，测设两个能够控制交点位置的施工控制桩，如图 6-7-3 所示。控制桩至交点的距离应量出并做记录。此法多用于坡度较大和直线段较短的地区。

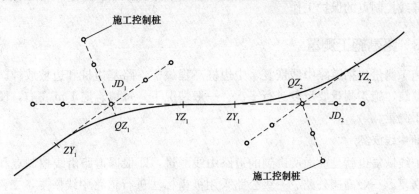

图 6-7-3　延长线法设置施工控制桩

3. 高程控制点复测

（1）复测施工水准点的布设要求。

1）施工水准点密度应为 200～300 m。若坡度大，水准点间距可以缩短；在隧道、特大桥、垭口等不良地质地段处均应进行加密。

2）重要构筑物附近宜布设两个以上施工水准点，放样时，一点放样，另一点检查。

3）施工水准点一般布设在填方路段两侧 20 m 范围内，或与挖方路段连接的山坡脚；路基施工结束后，水准点可布设在排水沟、涵洞、砌体的水泥面上。

4）水准点应埋设牢固，打桩用水泥固定，桩顶钉铁钉，为测量时立尺位置。

5）水准点编号多用千米数＋号码标注，如 K128＋125 左—1，表示 1 号水准点在 K128＋125 的里程桩左侧。

（2）复测水准点的精度要求。高程控制点的检测一般使用水准测量方法进行。高速公路和一级公路的水准测量闭合差按四等水准控制；二级以下公路水准测量闭合差按五等水准控制。大桥附近的水准测量闭合差应按《公路桥涵施工技术规范》（JTG/T 3650—2020）的规定控制。若满足精度要求，则认为设计图纸上提供的高程控制点高程是正确的。

值得注意的是，有的施工单位在复测控制点时，只检查本标段的点，而忽视了对前后相邻标段点的检查，这样就有可能在标段衔接处出现道路中线错位或断高。在实际工作中，为防止此类问题发生，复测导线时必须和相邻标段的导线闭合，复测水准点时必须和相邻标段的水准点进行附合。

4. 导线控制点的补测与移位

公路工程从勘测设计到施工一般要经过一定的时间，在这期间由于人为或其他的原因会导致控制点丢失或破坏，为此在公路施工前必须将这些丢失或破坏的导线点进行补测，为公路施工提供依据。如导线点是间断性丢失，则可利用前方交会法等方法补测该点，补测的导线点原则上应在原导线点附近。如果连续丢失数点，则要用导线测量的方法进行补测。导线点的高程用水准测量方法测定。

值得提醒的是，在补点时应尽量将点位选择在路线的一侧地势较高处，以避免路基填土达到一定高度时影响导线点之间的通视。施工期间应定期对导线控制点（特别是水准点）进行复测。季节冻融地区，在冻融以后也要进行复测，发现导线控制点丢失后应及时补上，并做好对导线控制点的保护工作。

6.7.3 路基施工测量

路基施工测量包括道路中线恢复、中边桩高程放样、路基边桩和边坡放样。随着路基的开挖与填筑，施工测量要反复进行多次。一般情况下，每填、挖 1 m 左右，便要重新进行路基施工测量。

1. 道路中线恢复

道路中线恢复也就是前面所讲到的道路中线测量，即根据道路沿线控制点和控制桩将道路中线恢复。一般高速公路、一级公路采用极坐标法进行道路中线恢复，二、三、四级公路可以采用极坐标法、偏角法和切线支距法进行中线恢复。

2. 高程放样测量

中线全面恢复以后，只是完成了路基施工放样的第一步，接下来还要进行高程的放样，通过不断地高程放样，使路基的填筑或开挖达到设计的高度。

道路经过勘测设计之后，往往要经过一段时间才能施工。假如在这段时间内沿路线方向的地形发生了变化，则在施工前还要对中线的实际地面高程和横断面进行测量，并与勘测设计的纵、横断面进行比较。如相差较大，可将路线设计的施工标高加以改正，以便按改正后的施工标高施工，并重新进行土石方工程数量的计算，但必须经过监理工程师的认可。

高程测量放样采用的基本方法是水准测量方法。

3. 路基边桩的放样

路基边桩的放样，就是将每一个横断面的路基设计边坡线与原地面线相交的坡脚点（或坡顶点）在地面上标定出来，并用木桩标定，作为路基施工依据。这些桩称为边桩。边桩的位置与路基的填、挖高度、边坡坡度和实地地形有关。平坦地段路基边桩放样常用极坐标法，倾斜地段路基边桩放样常用"逐渐趋近法"。

（1）平坦地段极坐标法边桩放样。平坦地区路基边桩放样的方法主要有极坐标法、图解法和解析法。极坐标法边桩放样即根据路基中桩坐标、路基中桩至边桩距离，以及过该中桩处路线切线边方位角来计算边桩坐标，用全站仪采用极坐标法进行边桩放样的方法。图解法和解析法边桩放样是按照极坐标法边桩放样中图解法和解析法计算得到中桩至边桩距离后，现场沿路基横断面方向直接量取该距离而定出边桩位置的方法。因放样精度较低且比较烦琐，故在高等级公路测设中，利用工程软件计算出边桩坐标后采用极坐标法进行边桩放样。边桩坐标计算方法如下：

1）计算路基边桩至中桩距离。常用的有图解法和解析法两种方法。因地势平坦，故可认为中桩至左右边桩距离近似相等，即 $D=D_左=D_右$。

①图解法。如图 6-7-4 所示，直接在路基设计的横断面图上量出中桩至边桩的距离 D。

②解析法。根据路基设计表中的填挖高度、边坡、路基宽度和路基横断面图中横断面地形情况，计算出路基中桩至边桩的距离 D。

填方路基称为路堤，如图 6-7-4(a) 所示。路堤边桩至中桩的距离为

$$D=\frac{B}{2}+mh \tag{6-7-2}$$

挖方路基称为路堑，如图 6-7-4(b) 所示。路堑边桩至中心桩的距离为

$$D=\frac{B}{2}+s+mh \tag{6-7-3}$$

式中　B——路基设计宽度；

　　　m——边坡率，1：m 为路基边坡坡度；

　　　h——填（挖）方高度；

　　　s——路堑边沟顶宽。

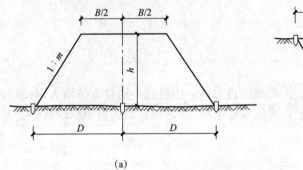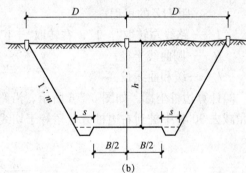

(a)　　　　　　　　　　　　　　　(b)

图 6-7-4　平坦地区路基边桩的测设

(a)路堤；(b)路堑

2）如图 6-7-5 所示，计算中桩处路线切线边方位角。

①中桩位于直线段上：

$$\beta_P=A_{i-1,i} \tag{6-7-4}$$

②中桩位于第一缓和段上：

$$\beta_P=A_{i-1,i}+I\,\frac{l^2}{2Rl_s}\cdot\frac{180°}{\pi} \tag{6-7-5}$$

③中桩位于主曲线上：

$$\beta_P=A_{i-1,i}+I\,\frac{(2l-l_s)}{2Rl_s}\cdot\frac{180°}{\pi} \tag{6-7-6}$$

④中桩位于第二缓和曲线上：

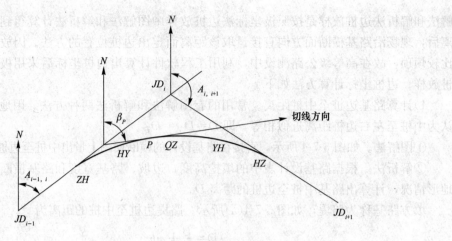

图 6-7-5 切线边方位角的计算

$$\beta_P = A_{i,i+1} - I\frac{l^2}{2Rl_s} \cdot \frac{180°}{\pi}$$

(6-7-7)

式中　β_P——切线边方位角；

$A_{i-1,i}$——缓和曲线第一切线边方位角；

$A_{i,i+1}$——缓和曲线第二切线边方位角；

l——在第一缓和段和主曲线上表示中桩距 ZH 点里程，在第二缓和曲线上表示中桩距 HZ 的里程；

I——路线左转取"-1"，右转取"+1"；

R——圆曲线半径；

l_s——缓和曲线长。

3)计算边桩坐标。如图 6-7-6 所示，沿路线前进方向，中桩到左边桩方位角为切线边方位角减去 90°，中桩到右边桩方位角等于切线边方位角加 90°，则左右边桩坐标计算公式为

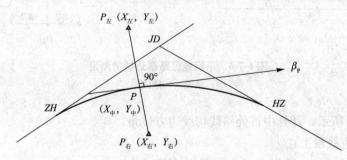

图 6-7-6 边桩坐标的计算

左边桩坐标
$$\begin{cases} X_{左} = X_{中} + D \cdot \cos(\beta_P - 90°) \\ Y_{左} = Y_{中} + D \cdot \sin(\beta_P - 90°) \end{cases}$$
(6-7-8)

右边桩坐标
$$\begin{cases} X_{右} = X_{中} + D \cdot \cos(\beta_P + 90°) \\ Y_{右} = Y_{中} + D \cdot \sin(\beta_P + 90°) \end{cases}$$
(6-7-9)

(2)倾斜地段边桩放样。在山区地面倾斜地段，路基边桩至中心桩的距离随着地面坡度

的变化而变化。如图 6-7-7 所示，路堤边桩至中心桩的距离如下：

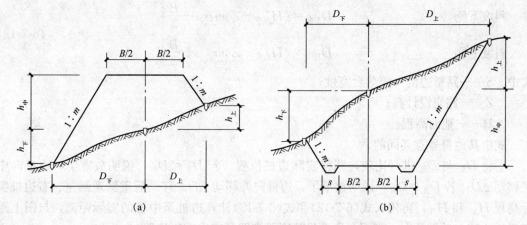

图 6-7-7　山区地面倾斜地段路基边桩的测设
(a)路堤；(b)路堑

如图 6-7-7(a)所示，路堤边桩至中桩的距离为

斜坡下侧

$$D_\text{下} = \frac{B}{2} + m(h_\text{中} + h_\text{下})$$

斜坡上侧

$$D_\text{上} = \frac{B}{2} + m(h_\text{中} - h_\text{上})$$

(6-7-10)

如图 6-7-7(b)所示，路堑边桩至中心桩的距离为

斜坡下侧

$$D_\text{下} = \frac{B}{2} + s + m(h_\text{中} - h_\text{下})$$

斜坡上侧

$$D_\text{上} = \frac{B}{2} + s + m(h_\text{中} + h_\text{上})$$

(6-7-11)

式中　$D_\text{上}$，$D_\text{下}$——斜坡上、下侧边桩至中桩的平距；

$h_\text{中}$——中桩处的地面填挖高度，也为已知设计值；

$h_\text{上}$，$h_\text{下}$——斜坡上、下侧边桩处与中桩处的地面高差（均以其绝对值代入），在边桩未定出之前为未知数。

在实际放样过程中，因未确定两边桩位置，故无法确定两边桩原始地面高程，则无法计算其与中桩的高差，故一般采用"逐渐趋近法"确定边桩位置。其步骤如下：

1)在路基横断面图上量取中桩至左右边桩距离 $D_\text{左图}$ 和 $D_\text{右图}$，计算左右边桩坐标；

2)用全站仪实地放出左右边桩，并用木桩标志；

3)采用"逐渐趋近法"对边桩位置进行判断和调整。

①全站仪放左右边桩位置时，测出左右边桩实际高程 $H_\text{左}$ 和 $H_\text{右}$；

②用式(6-7-12)计算左、右边桩与中桩的实际距离 $D_\text{左实}$ 和 $D_\text{右实}$：

如图 6-7-7(a)所示，路堤边桩至中桩的实际距离为

斜坡下侧

$$D_\text{左实} = (Z - H_\text{左})m + \frac{B}{2}$$

斜坡上侧

$$D_\text{右实} = (Z - H_\text{右})m + \frac{B}{2}$$

(6-7-12)

如图 6-7-7(b)所示，路堑边桩至中心桩的实际距离为

斜坡下侧

$$D_{左实} = (H_{左实} - Z)m + s + \frac{B}{2}$$

斜坡上侧

$$D_{右实} = (H_{右实} - Z)m + s + \frac{B}{2}$$

(6-7-13)

式中　S——路堑边沟＋碎落台宽度；

　　　Z——路肩设计高；

　　　H——地面高程。

式中其他符号意义同前。

③将 $D_实$ 与 $D_图$ 进行比较，调整实际边桩位置。若 $D_实 < D_图$，说明放宽了，边桩向中桩移动 ΔD；若 $D_实 > D_图$，说明放窄了，边桩向外移动 ΔD。移动后重新观测左、右边桩实际高程 $H_左$ 和 $H_右$，再代入式(6-7-12)和式(6-7-13)计算边桩至中桩的实际距离，与图上距离进行比较。反复几次，直至 ΔD 满足精度要求即可定出准确位置。

"逐渐趋近法"操作起来较为繁杂，但在任何情况下均可应用，经过多次反复实践，即可运用自如。也可利用全站仪对边测量的功能，采用此法进行边桩位置确定。

4. 边坡放样

有了边桩还不足以指导施工，为使填、挖的边坡达到设计的坡度，还要将边坡坡度在实地标定出来，以便比照施工。边坡放样的方法主要有麻绳竹竿挂线法和边坡样板法。

(1)麻绳竹竿挂线法。

1)一次挂线。当路堤填土不高时，可按图 6-7-8(a)所示的方法一次将线挂好。

2)分层挂线。当路堤填土较高时，分层挂线较好。在每次挂线前，应当恢复中线并横向抄平，如图 6-7-8(b)所示。挂线法只适用于人工施工，对机械化施工是不适合的。

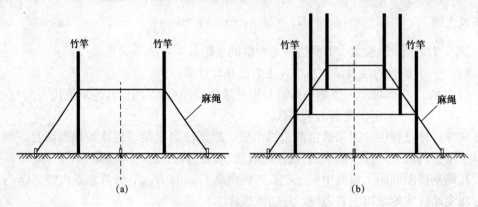

图 6-7-8　麻绳竹竿挂线法

(a)一次挂线；(b)分层挂线

(2)边坡样板法。首先按照路基边坡坡度做好边坡样板，施工时可比照样板进行放样。样板式样有：

1)活动坡度尺。活动坡度尺样式如图 6-7-9(a)所示，也可用一直尺上装有带坡度的水准管代替，如图 6-7-9(b)所示。在施工过程中，可随时用坡度尺来检查路基边坡是否合乎设计要求。

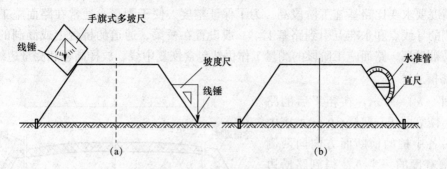

图 6-7-9　活动坡度尺法放样边坡

(a)活动坡度尺样式；(b)带水准管坡度尺

2)固定边坡样板法。开挖路堑时，在坡顶外侧固定边坡样板，施工时可以随时瞄准比较，控制开挖边坡，如图 6-7-10 所示。

正式路基边坡施工时，可每隔一定的距离放样出边坡的位置和坡度，采用人工施工的方法做出边坡式样，以便作为机械化施工路基边坡的参照。要注意随时测量，及时发现问题，及时修正。

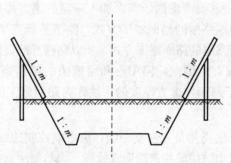

图 6-7-10　固定边坡样板法放样边坡

5. 机械化路基施工的注意事项

(1)机械填土时，应按铺土厚度及边坡坡度每层间向内收缩一定距离，并且不可按自然堆土坡度向上填土；

(2)每填高 1 m 或者填至距离路肩 1 m 时，重新恢复中线，放样高程，放铺筑面边桩且用石灰线显示铺筑路面边线位置，并将标杆移至铺筑面边上；

(3)机械挖土时，应按每层挖土厚度及边坡坡度保持层与层之间的向内回收的宽度，防止挖伤边坡或留土过多；每深挖 1 m 左右，应测设边坡、复核路基宽度，并将标杆下移至挖掘面的正确边线上；每挖 3～4 m 或距离路基面 20～30 cm 时，应复测中线、高程、放样路基面宽度。

(4)距离路肩 1 m 以下边坡，通常按设计宽度每侧多填 0.3 m，距离路基 1 m 以下内边坡，则按稍陡于设计坡度掌握，使路基面有足够宽度，保证路肩压实度。

6.7.4　路面施工测量

路面施工是公路施工的最后一个环节，也是最重要而关键的一个环节。因此，对施工放样的精度要求要比路基施工阶段高。为了保证精度、便于测量，通常在路面施工之前将线路两侧的导线点和水准点引到路基上，一般设置在桥梁、通道的桥台上或涵洞的压顶石上，不易被破坏。路面施工阶段的测量工作仍然包含恢复中线、放样高程和测量边线。

1. 路槽放样

如图 6-7-11 所示，在粗平后的路基顶面上恢复中线，每隔 10 m 加密中桩，再沿各中桩的横断面方向向两侧量出路槽宽度的一半 $b/2$ 得到路槽边桩，量出 $B/2$ 得路肩边桩（注意：曲线路段设置加宽时，要在加宽的一侧增加加宽值），然后用放样已知点高程的方法使中桩、路槽边桩、路肩边桩的桩顶高程等于将来要铺筑的路面标高（要考虑路面和路肩横坡及超高）。在

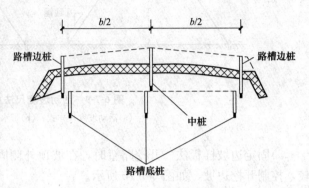

图 6-7-11　路槽放样

上述这些边桩的旁边挖一个小坑，在坑中钉桩，然后用放样已知点高程的方法使桩顶符合考虑路槽横向坡度后的槽底高程（要考虑因压实而加入一定的虚方厚度），以指导路槽的开挖和修整。低等级公路一般采用挖路槽的路面施工方式，路槽整修完毕，便可进行路肩和路面施工；高等级公路一般采用培路肩的路面施工方式，所以路槽开挖整修要进行到路肩边缘。

机械施工时木桩不易保存，因此，路中心和路槽边的路面高程可不放样，而在路槽整修后在路槽底上放置相当于路面加虚方厚度的木块作为路面施工的标准。

2. 路面放样

路面各结构层的放样方法仍然是先恢复中线，由中线控制边线，再放样高程控制各结构层的标高。除面层外，各结构层横坡按直线形式放样。仍然要注意的是路面的加宽与超高。

（1）路面边桩放样。路面边桩放样可以先放出中线，再根据中桩和边桩的距离及切线边方位角计算边桩坐标，然后进行边桩坐标放样，这是常用的方法。在高等级公路路面施工中，有时不放中桩而直接根据边桩的坐标放出边桩。

（2）路拱放样。对水泥路面或中间有分隔带的沥青路面，其路拱（面层顶面横坡）按直线形式放样。对中间没有分隔带的沥青路面，其路拱（面层顶面横坡）一般有以下几种形式：

1）抛物线型路拱。抛物线型路拱如图 6-7-12 所示。常见的抛物线型路拱公式有：

$$y=\frac{4h}{b^2}x^2$$

$$y=\frac{2h}{b^2}x^2+\frac{h}{b}x$$

式中　x——横距；

y——纵距；

b——路面宽度；

h——拱高，可按路拱坡度 i 确定，

即 $h=\dfrac{bi}{2}$。

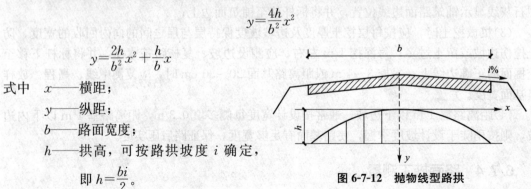

图 6-7-12　抛物线型路拱

2)屋顶线型路拱。

①倾斜直线型路拱。当路面横坡采用 1.5% 时，在路拱中心插入一对横坡坡度为 0.8%～1.0% 的连接线。当路面横坡采用 2.0% 时，在路拱中心插入两对对称的连接线，其横坡坡度分别为 1.5% 和 0.8%～1.0% 的连接线，如图 6-7-13 所示。

②直线夹曲线型路拱。如图 6-7-14 所示，中间的圆顶部分用圆曲线或抛物线连接，所用圆曲线长度一般不小于路面宽的 1/10，半径不小于 50 m。拱高 h 可用下式计算：

$$h = \left(\frac{b}{2} - \frac{l_1}{4} \right) i \tag{6-7-14}$$

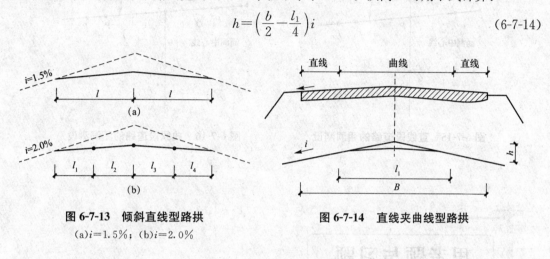

图 6-7-13　倾斜直线型路拱
(a)i=1.5%；(b)i=2.0%

图 6-7-14　直线夹曲线型路拱

中间没有分隔带的沥青路面，其路面路拱的放样一般采用路拱样板进行，在施工过程中逐段检查，对于碎石路面不应超过 1 cm，对于混凝土和渣油路面不应超过 2～3 mm。

6.7.5　涵洞施工测量

涵洞属于小型道路构筑物。进行涵洞施工测量时，利用道路导线控制点就可以进行，无须另外建立施工控制网。

如图 6-7-15 所示，首先利用道路导线控制点将涵洞中心线与道路中心线的交点位置放样出来，然后放样道路中心线和涵洞的中心线。

对于位于直线段道路的涵洞，可以先放样出道路中心线桩 P_5、P_6，要求 P_5、P_6 分别位于 P 点前后，且在施工范围之外；然后根据道路中心线方向与涵洞中心线的夹角 θ，在涵洞轴线方向上钉设轴线桩 P_1、P_2、P_3、P_4 来确定。也可以由导线控制点直接放样出 P_1、P_2、P_3、P_4 点坐标(可参照路基边桩坐标的计算方法进行)。涵洞轴线桩应在路基施工范围以外，并用木桩做好标志。自 P 点沿涵洞轴线方向量出上下游的涵长，即得涵洞进、出口位置，以木桩标记。

对于曲线型道路，注意 P_5、P_6 应该是点 P 切线方向上的两点，而不再是道路中桩，如图 6-7-16 所示。其余放样过程同上。

涵洞基础及基坑的边线根据涵洞的轴线测设，在基础轮廓线的转折处都要钉设木桩。涵洞细部的高程放样，一般是利用附近的水准点用水准测量的方法进行。

在平面放样时，主要是保证涵洞轴线与公路轴线保持设计的角度，即控制涵洞的长度。在高程放样时，要控制洞底与上、下游的衔接，保证水流顺畅。对于人行通道或小型机动车通道，要保证洞底纵坡与设计图纸一致，不要积水。

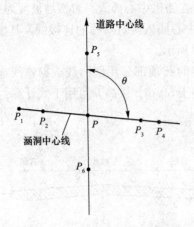

图 6-7-15　直线段道路的涵洞测设

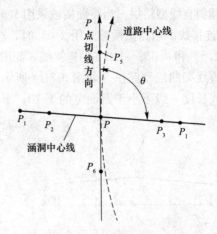

图 6-7-16　曲线段道路的涵洞测设

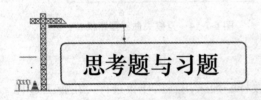

1. 何谓交点、转点、转角？中线测量的转点与水准测量的转点有何不同？

2. 何谓里程桩？简述里程桩的分类及书写方式。

3. 已知路线导线的右角 β：(1)$\beta=210°42'$；(2)$\beta=162°06'$。试计算路线转角值，并说明是左转角还是右转角。

4. 何谓整桩号法加桩？何谓整桩距法加桩？

5. 怎样推算圆曲线的主点里程？圆曲线主点位置是如何测定的？

6. 切线支距法详细测设圆曲线的原理是什么？简述其操作步骤。

7. 何谓缓和曲线？设置缓和曲线的作用是什么？

8. 简述有缓和曲线段的平曲线上主点桩的测设方法和步骤。

9. 什么是虚交？切基线法与圆外基线法相比，有何优点？

10. 何谓复曲线？简述两端设缓和曲线的复曲线计算要点。

11. 何谓正倒镜分中法？简述正倒镜分中法延长直线的操作方法。

12. 简述放点穿线法测设交点的步骤。

13. 何谓路线纵断面测量？何谓基平测量？何谓中平测量？

14. 何谓路线横断面测量？简述水准仪皮尺法横断面测量方法。

15. 道路施工测量常用的资料有哪些？需要熟悉哪些内容？

16. 简述施工控制桩的测设方法。

17. 简述平坦地面路基边桩坐标计算步骤。

18. 简述路基边坡放样方法及步骤。

19. 简述直线段和曲线段涵洞轴线测设步骤。

20. 已知弯道 JD_6 的桩号为 K4＋300.18，转角 $\alpha_Z=17°30'$，圆曲线半径 $R=500$ m，试计算圆曲线主点元素和主点里程，并叙述测设曲线上主点的操作步骤。

21. 在道路中线测量中，已知交点的里程桩号为 K2＋968.43，测得转角 $\alpha_y=34°12'$，圆曲线半径 $R=200$ m，若采用切线支距法并按整桩号法设桩，试计算各桩坐标，并说明测设方法。

22. 在道路中线测量中，设某交点 JD 的桩号为 K8＋222.36，测得右偏角 $\alpha_y=40°36'$，设计圆曲线半径 $R=600$ m，若采用偏角法按整桩号设桩，试计算各桩的偏角及弦长，并说明步骤。

23. 在道路中线测量中，已知交点的里程桩号为 K21＋476.21，转角 $\alpha_y=37°16'$，圆曲线半径 $R=300$ m，缓和曲线长 l_s 采用 60 m，试计算该曲线的测设元素、主点里程，并说明主点的测设方法。

24. 某山区二级公路，已知 JD_1、JD_2、JD_3 的坐标分别为(50 871.930，81 067.178)、(50 321.563，81 298.305)、(50 551.329，81 820.743)，JD_2 处的里程为 K4＋465.626，$R=200$ m，缓和曲线长为 40 m，试计算曲线主点及各加桩点坐标。

25. 完成表 6-1 中某高速公路中平测量记录的计算，并按里程 1∶1 000、高程 1∶100 绘制路线纵断面图。

表 6-1　平测量记录表

测点	水准尺读数/m			视线高程/m	高程/m	备注
	后视	中视	前视			
BM_5	1.426				417.628	基平测得
K4＋980		0.87				
K5＋000		1.56				
＋020		4.25				
＋040		1.62				
＋060		2.30				
ZD_1	0.876		2.402			
＋080		2.42				
＋092.4		1.87				
K5＋100		0.32				基平测得 BM_6 高程为：414.635 m
ZD_2	1.286		2.004			
＋120		3.15				
＋140		3.04				
＋160		0.94				
＋180		1.88				
K5＋200		2.00				
BM_6			2.186			

模块 7 桥梁工程施工测量

桥梁是线路工程的重要组成部分，也是公路、铁路工程的关键节点。其特点是施工难度大、造价高、工期长。不同类型的桥梁其施工测量的方法和精度要求不同，但内容大同小异，主要工作内容有以下几项：

(1)对设计单位交付的所有桩位和水准点及其测量资料进行检查、核对。

(2)建立满足精度与密度要求的施工控制网，并进行平差计算，应将控制性桩点编号绘于标志总图上，并注明坐标、相互之间的距离、角度、高程等。

(3)在施工过程中应定期对施工控制网进行检测，当发现控制点的稳定性有问题时应立即进行局部或全面复测。

(4)测定墩(台)基础桩的位置。

(5)进行构筑物的平面和高程放样，将设计高程及几何尺寸测设于实地。

(6)对有关构筑物进行必要的施工变形观测和施工控制观测，尤其是在大桥、特大桥及结构复杂的桥梁施工中，对悬臂拼装、节段拼装及悬臂浇筑等上部结构的中轴线与高程的施工测量是确保成桥线型的关键。

(7)测定并检查施工结构物的位置和高程，为工程质量的评定提供依据。

桥梁施工测量是将图上所设计的结构物的位置、形状、大小和高低，按照规定的精度，在实地标定出来，作为施工的依据。桥梁施工测量贯穿整个桥梁施工全过程，是保证施工质量的一项重要工作。

桥梁工程施工测量执行的相关规范和规程有《公路工程质量检验评定标准 第一册 土建工程》(JTG F80/1—2017)、《公路桥涵施工技术规范》(JTG/T 3650—2020)和《高速铁路工程测量规范》(TB 10601—2009)等。

7.1 桥梁施工控制测量

桥梁施工开始前，必须在桥址区建立统一的施工控制基准，布设施工控制网。桥梁施工控制网主要用于桥墩基础定位放样和主梁架设，因此，必须结合桥梁的桥长、桥形、跨度，以及工程的结构、形状和施工精度要求布设合理的施工控制网。

桥梁施工控制网可分为施工平面控制网和施工高程控制网两部分。

7.1.1 桥梁施工平面控制网

桥梁平面控制以桥轴线控制为主，并保证全桥与线路连接的整体性，同时，为墩、台定位提供测量控制点。为确保桥轴线长度和墩、台定位的精度，对于大桥、特大桥，不能使用勘测阶段建立的测量控制网来进行施工放样，必须布设专用的施工平面控制网。

1. 点位布设要求

布设施工控制网时，可利用桥址地形图拟订布网方案，并在仔细研究桥梁设计图及施工组织计划的基础上，结合当地情况进行踏勘选点。点位布设应力求满足以下要求：

(1)点位应选择在视野开阔，通视良好且不受施工干扰，便于永久保存的土质坚实处，点位应能与拟建的桥墩通视。初步选好的点可用木桩标志，精度估算确信能保证精度后再换成石柱、混凝土桩或观测墩等永久性标志。

(2)图形应尽量简单且有足够强度，保证所得到的桥轴线长度满足施工要求，并能以足够的精度对桥墩进行放样。

(3)为使桥轴线与控制网紧密联系，在布网时应将河流两岸轴线上的两个点作为控制点，两点连线作为控制网的一条边，当桥梁位于直线上时，该边即桥轴线。控制点与墩、台的设计位置相距不应太远，以方便墩、台的施工放样。

当桥梁位于曲线上时，应将交点桩、主点尽量纳入网中，当这些点不能作为主网的控制点时，应将它们作为附网的控制点，其目的是使控制网与线路紧密联系在一起，从而以比较高的精度获取曲线要素，为精确放样墩、台做准备。

(4)桥梁控制网的边长与河宽相适宜，一般在河宽的50%～150%范围内变化。基线长度应为两桥台间距的70%～80%，至少应布设两条基线边，且最好分别布设于两岸，以保证精度的均匀。

(5)桥梁的控制网一般是独立的自由网，但要与桥头引道(或线路导线)控制网联测，以保证桥梁和线路的合理衔接；有时还需要与城市网联测，以求取其间的相互关系。

(6)插点。当主网控制点不足时，应根据需要予以插点，以满足放样(特别是近岸桥墩)

的需要。

2. 网的布设形式

在布网方法上，桥梁施工平面控制网可以按常规地面测量方法布设，也可以应用 GPS 技术网。桥梁施工平面控制网按常规方法布设时，基本网形是三角形和四边形，具体布设形式是三角形、大地四边形等基本图形的组合，并以跨江正桥部分为主。应用较多的有双三角形、大地四边形、双大地四边形、三角形与四边形结合的多边形，以及利用江河中的沙洲构成的多三角形，如图 7-1-1 所示。

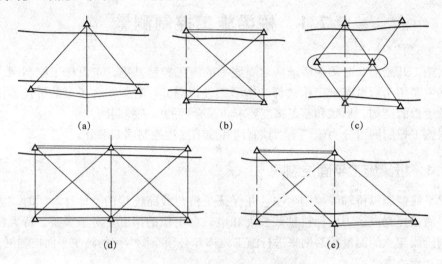

图 7-1-1　桥梁控制网的主要形式
(a)双三角形；(b)大地四边形；(c)利用江河中的沙洲构成的多三角形；
(d)双大地四边形；(e)三角形与四边形结合

无论何种网形，根据观测要素的不同，桥梁控制网可布设成三角网、边角网、精密导线网等。

(1)三角网。桥梁控制网中若观测要素仅为水平角时，控制网就称为测角网。测角网中至少应有一条起算边，为了检核，通常应高精度地测量两条边，每岸各一条，称为基线。现多采用高精度的测距仪(标称精度为 $0.2\ \text{mm}+1\times10^{-6}D$)，直接测定桥轴线上一条边的长度，同时，可作为起始数据使用。这时，控制网的作用就在于设置足够的控制点，来放样墩、台及两岸的桥头引线。

(2)边角网。当使用中等精度的全站仪(标称精度为 $2\ \text{mm}+2\times10^{-6}D$)观测时，因为测距精度较低，所测边长就不能作为已知数据使用，而应将它当作边长观测值参与平差计算。这时，在观测网中全部内角(测角标称精度为 $1''$ 级或 $2''$ 级)的基础上，再测量全网中所有边长或部分边长，一般应观测三条或三条以上的边长，其中一条是桥轴线，另外，在两岸各布设一条边，应达到标准精度(标称精度为 $3\ \text{mm}+2\times10^{-6}D$)以上，就形成了边角网。

(3)精密导线网。由于高精度测距仪的应用，桥梁控制网除采用三角网和边角网的形式外，还可以选择布设精密导线的方案。如图 7-1-2 所示，在河流两岸的桥轴线上各设立一个控制点，并在桥轴线上、下游沿岸布设最有利交会桥墩的精密导线点。同时，增加上、下游过江测距，使导线闭合于桥轴线上的控制点。这种布网形式的图形简单，可避免远点交会桥墩时交会精度差的情况，因此，简化了桥梁控制网的测量工作。

（4）节点及插入点。一些跨江的大型桥梁，由于桥长较长，平面控制网的边长要满足一定的要求，主网的点往往不能满足交会墩位的需要，这样在布设主网时，应考虑增设插入点。如图 7-1-3 所示，插入点一般由 3 个或 4 个方向交会测定，为保证插入点的精度，在主网中点和插入点都要设站观测，同时，插入点的测量要以主网相同的精度进行。当插入点位于两岸主网的一条边上时，称为节点。节点只需要测量它到主网桥轴线上的控制点之间的距离，即可被确定。加密控制点的设立，可以使施工时交会墩、台中心观测边长缩短，交会图形更为合理，减少交会定点误差，为经常性交会放样提供方便的控制点。

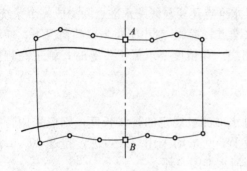

图 7-1-2　精密导线网

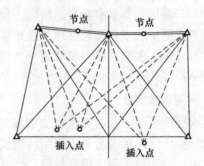

图 7-1-3　节点及插入点

（5）引桥控制网。大桥、特大桥正桥两端一般都通过引桥与线路衔接，因此，在正桥控制网下需要布设引桥控制网（附网）。引桥的控制主要是桥轴线方向和长度的控制及分段长度控制。由于引桥一般为简支梁结构，桥跨较小，多在陆地上，墩位可以多个直接测定，故控制网精度可略低于主网。其布设形式可采用三角锁、精密导线或两者的混合形式、GPS 网等，并在主网布设的同时布设。布设时，路线交点必须是附网中的一个控制点，其余曲线主点最后也纳入网中。

7.1.2　桥梁施工高程控制网

在桥梁工程中，高程控制测量主要有两个作用：一是将与本桥有关的高程基准统一于一个基准面上；二是在桥址附近设立一系列基本高程控制点和施工高程控制点，以满足施工中高程放样的需要，同时，要满足桥梁建成后检测桥梁墩、台垂直变形的需要。建立高程控制网的常用方法是水准测量和测距三角高程测量。

1. 水准点的选点与埋设

水准点的选点与埋设工作一般都与三角点的选点与埋石工作同时进行。选点与埋设时应尽量满足以下要求：

（1）对于特大桥，每岸应选设不少于三个水准点，当能埋设基岩水准点时，每岸也应不少于两个水准点。

（2）当引桥较长时，应不大于 1 km 设置一个水准点，并且在引桥端点附近应设有水准点。

（3）在选择水准点时应避开地质不良地段，且应不受施工干扰和振动影响，以便于施工使用。

(4)埋石应尽量埋设在基岩上。覆盖层较浅时，可采用深挖基坑或用地质钻孔的方法使之埋设在基岩上；覆盖层较深时，应尽量采用加设基桩的方法增加埋石的稳定性。

(5)所选水准点除考虑在施工期间使用外，要尽可能做到在桥梁施工完毕交付运营后能长期用作桥梁变形观测使用。

2. 高程控制网的技术要求

高程控制网的主要形式是水准网。按《工程测量规范》(GB 50026—2007)规定，水准测量可分为一、二、三等。桥梁本身的施工水准网要求以比较高的精度施测，因为它直接影响桥梁各部分高程放样的精度。所以，当桥长在300 m以下时，施工水准测量可采用三等水准测量的精度；桥长在300 m以上时，应采用二等水准测量的精度；当桥长在1 000 m以上时，需采用一等水准测量的精度。桥梁水准点还要与线路水准点联测成一个系统。

为了方便桥墩、台高程放样，在距离水准点较远(一般小于1 km)的情况下，应增设施工水准点。施工水准点可布设成附合水准路线。在精度要求低于三等时，施工高程控制点也可用测距三角高程来建立。

3. 跨河水准测量

在水准测量时，若遇见跨越的水域超过水准测量规定的视线长度，则应采用特殊的方法施测，称为跨河水准测量。当跨河视线短于300 m时采用单线过河；超过300 m时必须双线过河，并在两岸用等精度联测，形成跨河水准闭合环。

(1)跨河场地的选择。

1)应尽可能选择在桥址附近河面狭窄的地方，河中有小块陆地应予利用，并使跨河视线最短。

2)视线尽可能避开草丛、干丘、沙滩、芦苇的上方，以减弱大气折光的影响。

3)河两岸仪器的水平视线距离水面的高度应接近相等。当跨河视线长度在300 m以下时，视线距离水面的高度应不小于2 m；视线长度在300 m以上时，视线距离水面的高度应不小于3 m。若视线高度不能满足上述要求，则需埋设高木桩并建造牢固的观测台。

4)两岸仪器至水边的一段河岸，其距离应相等，地形、土质也应相似。同时，仪器位置应选择在开阔、通风的地方，不能选择在墙壁、石堆、山坡跟前。

5)置镜点如设置在较松软的土质上时，应设立稳固的支架，防止下沉，一般可打三个大木桩以支撑脚架，必要时可用长木桩并建站台以提高视线。置尺点应设置木桩，木桩顶面直径应大于10 cm，长度一般应不小于50 cm，打入地下后要求桩顶高于地面约为10 cm以上，并钉上圆帽钉。

(2)跨河水准测量的布设及实施。由于跨河水准的前视、后视的视线长度不能相等且相差很大，同时跨河视线又很长(数百米至几千米)，因此仪器i角误差及地球曲率和大气折光误差对高差的影响将很大。为消除或减弱上述误差的影响，跨河水准测量应将仪器与水准尺在两岸的安置点位布设成平行四边形、等腰梯形或Z字形，如图7-1-4所示。

1)当跨河视距较短，渡河比较方便，用一台仪器在短时间内可以完成观测工作时，可采用如图7-1-4(a)所示的Z形布设过河场地。图中岸上视线I_1b_1与I_2b_2的长度应尽量相等，并不得短于10 m。此时除b_1、b_2要立尺外，测站点I_1、I_2在观测中也要作为立尺点立尺。在I_1、I_2分别观测b_1、I_2两点高差和b_2、I_1两点高差，在两岸分别测出b_2、I_2两点高差和b_1、I_1两点高差，即可求得两立尺点b_1、b_2之间的高差。

当用两台仪器同时观测时(最好用两架同型号的仪器),两岸立尺点和测站点应布置成如图 7-1-4(b)、(c)所示的形式,布置时应尽量使 $b_1 I_2 = b_2 I_1$,$I_1 b_1 = I_2 b_2$,并不得短于 10 m。图中 I_1、I_2 分别为两岸的测站点,安置仪器;b_1、b_2 分别为两岸的立尺点,竖立水准尺。观测时,仪器在 I_1 和 I_2 站同时观测 b_1 和 b_2 上的立尺,得到两个高差 h_1、h_2,然后取两站所得高差的平均值,此为一个测回。再将仪器对换,同时将标尺对换,同法再测一个测回,取两个测回的平均值作为 b_1、b_2 两点的高差值。

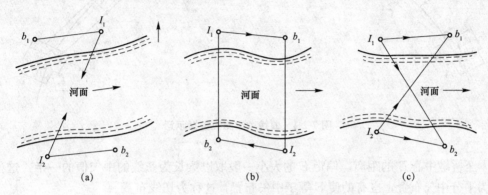

图 7-1-4 跨河水准测量布设示意图

(a)Z形;(b)四边形;(c)三角形

7.2 桥梁墩、台定位和轴线测设

桥梁施工测量建立在施工控制网的基础之上,主要的测量工作是准确地测设桥梁墩、台的中心位置和它的纵、横轴线。测设墩、台中心和轴线的关键是计算出墩、台中心的坐标。

7.2.1 桥梁墩、台中心坐标计算

1. 直线桥梁墩、台中心坐标计算

依据桥轴线控制桩的坐标、里程和墩、台中心的设计里程,便可以计算出各桥墩、台设计中心在施工坐标系中的坐标,作为墩、台中心施工放样的依据。

2. 曲线桥梁墩、台中心坐标计算

曲线桥梁的线路中心为曲线,但梁本身却是直的,线路中心与梁的中线不能完全吻合,如图 7-2-1 所示。

(1)曲线桥测设数据的计算。在测设曲线桥梁墩台位置时,其所需的数据有偏距 E、偏角 α、规定的桥墩上两梁端内侧缝宽 $2a$ 及墩、台中心距 L(各数据如图 7-2-1 所示)。

1)偏距 E。曲线桥梁设计的梁中心线两端,并不位于线路中心线上。因直梁中心线两端若位于线路中心线上,则梁的中间部位的线路中心线必然偏向梁的外侧,当车辆通过时,造成梁的两侧受力不均。为此,须将梁的中心线向外移动一段距离 E,这段距离称为偏距,如图 7-2-2 所示。由于相邻两跨梁的偏角 α 很小,故可认为 E 就是线路中心线与桥墩纵轴线

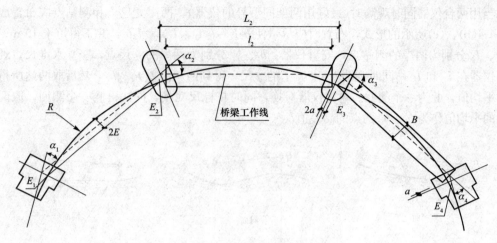

图 7-2-1　曲线桥梁测设数据示意

交点 b 至桥墩中心 B 的距离。偏距 E 的大小一般取以梁长为弦线的中矢值的一半，这种布置称为平分中矢布置，也有的使 E 等于中矢布置，这称为切线布置。

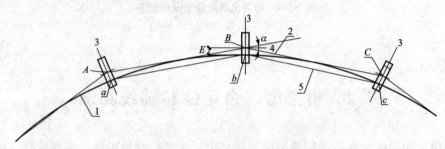

图 7-2-2　曲线桥梁的工作线（梁按切线布置绘制）

1—桥梁中线；2—桥梁工作线；3—桥墩纵轴；4—桥墩横轴；5—弦线

当梁在圆曲线上时，如为平分中矢布置，则 E 为

$$E = \frac{L^2}{16R} \tag{7-2-1}$$

如为切线布置，则 E 为

$$E = \frac{L^2}{8R} \tag{7-2-2}$$

当梁在缓和曲线上时，如为平分中矢布置，则 E 为

$$E = \frac{L^2}{16R} \frac{l_i}{l_s} \tag{7-2-3}$$

如为切线布置，则 E 为

$$E = \frac{L^2}{8R} \frac{l_i}{l_s} \tag{7-2-4}$$

式中　L——墩中心距；

　　　R——圆曲线半径；

　　　l_s——缓和曲线长；

l_i——$ZH(HZ)$至计算点的距离。

②偏角 α。偏角即相邻两孔梁之间的转向角，一般用 α 表示，为弧度单位。

③桥墩上两梁端内侧缝宽 $2a$。如图 7-2-1 所示，相邻两跨桥的端点在桥墩上要留有一定的空隙。曲线桥上相邻两梁端在曲线内侧的缝宽为 $2a$，应不小于一个规定的数值，桥台上梁端内侧与桥台胸墙的缝宽为 a。

④墩台中心距离 L。相邻墩台中心之间的距离称为墩台中心距 L，则 L 为

$$L = l + 2a + \frac{B\alpha}{2} \tag{7-2-5}$$

式中 l——梁长；

  a——相邻两梁在曲线内侧缝宽一半；

  α——桥梁偏角；

  B——梁的宽度(图 7-2-2)。

在测设曲线桥梁的墩、台位置时，其所需的数据偏距 E、偏角 α 及墩、台中心距 L 在设计文件中虽已给出，但在测设前应重新进行校核计算。

(2)线路曲线要素复测。在勘测时虽已获得了曲线要素、桥轴线两端控制桩的桩号和坐标等数据，但这些数据因精度较低并不能作为墩、台中心放样的起算数据。

在桥梁控制网平差后，必须利用控制网平差的结果重新计算曲线要素和桥轴线两端控制桩的桩号(桥轴线两端控制桩的桩号一般包含在桥梁控制网中，其坐标在控制网平差后已获得)，然后根据设计文件中墩、台的桩号求出其坐标的精确值进而求得墩台中心坐标。

如图 7-2-3 和图 7-2-4 所示，A、B 两点是桥梁两端控制桩。在曲线两侧的切线上，各选取了两点 ZD_{7-4}、ZD_{7-5}、ZD_{8-1}、ZD_{8-2}，它们作为路线控制桩，根据桥梁施工控制网建立中的平面控制网点位布设要求可知，曲线桥梁中这些点应包含在桥梁控制网中，当不能包含在网中时也应采用插点的方法获得其精确坐标。

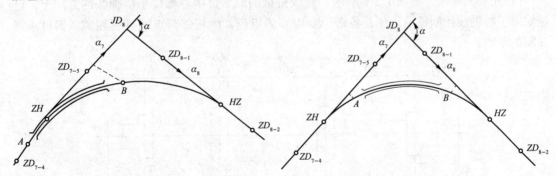

图 7-2-3 桥梁一段位于直线段，一段位于曲线段   图 7-2-4 桥梁位于曲线中间

若计 ZD_{7-4} 到 ZD_{7-5} 的方位角为 α_7，ZD_{8-1} 到 ZD_{8-2} 的方位角为 α_8，则可以由下式计算线路转折角：

$$\alpha = \alpha_8 - \alpha_7$$

这个转折角 α 是精确值，与勘测设计时所用的转折角有一点数值上的差别。利用精确计算出的 α，曲线设计时给出的圆曲线半径 R 和缓和曲线长 l_s，即可以重新计算曲线段的其他要素。

（3）桥梁墩、台中心坐标计算。精确测出 ZD_{7-4} 到中线直线段上任意一桩点的距离，即可以根据该距离确定出 ZD_{7-4} 的桩号；然后以 ZD_{7-4} 为起点，即可确定出曲线段上给定桩号的任意一中桩点的坐标。

由于各桥台、桥墩中心的桩号及墩、台中心的偏距 E 在设计文件中均已给出，即可以利用这些桩号求出各墩、台的中心坐标。

如图 7-2-5 所示，T 的坐标用于测设墩台中心，而 t 的坐标则用于确定墩、台的纵轴线。

待各墩中心坐标计算出后，通过相邻两墩坐标可反算出墩中心距和墩中心线方位角，从而可求得偏角。它可用于对设计文件中给定的墩中心距和桥梁偏角的检核。

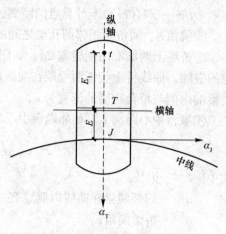

图 7-2-5　桥梁墩台中心坐标计算

7.2.2　桥梁墩、台中心定位

在桥梁施工测量中，测设桥梁墩、台中心位置的工作称为桥梁墩、台定位。墩、台定位必须满足一定的精度要求，对预制梁桥尤为重要。

1. 直线桥梁墩、台定位

直线桥梁的墩、台定位所依据的原始资料为桥轴线控制桩的里程和桥梁墩、台的设计里程。根据里程可以计算出它们之间的距离，并由此距离定出墩、台的中心位置。墩、台定位的方法可视河宽、河深及墩、台位置等具体情况而定。根据条件可采用光电测距及交会等方法进行测设。

（1）光电测距法。如图 7-2-6 所示，直线桥梁的墩、台中心都位于桥轴线的方向上。已经知道了桥轴线控制桩 A、B 及各墩、台中心的里程，由相邻两点的里程相减，即可求得其间的距离。

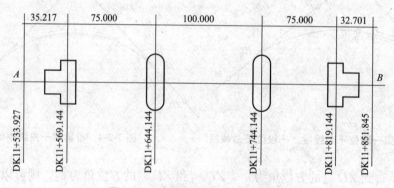

图 7-2-6　直线桥梁墩、台中心位置

用全站仪进行直线桥梁墩、台定位，简便、快速、精确，只要墩、台中心处可以安置反射棱镜，而且仪器与棱镜能够通视，即使其间有水流障碍也可采用。

测设时最好将仪器置于桥轴线的一个控制桩上，瞄准另一控制桩。此时，望远镜所指方向为桥轴线方向，在此方向上移动棱镜，通过测距定出各墩、台中心，这样的测设可有效地控制横向误差。例如，在桥轴线控制桩上的测设遇有障碍，也可以将仪器置于任何一个施工控制点上，利用墩、台中心的坐标进行测设。为确保测设点的准确，测设后应将仪器迁移至另一个控制点上再测设一次进行校核。

值得注意的是，在测设前应将所使用的棱镜常数和当时的气象参数——温度和气压输入仪器，仪器会自动对所测距离进行修正。

（2）角度交会法。如果桥墩所处位置的河水较深，无法直接丈量，也不便架设反射棱镜，则可采取角度交会法测设桥墩中心。

用角度交会法测设桥墩中心的方法如图 7-2-7 所示。控制点 A、C、D 的坐标已知，桥墩中心 P_2 的设计坐标也已知，故可计算出用于测设的角 α_2 和 β_2。

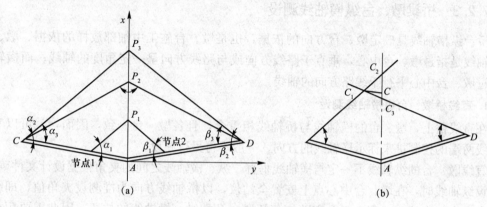

图 7-2-7 角度交会法桥墩、台定位
(a)节点交会；(b)示误三角形

将全站仪分别置于 C 点和 D 点上，测设出 α_2 和 β_2 后，两个方向交会点即桥墩中心位置。为了保证墩位精度，交会角应接近于 90°，但由于各个桥墩位置有远有近，因此交会时不能将仪器始终固定在两个控制点上，而有必要对控制点进行选择。如图 7-2-7(a)所示的桥墩 P_1 宜在节点 1 和节点 2 上进行交会。为了获得好的交会角，不一定要在同岸交会，应充分利用两岸的控制点选择最为有利的观测条件，必要时也可以在控制网上增设插点，以满足测设要求。

为了防止发生错误和检查交会的精度，实际上常用三个方向交会，并且为了保证桥墩中心位于桥轴线方向上，其中一个方向应是桥轴线方向。

由于测量误差的存在，三个方向交会会形成示误三角形，如图 7-2-7(b)所示。三角形在桥轴线方向上的边长 C_2C_3 不大于限差(墩底定位为 25 mm，墩顶定位为 15 mm)，则取 C_1 在桥轴线上的投影位置 C 作为桥墩中心的位置。

2. 曲线桥梁墩、台定位

梁在曲线上的布置是使各梁的中线连接起来，成为基本与线路中线相附合的一条折线，这条折线称为桥梁的工作线。桥墩的中心位于工作线转折角的顶点上，所谓曲线墩、台中心定位，实际上就是测设这些转折角的顶点位置。

在实际工作中，曲线桥墩、台定位采用极坐标法，根据校核后的坐标值进行放样。

3. RTK 定位

无论是直线桥还是曲线桥，在海上进行钢管桩沉桩定位测量常采用 GPS-RTK 定位。打桩船上 GPS 定位系统的选取应与 GPS 基准站采用的仪器兼容。为保证打桩船沉桩的定位准确性，应在使用前对 GPS-RTK 测量定位系统进行校核。

使用 RTK 进行海上沉桩定位，应考虑打桩船在不同位置时，高大的桩架对卫星信号的影响，以及宽阔海面产生的多路径效应的影响。

为保证钢管桩准确定位，必须对每个桥墩的首根钢管桩定位进行比测，比测的内容为平面扭角测量、倾斜度测量和平面坐标测量。

钢管桩顶切桩完成后需进行桩顶平面偏位验收。

7.2.3 桥梁墩、台纵横轴线测设

桥台纵横轴线是确定墩、台方向的依据，也是墩、台施工中细部放样的依据。墩、台的纵轴线是指过墩、台中心，垂直于路线方向或与路线方向呈一定角度的轴线；而横轴线是指过墩、台中心平行于线路方向的轴线。

1. 直线桥墩、台纵横轴线测设

在直线桥上，墩、台的横轴线与桥轴线相重合，且各墩、台一致，因而，就可以利用桥轴线两端的控制桩来标示横轴线的方向，一般不再另行测设。

直线墩、台的纵轴线不一定与横轴线垂直，纵、横轴线之间的夹角根据设计文件确定。在测设纵轴线时，在墩、台中心点上安置全站仪，以桥轴线方向为准测设夹角值，即纵轴线方向。由于在施工过程中经常需要恢复桥墩、台的纵、横轴线的位置，因此需要用标志桩将其准确地标定在地面上，这些标志桩称为护桩，如图 7-2-8 所示。

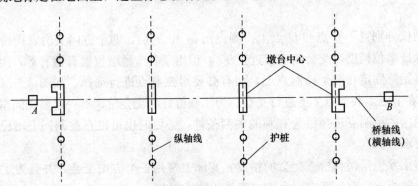

图 7-2-8　直线桥墩、台纵横轴线的测设

为了消除仪器轴系误差的影响，应该用盘左、盘右方式测设两次而取其平均位置。在测设出的轴线方向上，应于桥轴线两侧各设置 2～3 个护桩，这样，在个别护桩丢失、损坏后也能及时恢复纵轴线，并且在墩、台施工到一定高度影响到两侧护桩通视时，也能利用同一侧的护桩恢复纵轴线。护桩的位置应选择在离开施工场地一定距离，通视良好、地质稳定的地方。标志桩视具体情况可采用木桩、水泥包桩或混凝土桩。

位于水中的桥墩，由于不能安置仪器，也不能设护桩，故可在初步定出的墩位处筑岛或建围堰，然后用交会或其他方法精确测设墩位并设置轴线于围堰上。如果是在深水大河

上修建桥墩，一般采用沉井、围图管柱基础，此时往往采用前方交会进行定位。在沉井、围图落入河床之前，要不断地进行观测，以确保沉井、围图位于设计位置上。

2. 曲线桥墩、台纵横轴线测设

曲线桥墩、台纵轴线位于相邻墩、台工作线的分角线上，而横轴线与纵轴线垂直。参照图 7-2-2，曲线桥墩、台纵横轴线的测设步骤如下：

(1)在 B 点安置全站仪，分别瞄准 A 点和 C 点，测出 $\angle ABC$ 的分角线方向，定出桥墩纵轴线方向；

(2)瞄准纵轴方向，测设 90°垂直方向，即定出桥墩横轴线方向。

7.3　桥梁基础的施工放样

7.3.1　明挖基础的施工放样

明挖基础多在地面无水的地基上施工，先挖基坑，在基坑内砌筑基础或浇筑混凝土基础。如为浅基础，则可以连同承台一次砌筑或浇筑，如图 7-3-1(a)所示。

如果在水上明挖基础，则要先建立围堰，将水排出后再进行。

在基础开挖之前，应根据墩、台的中心点及纵、横轴线按设计的平面形状测设出基础轮廓线的控制点。如图 7-3-1(b)所示，如果基础形状为方形或矩形，基础轮廓线的控制点应为四个角点及四条边与纵、横轴线的交点；如果是圆形基础，则为基础轮廓线与纵、横轴线的交点，必要时还可加设轮廓线与纵、横轴线成 45°线的交点。控制点与桥墩中心点或纵、横轴线的距离应略大于基础设计的底面尺寸，一般可大 0.3~0.5 m，以保证能够正确安装基础模板为原则。如果地基土质稳定，不易坍塌，坑壁可垂直开挖，不设模板，可贴靠坑壁直接砌筑基础和浇筑基础混凝土，此时可不增大开挖尺寸，但应保证基础尺寸偏差在规定容许范围之内。

如果根据地基土质情况，开挖基坑时坑壁需要具有一定的坡度，则应测设基坑的开挖边界线。此时，可先在基坑开挖范围内测量地面高程，然后根据地面高程与坑底设计高程之差以及坑壁坡度计算出边坡桩至墩、台中心的距离。

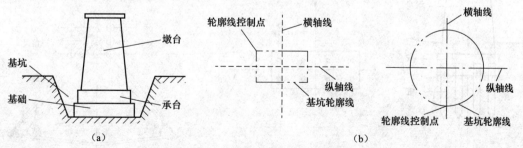

图 7-3-1　明挖基础的施工放样

边坡桩至桥梁墩、台中心的水平距离(图7-3-2)
为

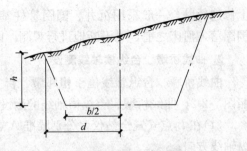

$$d = \frac{b}{2} + hm \qquad (7\text{-}3\text{-}1)$$

式中　b——坑底的长度或宽度；

　　　h——地面高程与坑底设计高程之差，即
　　　　　基坑开挖深度；

　　　m——坑壁坡度(以 $1/m$ 表示)的分母。

图7-3-2　明挖基础的开挖边界

在测设边界桩时，自桥梁墩、台中心点和纵、横轴线，用钢尺丈量水平距离 d，在地面上测设出边坡桩，再根据边坡桩画出灰线，即可依此灰线进行施工开挖。

当基坑开挖至坑底的设计高程时，应对坑底进行平整清理，然后安装模板，浇筑基础及墩身。在进行基础及墩身的模板放样时，可将全站仪安置在墩、台中心线上的一个护桩上，以另一较远的护桩定向，这时仪器的视线即中心线方向。安装模板使模板中心与视线重合，即模板的正确位置。当模板的高度低于地面时，可用仪器在临时基坑的位置，放出中心线上的两点，在这两点上挂线并用垂球指挥模板的安装工作。在模板建成后，应检验模板内壁长、宽和与纵、横轴线之间的关系尺寸，以及模板内壁的垂直度等。

7.3.2　桩基础的施工放样

桩基础是目前常用的一种基础类型。根据施工方法的不同，可分为打(压)入桩和钻(挖)孔桩。打(压)入桩基础是预先将桩制好，按设计的位置及深度打(压)入地下；钻(挖)孔桩是在基础设计位置上钻(挖)好桩孔，然后在桩孔内放入钢筋笼，并浇筑混凝土成桩。在桩基础完成后，在其上浇筑承台，使桩与承台连成一个整体，之后在承台上修筑墩身，如图7-3-3(a)所示。

在无水的情况下，桩基础的每一根桩的中心点可按其在以桥梁墩、台纵横轴线为坐标轴的坐标系中的设计坐标，用支距法进行测试，如图7-3-3(b)所示。如果各桩为圆周形布置，则各桩也可以其与墩、台纵横轴线的偏角和至墩、台中心点的距离，用极坐标法进行测试。一个墩、台的全部桩位宜在场地平整后一次设出，并以木桩标定，以便桩基础的施工。

如果桩基础位于水中，则可用前方交会法直接将每一个桩位定出，也可用交会法测设出其中一行或一列桩位，然后用大型三角尺测设出其他所有的桩位，如图7-3-4所示。

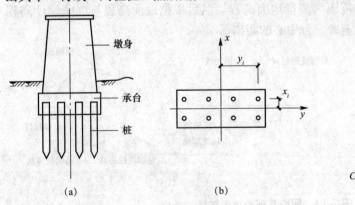

图7-3-3　桩基础的施工放样

(a)桩基础；(b)支距法测试

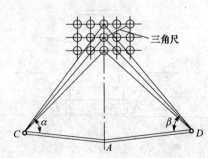

图7-3-4　桥墩桩基础放样

桩位的测设也可以采用设置专用测量平台的方法，即在桥墩附近打支撑桩，在其上搭设测量平台的方法。如图 7-3-5(a)所示，先在平台上测定两条与桥梁中心线平行的直线 AB、$A'B'$，然后按各桩之间的设计尺寸定出各桩位放样线 1—1'，2—2'，3—3'…，沿此方向测距即可测设出各桩的中心位置。

在测设出各桩的中心位置后，应对其进行检核，与设计的中心位置偏差不能大于限差要求。在钻(挖)孔桩浇筑完成后、修筑承台以前，应对各桩的中心位置再进行一次测定，作为竣工资料使用。

每个钻(挖)孔的深度可用线绳吊以重锤测定，打(压)入深度则可根据桩的长度来推算。桩的倾斜度也应测定。由于在钻孔时为了防止孔壁坍塌，孔内灌满了泥浆，因而倾斜度的测定无法在孔内直接进行，只能在钻孔过程中测定钻孔导杆的倾斜度，并利用钻孔机上的调整设备进行校正。钻孔机导杆及打入桩的倾斜度可用靠尺法测定。

靠尺法所使用的工具称为靠尺。靠尺用木板制成，如图 7-3-5(b)所示，它有一个直边，在尺的一端于直边一侧钉一小钉，其上挂一垂球；在尺的另一端，自与小钉至直边距离相等处开始，绘制一垂直于直边的直线，量出该直线至小钉的距离 S，然后按 $S/1\ 000$ 的比例在该直线上刻出分划线并标注注记。使用时将靠尺直边靠在钻孔机导杆或桩上，则垂球在分划上的读数即以千分数表示的倾斜率。

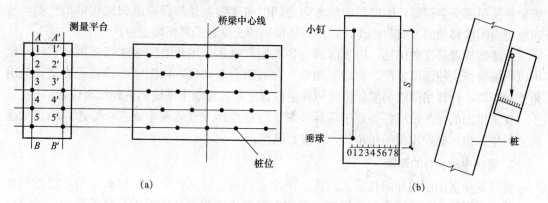

图 7-3-5 桥桩位测设与垂直度测量
(a)桩位测设；(b)垂直度测量

7.3.3 管柱定位及倾斜测量

所谓管柱基础就是用较大直径(通常 3 m)薄壁钢筋混凝土的管形柱子插入地基，中间填入混凝土形成柱基础。管柱基础的施工方法是先用万能杆件在岸上拼成一个围囹，围囹的中间隔有若干个空隙为向导，便于插管柱。再将围囹浮运到设计的位置，在导向孔内插入分节预制好的管柱，在管柱中心进行振动，以便于管柱逐渐下沉，然后逐节加长。当管柱插入河床基岩内达到一定的设计深度时，在其间填入混凝土，最后拆除上面多余的管柱。在管柱群上由封底混凝土和钢筋混凝土承台连成一个整体，在承台上修筑墩身，如图 7-3-6 所示。

管柱基础的放样工作有围囹的定位测量、管柱中心坐标的测设、管柱倾斜度的测量等。

1. 围囹的定位测量

围囹的定位测量是指围囹中心平面位置的确定和围囹平面扭角的测定。当围囹浮运到

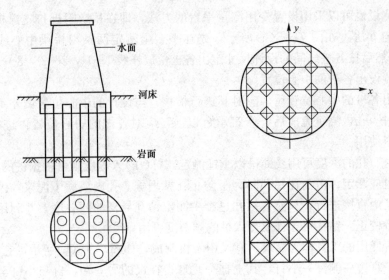

图 7-3-6　管柱基础施工

桥墩位时，应用前方交会法精确定位。在围图中心应预先设立交会标志，在各控制点上安置全站仪照准交会标志，读出与起始方向之间的角度值，并与理论值相比较得出角差，从而求得围图应移动的方向和距离，逐步调整锚链的长度，使其精确定位。

此法指挥者是在墩位处，用步话机与各观测点联系，用角差图解法指挥围图移动；也可以用极坐标法使围图定位，在岸上架设一台或两台全站仪，围图中心设置反光镜，测出角度和距离，计算出围图的实际位置与理论位置之差，移动围图使其达到规定位置。

确定围图的几何轴线是否处于设计位置，应在围图上设置两个或三个标志，测出这些标志的坐标值，确定围图的扭角值，再进行调整。

2. 管柱中心坐标的测定

管柱是依据围图的导向孔插入河床，围图定位后，其几何中心坐标和扭角均已达到要求，则以围图的几何轴线为新坐标系，以支距法测出每根管柱中心的坐标。除此以外，也可以用交会法对每根管柱单独测定，但一般用前者定位，如图 7-3-7 所示。

3. 管柱倾斜度的测定

管柱在下沉过程中不可避免地要产生倾斜，必须经常测定，以便及时校正。测定管柱倾斜的方法主要有水准仪法和靠尺法。

(1)水准仪法。如图 7-3-8 所示，用水准仪测出管柱顶部法兰盘直径两端的高差，从而推算出管柱的倾斜率。测定时要在平行和垂直桥轴线方向的两个直径上进行。测得管柱顶端高差为 h，设管柱直径为 D，则管柱倾斜率为

$$\alpha = \frac{h}{D} = \frac{\Delta}{L} \tag{7-3-2}$$

式中　L——柱高；

　　　Δ——由于倾斜引起的偏移值；

　　　α——以千分数表示。

由式(7-3-2)可求管柱任一个截面中心相对于顶面中心的位移值为

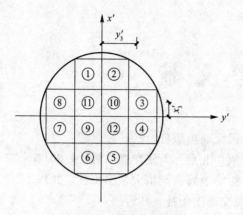

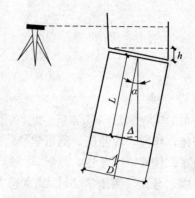

图 7-3-7　管柱基础施工　　　　　　　图 7-3-8　水准仪法管柱倾斜测定

$$\Delta = \frac{h}{D}L \tag{7-3-3}$$

在求得互相垂直的两个方向的位移值后，即得截面中心相对于顶面中心的位置。

（2）靠尺法。观测方法同桩基础靠尺法倾斜度检测。

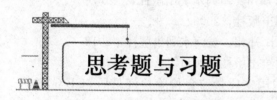

思考题与习题

1. 桥梁施工平面控制网的布设形式有哪些？设置节点的作用是什么？
2. 简述跨河水准测量的实施方案。
3. 直线桥墩、台中心定位的方法有哪些？画图简述角度交会法的实施过程。
4. 简述直线桥和曲线桥的纵、横轴线测设方法。
5. 简述明挖基础和桩基础的放样过程。
6. 简述管柱定位放样过程。
7. 如图 7-1 所示，AB 直线为桥轴线，P 为桥墩中心，请在图中标出桥墩的纵横轴线方向。
8. 如图 7-2 所示，折线为桥梁工作线，P 为桥墩中心，请在图中标出桥墩的纵横轴线方向。

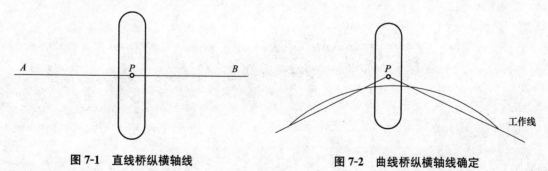

图 7-1　直线桥纵横轴线　　　　　　　　图 7-2　曲线桥纵横轴线确定

参 考 文 献

[1]李仕东．工程测量[M]．4版．北京：人民交通出版社，2015.

[2]许娅娅，雒应，沈照庆．测量学[M]．4版．北京：人民交通出版社，2014.

[3]程效军，鲍峰，顾孝烈．测量学[M]．5版．上海：同济大学出版社，2016.

[4]钟孝顺，聂让．测量学[M]．北京：人民交通出版社，1997.

[5]熊春宝，伊晓东．测量学[M]．天津：天津大学出版社，2020.

[6]岳建平，陈伟清．土木工程测量[M]．武汉：武汉理工大学出版社，2010.

[7]杨国清．控制测量学[M]．3版．郑州：黄河水利出版社，2016.

[8]朱爱民．测量学[M]．北京：人民交通出版社，2018.

[9]吴迪．工程施工测量(测绘类)[M]．武汉：武汉理工大学出版社，2017.

[10]高小六，江新清．工程测量(测绘类)[M]．武汉：武汉理工大学出版社，2012.

[11]王军德，刘绍堂．工程测量(测绘类)[M]．郑州：黄河水利出版社，2010.

[12]周立．GPS测量技术[M]．郑州：黄河水利出版社，2006.

[13]牛志宏，范海英，殷忠．GPS测量技术[M]．郑州：黄河水利出版社，2012.

[14]黄文彬．GPS测量技术[M]．北京：中国测绘出版社，2011.

[15]中华人民共和国建设部，中华人民共和国国家质量监督检验检疫总局．GB 50026—2007 工程测量规范[S]．北京：中国计划出版社，2007.

[16]中华人民共和国国家质量监督检验检疫总局，中国国家标准化管理委员会．GB/T 13989—2012 国家基本比例尺地形图分幅和编号[S]．北京：中国标准出版社，2012.

[17]中华人民共和国交通运输部．JTG D20—2017 公路路线设计规范[S]．北京：人民交通出版社，2017.

[18]中华人民共和国国家质量监督检验检疫总局，中国国家标准化管理委员会．GB/T 18314—2009 全球定位系统(GPS)测量规范[S]．北京：中国标准出版社，2009.